工业和信息化精品系列教材
嵌入式技术

ARM嵌入式体系结构与接口技术

Cortex-A53版 | 微课版

刘洪涛 周凯 ◎ 主编
刘志浩 隋钊龙 宋华宁 ◎ 副主编

人 民 邮 电 出 版 社
北 京

图书在版编目（CIP）数据

ARM嵌入式体系结构与接口技术 : Cortex-A53版 : 微课版 / 刘洪涛, 周凯主编. -- 北京 : 人民邮电出版社, 2022.5(2023.6重印)
工业和信息化精品系列教材. 嵌入式技术
ISBN 978-7-115-57624-8

Ⅰ. ①A… Ⅱ. ①刘… ②周… Ⅲ. ①微处理器－系统结构－高等学校－教材②微处理器－接口技术－高等学校－教材 Ⅳ. ①TP332

中国版本图书馆CIP数据核字(2021)第205599号

内 容 提 要

ARM 微处理器已经成为当今应用最广泛的嵌入式处理器之一。目前，Cortex-A 系列处理器已经占据了大部分中高端产品市场。S5P6818 则是一款基于 Cortex-A53 内核的 64 位高性能、低成本的 ARM 微处理器。

本书主要从 ARM 的体系结构和接口技术两个方面对 S5P6818 芯片的使用进行讲解。全书共 15 章，前 14 章分别介绍了嵌入式系统基础知识、ARM 技术概述、Cortex-A53 编程模型、ARM 开发环境搭建、ARM 微处理器的指令系统、ARM 汇编语言程序设计、ARMv8 异常处理、通用 I/O 接口、ARM 外部中断、UART 串行通信接口、PWM 定时器与“看门狗”定时器、A/D 转换器、SPI 总线接口、I2C 总线接口；最后一章提供了一个综合案例，通过练习和操作实践，帮助读者巩固所学的内容。

本书可以作为高等院校嵌入式相关专业和计算机相关专业的教材，也可以作为计算机软件和硬件培训教材，还可以作为嵌入式研究方向的专业人才和广大计算机爱好者的自学教材。

◆ 主　　编　刘洪涛　周　凯
副 主 编　刘志浩　隋钊龙　宋华宁
责任编辑　初美呈
责任印制　王　郁　焦志炜

◆ 人民邮电出版社出版发行　　北京市丰台区成寿寺路 11 号
邮编　100164　　电子邮件　315@ptpress.com.cn
网址　https://www.ptpress.com.cn
三河市君旺印务有限公司印刷

◆ 开本：787×1092　1/16
印张：15.5　　2022 年 5 月第 1 版
字数：446 千字　　2023 年 6 月河北第 2 次印刷

定价：59.80 元

读者服务热线：(010)81055256　印装质量热线：(010)81055316
反盗版热线：(010)81055315
广告经营许可证：京东市监广登字 20170147 号

前言
Foreword

随着消费群体对产品要求的日益提高，嵌入式技术在机械器具制造、电子产品制造、通信、信息服务等行业领域得到了大显身手的机会，且应用日益广泛。相应地，企业对嵌入式人才的需求也越来越大，因此近几年来各院校纷纷开设了嵌入式专业或相关方向专业。但是，各院校在嵌入式专业教学建设的过程中几乎都面临教材难觅的困境。虽然目前市场上有关嵌入式开发的书籍比较多，但几乎都是针对有一定基础的行业内研发人员编写的，并不完全符合院校教学要求。院校教学需要一套充分考虑学生现有知识基础和接受度的、明确各门课程教学目标的、便于院校安排课时的嵌入式专业教材。

党的二十大报告提出：我们要坚持教育优先发展、科技自立自强、人才引领驱动，加快建设教育强国、科技强国、人才强国。针对教材缺乏的问题，我们以多年来在嵌入式工程技术领域内人才培养、项目研发的经验为基础，汇总了近几年积累的数百家企业对嵌入式研发相关岗位的真实需求，调研了数十所开设嵌入式专业的院校的课程设置情况、学生特点和教学用书现状，通过细致的整理和分析，对基本知识和专业技能进行合理划分，编写了本系列教材。

ARM 微处理器是一种高性能、低成本、低功耗的嵌入式 RISC 微处理器，它由英国 ARM 公司设计，ARM 公司将处理器架构授权给与其合作的半导体厂商。目前世界上几乎所有大的半导体厂商都生产 ARM 体系结构的芯片，或在其专用的芯片当中使用 ARM 相关的技术，其中 Cortex-A 系列处理器目前已经占据了几乎所有的嵌入式处理器的中高端产品市场。本书以 Cortex-A53 处理器为平台，介绍嵌入式系统开发的各个主要环节。本书侧重实践，辅以代码讲解，从分析的角度引导读者学习嵌入式开发的各种技术。本书使用的是 Eclipse+GNU 工具集实现的开源开发环境。

本书将嵌入式软件和硬件理论讲解与具体的实践结合在一起，全书共 15 章，可以分为 3 部分。

第 1 部分（第 1～7 章）为嵌入式系统的基础知识和 ARM 指令集，主要内容如下。

第 1 章：简要介绍嵌入式系统，包括嵌入式系统的定义、特点、发展趋势。同时介绍嵌入式系统的组成，以及嵌入式系统的开发流程。

第 2 章：对 ARM 技术的概述，包括 ARM 体系结构的发展及其技术特征、ARM 微处理器简介、ARM 微处理器架构，以及 ARM 微处理器应用选型。

第 3 章：主要讲解 Cortex-A53 编程模型的相关知识，为以后的程序设计中的各项技术打好基础。

第 4 章：主要讲解 ARM 开发环境的搭建，介绍开发环境的搭建流程和使用方法，以及调试工具的使用方法。

第 5 章：主要讲解 ARM 微处理器的指令系统，包括 ARM 指令系统简介、ARM 指令的寻址方式、ARM 指令，以及 ARM 伪指令。

第 6 章：主要讲解 ARM 汇编语言程序设计的基本方法，包括 ARM 汇编语言中的伪指令、汇编语言的语句格式和程序结构。通过这些介绍，读者可以掌握 ARM 汇编语言的设计方法。

第 7 章：主要讲解 ARMv8 异常处理过程。读者通过对本章的学习，可以对 ARM 的异常处理机制有更深层次的理解。

第 2 部分（第 8～14 章）为嵌入式系统中的 ARM 接口实验，主要内容如下。

第 8 章：主要介绍 GPIO 控制器的相关概念，以及在 S5P6818 下的 GPIO 控制器的工作原理及编程方法。

第 9 章：主要介绍 GIC 中断控制器的使用，以及在 S5P6818 下的 GIC 控制器的工作原理及编程方法。

第 10 章：主要介绍 UART 串行通信接口。首先对通信的一些基本术语进行讲解，然后对 UART 通信格式和标准 RS232 规范进行简单的说明，最后讲述在 S5P6818 下 UART 的工作原理与编程方法。

第 11 章：主要介绍 PWM 定时器和“看门狗”定时器的概念及用途，在 S5P6818 下 PWM 定时器模块的工作原理及编程方法，以及在 S5P6818 下的“看门狗”定时器模块的工作原理及编程方法。

第 12 章：主要介绍 A/D 转换器的基本概念及作用，并详细介绍在 S5P6818 下 A/D 转换器的工作原理、使用方法及编程方法。

第 13 章：主要介绍 SPI 总线的概念和特点、SPI 总线规范，并详细介绍在 S5P6818 下 SPI 总线控制器的工作原理、使用方法及编程方法。

第 14 章：主要介绍 I2C 总线通信的概念和 I2C 总线规范，并详细介绍在 S5P6818 下 I2C 总线控制器的工作原理、使用方法及编程方法。

第 3 部分（第 15 章）为综合项目案例，主要内容如下。

第 15 章：本章主要是从完成项目的角度让读者掌握 S5P6818 处理器的各个外设接口的综合使用方法，帮助读者巩固所学的内容。

在学习本书时，读者要具备一定的数字电路和 C 语言的基础知识。另外本书所涉及的很多专业名词和术语，都是国内单片机领域中的一些通用术语，但仍有一些 ARM 体系结构中特有的名词需要读者注意。

本书由刘洪涛、周凯、刘志浩、隋钊龙、宋华宁合作完成。感谢华清远见提供的硬件设备支持，教材内容参考了与嵌入式企业需求无缝对接的、科学的专业人才培养体系。同时，在嵌入式领域从业和执教多年的行业专家团队也对教材的编写工作做出了贡献，季久峰、贾燕枫、关晓强等在书稿的编写过程中认真阅读了所有内容，提供了大量在实际教学中积累的重要素材，对教材结构、内容提出了中肯的建议，并在后期审校工作中提供了很多帮助，在此表示衷心的感谢。

本书所有源代码、PPT 课件、教学素材等辅助教学资料，可到人民邮电出版社教育社区（www.ryjiaoyu.com）免费下载。

由于编者水平有限，书中不妥或疏漏之处在所难免，殷切希望广大读者批评指正。同时，恳请读者一旦发现错误，于百忙之中及时与编者联系，以便编者尽快更正，编者将不胜感激。对于本书的批评和建议，读者还可以发到华清远见技术论坛讨论交流。

编　者

2023 年 5 月

目录
Contents

CHAPTER01

第1章

嵌入式系统基础知识

重点知识

- 嵌入式系统简介
- 嵌入式系统定义
- 嵌入式系统特点
- 嵌入式操作系统发展趋势
- 嵌入式系统组成
- 嵌入式系统开发流程

■ 随着信息技术的高速发展，电子产品越来越普及，这些产品的发展得益于嵌入式系统技术的快速发展。嵌入式系统技术在工业控制、交通管理、信息家电、家庭智能管理、网络及电子商务、航天航空、军事设备、船舶等领域都有着重要的应用。嵌入式系统技术正悄然地影响着我们的生活，给我们带来巨大的便利。

V1-1　嵌入式系统概述

1.1　嵌入式系统概述

嵌入式系统是计算机的一种应用形式，通常指嵌入在宿主设备中的微处理器系统。

1.1.1　嵌入式系统简介

从 20 世纪 70 年代单片机的出现，到各式各样的嵌入式微处理器、微控制器的大规模应用，嵌入式系统已经有了近 50 年的发展历史。

20 世纪 70 年代单片机的出现，使得汽车、家电、工业机器、通信装置以及成千上万种产品可以通过内嵌电子装置来获得更佳的使用性能：更容易使用、更快、更便宜。这些装置已经初步具备了嵌入式的应用特点，但是这时的应用只是使用 8 位的芯片，执行一些单线程的程序，还谈不上“系统”的概念。

最早的单片机是 Intel 公司的 8048，它出现在 1976 年。同时 Motorola 公司推出了 68HC05，Zilog 公司推出了 Z80 系列，这些早期的单片机均含有 256B 的随机存取存储器（Random Access Memory，RAM）、4KB 的只读存储器（Read-Only Memory，ROM）、4 个 8 位并行 I/O 接口、1 个全双工串行接口、两个 16 位定时器。20 世纪 80 年代初，Intel 公司又进一步完善了单片机 8048，并在它的基础上成功研制了 8051，这在单片机的历史上是值得纪念的一页。迄今为止，51 系列的单片机仍然是最成功的微处理器之一，在各种产品中有着非常广泛的应用。

从 20 世纪 80 年代早期开始，嵌入式系统的程序员开始用商业级的“操作系统”编写嵌入式应用软件，这使得开发周期更短、开发资金更低、开发效率更高，“嵌入式操作系统”真正出现了。确切地说，这个时候的“操作系统”是一个实时核，这个实时核包含了许多传统操作系统的特征，包括任务管理、任务间通信、同步与相互排斥、中断支持、内存管理等功能。

这一时期比较著名的有 Ready System 公司的 VRTX、Integrated System Incorporation（ISI）的 pSOS、IMG 的 VxWorks、QNX 公司的 QNX 等。这些嵌入式操作系统都具有嵌入式的典型特点：采用占先式的调度，响应的时间很短，任务执行的时间可以确定；系统内核很小，可裁剪、可扩充和可移植，可以移植到各种处理器上；较强的实时性和可靠性，适合嵌入式应用。这些嵌入式实时多任务操作系统的出现，促使嵌入式系统有了更为广阔的应用空间。

20 世纪 90 年代以后，随着实时性要求的提高，软件规模不断上升，实时核逐渐发展为实时多任务操作系统（Real Time multi-tasking Operation System，RTOS），并作为一种软件平台逐步成为目前国际嵌入式系统的主流。这时候更多的公司看到了嵌入式系统的广阔发展前景，开始大力发展自己的嵌入式操作系统。除了上面几家老牌公司的嵌入式操作系统以外，还出现了 Palm OS、WinCE、嵌入式 Linux、Lynx、Nucleux，以及国内的 Hopen、Delta OS 等。嵌入式技术的发展前景日益广阔，相信会有更多的嵌入式操作系统出现。

嵌入式系统虽然诞生于微型计算机时代，但与通用计算机的发展道路完全不同，嵌入式系统形成了独立的单芯片的技术发展道路。嵌入式系统的诞生，使现代计算机领域发展为通用计算机与嵌入式计算机两大分支。通用计算机系统的技术要求是高速、海量的数值计算，技术发展方向是总线速度的无限提升和存储容量的无限扩大。嵌入式计算机系统的技术要求是具有对对象的智能化控制能力，技术发展方向是与对象系统密切相关的嵌入性能、控制能力及控制的可靠性。

1.1.2　嵌入式系统定义

由于嵌入式系统本身的外延极广，目前又还在发展中，所以现有的对嵌入式系统的定义各自有所侧重。与单片机控制器相比，通常把嵌入式系统概念的重心放在“系统”（即操作系统，Operating System，OS）

上，指能够运行操作系统的软/硬件综合体。

按照电气电子工程师学会（Insitute of Electrical and Electwnics Engineers，IEEE）的定义，嵌入式系统即“控制、监视或辅助装置、机器和设备运行的装置”（devices used to control，monitor，or assist the operation of equipment，machinery or plants）。这主要是从应用上加以定义的，从中可以看出嵌入式系统是软件和硬件的综合体，并且涵盖机械等附属装置。

不过，IEEE 的定义并不能充分体现出嵌入式系统的精髓，目前国内一个普遍被认同的定义是“以应用为中心，以计算机技术为基础，软/硬件可裁剪，适应应用系统，对功能、可靠性、成本、体积、功耗有严格要求的专用计算机系统”。

根据以上嵌入式系统的定义可以看出，嵌入式系统是由硬件和软件相结合组成的具有特定功能、用于具体场合的独立系统。其硬件主要由嵌入式微处理器、外围硬件设备组成；其软件主要包括底层系统软件和用户应用软件。

1.1.3 嵌入式系统特点

嵌入式系统的特点可简单地归结为两方面，即嵌入和专用。嵌入式设备常应用于“特定”场合，与“通用的”个人计算机相比，其特点可具体总结如下。

1. 软/硬件可裁剪

从嵌入式系统的定义可以看出，嵌入式系统是面向应用的，其与通用应用系统最大的区别在于嵌入式系统功能专一。根据这个特性，嵌入式系统的软/硬件可以根据需要进行精心设计、量体裁衣、去除冗余，以实现低成本和高性能。也正因为如此，嵌入式系统所采用的微处理器和外围设备种类繁多，系统不具有通用性。

2. 对功能、可靠性、成本、体积、功耗要求严格

嵌入式系统中，功能、可靠性、功耗这 3 点对于软件开发人员来说是最值得关注的地方。以手机为例，当选定硬件平台之后，处理器的性能就已经被限定了，而怎样使得手机的操作更人性化、菜单响应更快捷、具备更多更好的功能，就完全取决于软件了。这需要驱动程序和应用程序配合，最大程度地发挥硬件的性能。例如，有这样一类手机，其屏幕总是经过很长时间才熄灭，这使得它的电池电量很快就耗光了，而只要在编写软件时对熄屏时间进行改进，就可能成倍地延长电池的使用时间。一个优秀的嵌入式系统，对硬件性能的“压榨”、对软件的细致调节，已经到了精益求精的地步。有时候甚至为了节省几秒的启动时间而大伤脑筋，想尽各种办法，如：调整程序的启动顺序让耗时的程序稍后运行、改变程序的存储方式以便更快地加载等，甚至通过显示一个进度条让用户觉得时间没那么长。同时，由于应用环境和市场竞争的要求，设计系统时对硬件的体积和成本也有严格要求。

3. 代码“短小精悍”，可固化

由于成本和应用场合的特殊性，通常嵌入式系统的硬件资源（如内存、Flash 等）都比较少。因此，对嵌入式系统设计也提出了较高的要求。嵌入式系统的软件设计要求尽可能简约，要在有限的资源内实现高可靠性和高性能的系统。虽然随着硬件技术的发展和成本的降低，高端嵌入式产品采用了高配置的硬件资源，但与计算机的硬件资源比起来还是少得可怜。所以嵌入式系统的软件代码依然要在保证性能的前提下，占用尽量少的资源，以保证产品的高性价比，使其具有更强的竞争力。

为了提高执行速度和可靠性，嵌入式系统中的软件一般都固化在芯片本身或 SD/MMC/NandFlash 中，而不是存储在硬盘中。

4. 实时性

很多采用嵌入式系统的应用都具有实时性要求，所以大多数嵌入式系统为实时操作系统。

5. 弱交互性

嵌入式系统不仅功能强大，而且要求灵活方便，一般不需要键盘、鼠标等，人机交互以简单方便的触摸屏操作为主。

6. 需要专门的开发环境和开发工具

由于嵌入式系统本身不具备自举开发能力，设计完成以后用户通常不能对其中的程序功能进行修改，必须有一套开发工具和环境才能进行开发。这些工具和环境一般是通用计算机上的软/硬件设备以及各种逻辑分析仪、混合信号示波器等。开发时往往有主机和目标机的概念，主机用于程序的开发，目标机作为最后的执行机，开发时需要交替结合进行。

1.1.4 嵌入式操作系统发展趋势

嵌入式操作系统将是未来嵌入式系统中必不可少的组件，其未来发展趋势如下。

1. 定制化

嵌入式操作系统将面向特定应用提供简化型系统调用接口，专门支持一种或一类嵌入式应用。嵌入式操作系统同时具备可伸缩、可裁剪的系统体系结构，提供多层次的系统体系结构。嵌入式操作系统将包含各种即插即用的设备驱动接口。

2. 节能化

嵌入式操作系统继续采用微内核技术，实现小尺寸、微功耗、低成本的特性以支持小型电子设备，同时提高产品的可靠性和可维护性。嵌入式操作系统将形成最小内核处理集，减小系统开销，提高运行效率，并可用于各种非计算机设备。

3. 人性化

嵌入式操作系统将提供精巧的多媒体人机界面，以满足不断提高的用户需求。

4. 安全化

嵌入式操作系统应能够提供安全保障机制，源码的可靠性将越来越高。

5. 网络化

面向网络、面向特定应用，嵌入式操作系统要求配备标准的网络通信接口。嵌入式操作系统将具有网络接入功能，提供 TCP/UDP/IP/PPP 协议支持和统一的 MAC 访问层接口，为各种移动计算设备预留接口。

6. 标准化

随着嵌入式操作系统的广泛应用和迅速发展，信息交换、资源共享等需求增加，需要建立相应的标准去规范其应用。

嵌入式操作系统都具有一定的实时性，易于裁剪和伸缩，适用于从 ARM7 到 Xscale 各种 ARM CPU 和各种档次的应用。嵌入式操作系统可以使用广泛流行的 ARM 开发工具，如 ARM 公司的 SDT/ADS 和 RealView 等；也可以使用开发软件，如 GCC/GDB、KDE 或 Eclipse 开发环境；市场上还有专用的开发工具，如 Tornado、μC/View、μC/KA、CODE/Lab、Metroworks 等。

1.2 嵌入式系统的组成

V1-2 嵌入式系统的组成

从总体上讲，嵌入式系统由硬件子系统和软件子系统组成。硬件是基础，软件是“灵魂”与核心。“软硬兼施”才能综合提高嵌入式系统的性能。具体来说，一般嵌入式系统可以分为嵌入式处理器（CPU）、外围设备、嵌入式操作系统（可选）及应用软件等 4 个部分。它们的关系如图 1-1 所示。

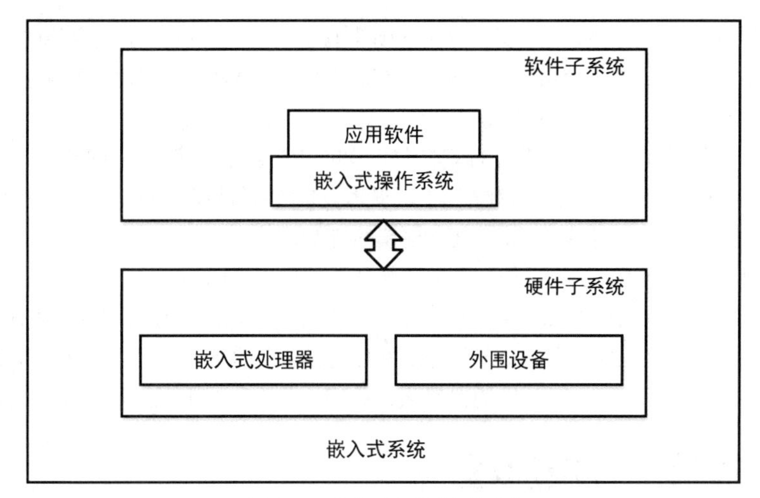

图 1-1　嵌入式系统组成框图

如前文所述，嵌入式系统是面向具体应用的，和实际应用对象密切相关，而实际应用又非常繁杂，所以很难用一种架构或模型加以描述。下面将主要围绕典型嵌入式系统的硬件子系统和软件子系统的组成部分加以介绍。

1.2.1　嵌入式系统硬件子系统

硬件是嵌入式系统软件环境运行的基础，它提供了嵌入式系统软件运行的物理平台和通信接口。嵌入式系统硬件子系统包括嵌入式处理器和外围设备。其中，嵌入式处理器是嵌入式系统的核心部分，它与通用处理器最大的区别在于，嵌入式处理器大多工作于为特定用户群所专门设计的系统中，它将通用处理器中许多由板卡完成的任务集成到芯片内部，从而有利于嵌入式系统在设计时趋于小型化，同时还具有很高的效率和可靠性。如今，全世界的嵌入式处理器已经超过 1000 种，流行的体系架构有 30 多个系列，其中 ARM、PowerPC、MC68000、MIPS 等使用最为广泛。

外围设备是嵌入式系统中用于完成存储、通信、调试、显示等辅助功能的其他部件。目前常用的嵌入式外围设备按功能可以分为存储设备（如 RAM、SRAM、Flash 等）、通信设备（如 RS-232 接口、IIC 接口、SPI 接口、以太网接口）和显示设备（如 LCD 等）3 类。

1.2.2　嵌入式系统软件子系统

嵌入式操作系统和应用软件是整个系统的控制核心，它们控制整个系统的运行，提供人机交互的信息等。在嵌入式系统不同的应用领域和不同的发展阶段，嵌入式系统软件组成也不完全相同，但基本上可以分为应用层、操作系统（OS）层和硬件设备驱动层，如图 1-2 所示。

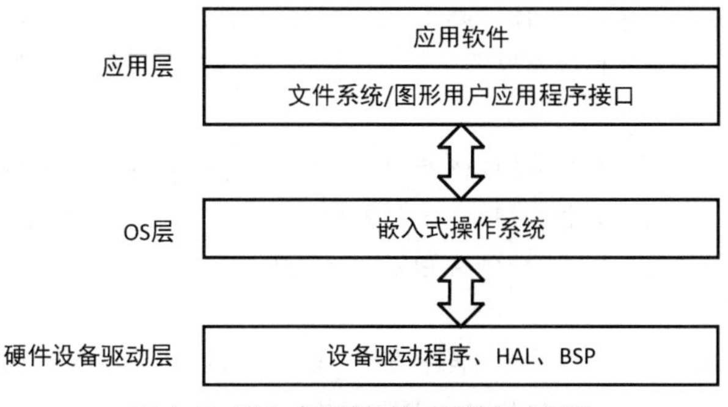

图 1-2　嵌入式系统软件子系统组成框图

应用软件是针对特定应用领域，基于某一固定的硬件平台，用来达到用户预期目标的计算机软件。嵌入式系统自身的特点，决定了嵌入式应用软件不仅要具有准确性、安全性和稳定性，而且还要尽可能进行代码优化，以减少对系统资源的消耗等硬件成本。

嵌入式操作系统不仅具有通用操作系统的基本功能，如向上提供用户接口（如图形界面、库函数 API 等），向下提供与其他设备交互的接口（硬件驱动程序等），管理复杂的系统资源，同时，它还在系统实时性、硬件依赖性、软件固化性及应用专用性等方面具有更加鲜明的特点。

硬件设备驱动层连接硬件和软件系统，又被称为硬件抽象层（Hardware Abstract Layer，HAL）或板级支持包（Board Support Package，BSP）。它将系统上层软件与底层硬件分离开来，使得系统的底层驱动程序与硬件无关，上层软件开发人员无须关心底层硬件的具体情况，根据 BSP 层提供的接口即可进行开发。该层一般包含相关底层硬件的初始化、数据的输入和输出以及用电设备的配置等功能。

1.3 嵌入式系统开发流程

V1-3 嵌入式系统开发流程

本节主要介绍嵌入式系统开发的一般过程和主要步骤。在此采用自顶向下的方法，从对系统最抽象的描述开始，一步一步地细化。

1.3.1 嵌入式系统基本设计流程

任何一种嵌入式产品都不是凭空造出来的，都有其预期的使用对象，所以嵌入式系统的设计首先从需求分析开始。其基本设计流程如图 1-3 所示。

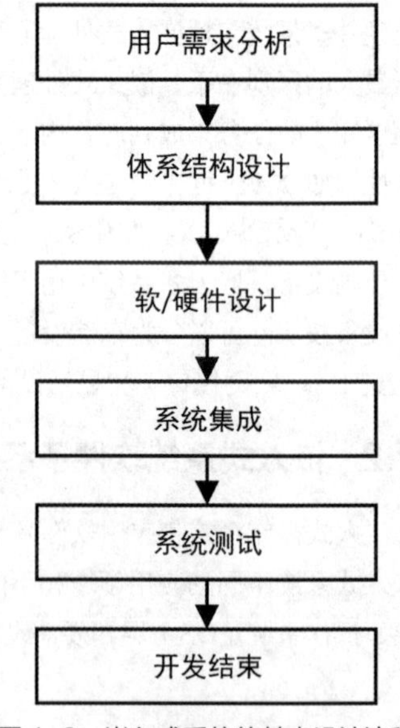

图 1-3 嵌入式系统的基本设计流程

1. 用户需求分析

这一步主要是确定系统设计的任务和目标（包括后来可能需要去掉的不合理的需求），并提炼出设计规格说明书，作为正式设计指导和验收的标准。这一阶段的任务通常通过两个过程来实现：首先，从客户那里收集系统的非形式描述（也叫需求）；然后，对需求进行提炼得到系统的规格说明，这些规格说明里包含了进行系统体系结构设计所需要的足够信息。

系统的需求一般分为功能性需求和非功能性需求两个方面：功能性需求就是系统的基本功能，如输入和输出信号、操作方式、显示方式等；非功能性需求包含系统性能、成本、功耗、体积、重量等。

另外，规格说明还起到客户与生产者之间的合同的作用，所以规格说明必须提前编写，以便精确反映客户的需求，能够作为设计时必须明确遵循的要求。规格说明应该足够明晰，以便他人可以验证它是否符合系统需求，并且完全满足客户的期望。

2. 体系结构设计

规格说明不介绍系统如何做，而只介绍系统做什么。体系结构设计用于描述系统如何实现用户需求分析里面所述的功能性和非功能性需求，包括硬件、软件和执行装置的功能划分及系统的软件、硬件选型等。这里虽然没有涉及具体的实现问题，但这一步非常重要，一个好的体系结构是设计成功的关键。

3. 软/硬件设计

基于体系结构来对系统的软件、硬件进行详细设计。软/硬件设计使得体系结构和规格说明一致。虽然软件的运行要依赖于具体的硬件，但为加快开发的进度，通常情况是软件设计与硬件设计并行。由于 ARM 硬件体系的一致性，因此嵌入式系统设计工作大部分都集中在软件设计上。软件设计主要包括嵌入式操作系统的裁剪、嵌入式操作系统的移植、驱动程序的开发和相关应用软件的编写等。面向对象技术、软件组件技术、模块化设计是现在经常采用的方法。

4. 系统集成

系统集成即把初步设计好的硬件、软件和执行装置等集成在一起，进行联调；在联调过程中发现并改进单元设计过程中的不足和错误；然后针对具体的问题，对软/硬件进行调整。

5. 系统测试

系统测试即对设计好的系统进行测试，验证其是否满足规格说明中规定的要求。

1.3.2 嵌入式系统的开发流程

因为嵌入式处理器平台都是通用的、固定的、成熟的，所以可有效地减少开发过程中硬件系统错误；同时，因为嵌入式操作系统屏蔽了底层硬件的很多信息，开发者只需通过使用操作系统提供的 API 函数就可以完成大部分工作，这就大大简化了开发流程，加快了开发速度，同时也提高了系统的稳定性。嵌入式系统的开发流程如图 1-4 所示。

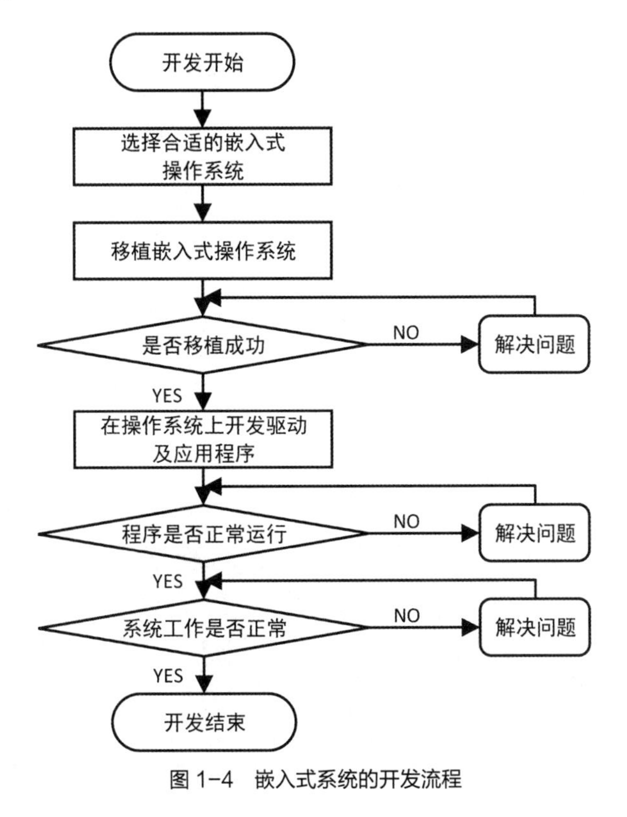

图 1-4 嵌入式系统的开发流程

1.4 小结

本章主要介绍了嵌入式系统的发展历史、嵌入式系统的定义、嵌入式系统的特点、嵌入式系统的发展趋势、嵌入式系统的组成，以及嵌入式系统的基本设计和开发流程。本章重点需要掌握的是嵌入式系统的特点、组成及开发流程。

1.5 练习题

1. 简述嵌入式系统的定义。
2. 简述嵌入式系统的特点。
3. 简述嵌入式系统的主要组成。
4. 市场上主流的嵌入式系统有哪些?
5. 简述嵌入式系统的开发流程。

CHAPTER02

第2章

ARM技术概述

重点知识

ARM体系结构的发展及技术特征 ■

ARM微处理器简介 ■

ARM微处理器架构 ■

ARM微处理器应用选型 ■

■ ARM 体系结构的处理器在嵌入式系统中的应用是非常广泛的，本章将向读者介绍 ARM 微处理器的基本知识，读者应掌握在实际工作和开发中如何对 ARM 微处理器进行选型。

2.1 ARM 体系结构的发展及技术特征

高级精简指令集计算机（Advanced RISC Machine，ARM）有 3 种含义：它是一个公司的名称，是一类微处理器的统称，还是一种技术的名称。

2.1.1 ARM 公司简介

V2-1 ARM 公司简介

1990 年，ARM 公司成立于英国剑桥，最早由 Acorn、Apple 和 VLSI 这 3 家公司合资成立，主要出售芯片设计技术的授权。1985 年 4 月 26 日，第一个 ARM 原型在英国剑桥的 Acorn 公司诞生（在美国 VLSI 公司制造）。目前，ARM 架构处理器已在高性能、低功耗、低成本的嵌入式应用领域中占据了领先地位。

ARM 公司最初只有 12 人，经过多年的发展，ARM 公司已拥有近千名员工，在许多国家都设立了分公司，包括在我国上海的分公司。目前，采用 ARM 技术知识产权（IP）核的微处理器，即通常所说的 ARM 微处理器，已遍及工业控制、消费类电子产品、通信系统、网络系统、无线系统等各类产品市场，基于 ARM 技术的微处理器占据了 32 位 RISC 微处理器 80%以上的市场份额。其中，在手机市场，ARM 占有绝对的垄断地位。可以说，ARM 技术正在逐步渗入人们生活中的各个方面，而且随着 32 位 CPU 价格的不断下降和开发环境的不断成熟，ARM 技术会应用得越来越广泛。

ARM 公司是专门从事基于 RISC 技术芯片设计开发的公司，作为嵌入式 RISC 处理器的知识产权 IP 供应商，公司本身并不直接从事芯片生产，而是转让设计许可由合作公司生产各具特色的芯片。世界各大半导体生产商从 ARM 公司购买其设计的 ARM 微处理器核，根据各自不同的应用领域，加入适当的外围电路，从而形成自己的 ARM 微处理器芯片进入市场。利用这种合伙关系，ARM 很快成为许多全球性 RISC 标准的缔造者。目前，全世界有几十家大的半导体公司使用 ARM 公司的授权，其中包括 Intel、IBM、SAMSUNG、LG 半导体、NEC、SONY、PHILIPS 等公司。这也使得 ARM 技术获得更多的第三方工具、制造厂商、软件的支持，又使整个系统成本降低，使产品更容易进入市场并被消费者所接受，更具有竞争力。

2.1.2 ARM 技术特征

V2-2 ARM 技术特征

ARM 的成功，一方面，得益于它独特的公司运作模式，另一方面，当然来自于 ARM 微处理器自身的优良性能。作为一种先进的 RISC 处理器，ARM 微处理器有以下特点。

① 小体积、低功耗、低成本、高性能。

② 支持 Thumb（16 位）、ARM（32 位）双指令集，能很好地兼容 8 位/16 位器件。

③ 最新 ARMv8 架构支持 AArch32 位和 AArch64 位指令集，能很好地兼容 32 位处理器。

④ 大量使用寄存器，指令执行速度更快。

⑤ 大多数数据操作都在寄存器中完成。

⑥ 寻址方式灵活简单，执行效率高。

⑦ 指令长度固定。

此处有必要讲解一下 RISC 微处理器的概念及其与 CISC 微处理器的区别。

1. 嵌入式 RISC 微处理器

精简指令集计算机（Reduced Instruction Set Computer，RISC）把着眼点放在如何使计算机的结构更加简单和如何使计算机的处理速度更快上。RISC 选取了使用频率最高的简单指令，抛弃复杂指令，固定指令长度，减少指令格式和寻址方式，不用或少用微码控制。这些特点使得 RISC 非常适合嵌入式处理器。

2. 嵌入式 CISC 微处理器

复杂指令集计算机（Complex Instruction Set Computer，CISC）更侧重于硬件执行指令的功能性，使 CISC 指令和处理器的硬件结构变得更复杂。这些会导致成本、芯片体积的增加，影响其在嵌入式产品中的应用。表 2-1 描述了 RISC 和 CISC 之间的主要区别。

表 2-1　RISC 和 CISC 之间的主要区别

区别	RISC	CISC
指令集	一个周期执行一条指令，通过简单指令的组合实现复杂操作；指令长度固定	指令长度不固定，执行需要多个周期
流水线	流水线每周期前进一步	指令的执行需要调用微代码的一个微程序
寄存器	更多通用寄存器	用于特定目的的专用寄存器
Load/Store 结构	独立的 Load 和 Store 指令完成数据在寄存器和外部存储器之间的传输	处理器能够直接处理存储器中的数据

2.1.3　ARM 体系结构的发展

体系结构定义了指令集架构（Instruction Set Architecture，ISA）和基于这一体系结构下处理器的编程模型。基于同种体系结构可以有多种处理器，每个处理器性能不同，所面向的应用也会不同，但每个处理器的实现都要遵循这一体系结构。ARM 体系结构为嵌入式系统发展商提供很高的系统性能，同时保持低功耗和高效率。

V2-3　ARM 体系结构的发展

ARM 体系结构为满足 ARM 合作者和设计领域的一般需求正稳步发展。目前，ARM 体系结构共定义了 8 个版本，从版本 1 到版本 8，ARM 体系的指令集功能不断扩大，不同系列的 ARM 微处理器性能差别很大，应用范围和对象也不尽相同。但是，如果是相同的 ARM 体系结构，那么基于它们的应用软件是兼容的。

1. v1 架构

v1 版本的 ARM 微处理器并没有实现商品化，采用的地址空间是 26 位，寻址空间是 64MB，在目前的版本中已不再使用这种架构。

2. v2 架构

与 v1 架构的 ARM 微处理器相比，v2 架构的 ARM 微处理器的指令结构有所完善，例如增加了乘法指令并且支持协处理器指令，该版本的处理器仍然采用 26 位的地址空间。

3. v3 架构

从 v3 架构开始，ARM 微处理器的体系结构有了很大的改变，实现了 32 位的地址空间，指令结构相对前面的两种也有所完善。

4. v4 架构

v4 架构的 ARM 微处理器增加了半字指令的读取和写入操作，还增加了处理器系统模式，并且有了 T 变种——v4T，在 Thumb 状态下支持的是 16 位的 Thumb 指令集。

5. v5 架构

v5 架构的 ARM 微处理器提升了 ARM 和 Thumb 两种指令集的交互工作能力，同时有了 DSP 指令集（v5E 架构）、Java 指令集（v5J 架构）的支持。属于 v5T（支持 Thumb 指令集）架构的处理器有 ARM10TDMI 和 ARM1020T。

6. v6 架构

v6 架构是在 2001 年发布的，在该版本中增加了 Media 指令集。属于 v6 架构的处理器核有 ARM11（2002

年发布）。v6 架构包含 ARM 体系结构中所有的 4 种特殊指令集：Thumb 指令集（T）、DSP 指令集（E）、Java 指令集（J）和 Media 指令集。

7. v7 架构

v7 架构是在 v6 架构的基础上诞生的。该架构采用了 Thumb-2 技术，它是在 ARM 的 Thumb 代码压缩技术的基础上发展起来的，并且保持了对现存 ARM 解决方案的完整的代码兼容性。Thumb-2 技术比纯 32 位代码少使用 31%的内存，减少了系统开销，同时能够提供比已有的基于 Thumb 技术的解决方案高出 38%的性能。v7 架构还采用了 NEON 技术，将 DSP 和媒体处理能力提高了近 4 倍，并支持改良的浮点运算，满足下一代 3D 图形、游戏物理应用及传统嵌入式控制应用的需求。

8. v8 架构

v8 架构是在 32 位 ARM 架构上进行开发的，将被首先用于对扩展虚拟地址和 64 位数据处理技术有更高要求的产品领域，如企业应用、高档消费电子产品。v8 架构包含两个执行状态：AArch64 和 AArch32。AArch64 执行状态针对 64 位处理技术，引入了一个全新指令集 A64，可以存取大虚拟地址空间；而 AArch32 执行状态将支持现有的 ARM 指令集。目前的 v7 架构的主要特性都将在 v8 架构中得以保留或进一步拓展，如 TrustZone 技术、虚拟化技术及 NEON advanced SIMD 技术等。

2.2 ARM 微处理器简介

V2-4 ARM 微处理器简介

ARM 微处理器的产品系列非常广，包括 ARM7、ARM9、ARM9E、ARM10E、ARM11。ARM 公司从 ARM11 之后将处理器的命名调整为 Cortex，分别为 Cortex-A、Cortex-R、Cortex-M、SecurCore 等。每个系列提供一套特定的性能来满足设计者对功耗、性能、体积的要求。SecurCore 是一个单独的产品系列，是专门为安全设备设计的。

表 2-2 总结了 ARM 各系列处理器所包含的不同类型。本节简要介绍 Cortex 各个系列处理器的特点。

表 2-2 ARM 各系列处理器所包含的不同类型

ARM 系列	包含类型
ARM9/9E 系列	ARM920T ARM922T ARM926EJ-S ARM940T ARM946E-S ARM966E-S ARM968E-S
ARM10E 系列	ARM1020E ARM1022E ARM1026EJ-S
ARM11 系列	ARM1136J-S ARM1136JF-S ARM1156T2F-S ARM1176JZF-S ARM11 MPCore

续表

ARM 系列	包含类型
Cortex 系列	Cortex-A Cortex-R Cortex-M
SecurCore 系列	SC100 SC110 SC200 SC210
其他合作伙伴产品	StrongARM Xscale MBX

2.2.1 Cortex-A 系列处理器

ARM Cortex-A 系列应用型处理器可向托管丰富 OS 平台和用户应用程序的设备提供全方位的解决方案，从超低成本手机、智能手机、移动计算平台、数字电视和机顶盒，到企业网络、打印机和服务器解决方案。高性能的 Cortex-A15、可伸缩的 Cortex-A9、经过市场验证的 Cortex-A8 和高效的 Cortex-A7、Cortex-A5 处理器均共享同一架构，因此具有完全的应用兼容性，支持传统的 ARM、Thumb 指令集和新增的高性能紧凑型 Thumb-2 指令集。

Cortex-A15 和 Cortex-A7 都支持 ARMv7-A 架构的扩展，从而为大型物理地址访问和硬件虚拟化，以及处理 AMBA4 ACE 一致性提供支持。

ARM 在 Cortex-A 系列处理器大体上按性能可以排序为：Cortex-A75 处理器、Cortex-A73 处理器、Cortex-A57 处理器、Cortex-A53 处理器、Cortex-A15 处理器、Cortex-A9 处理器、Cortex-A7 处理器、Cortex-A5 处理器等。需要指出的是，单从命名数字来看，Cortex-A7 似乎比 A9 低端，但是从 ARM 的官方数据看，A7 的架构和工艺都是仿照 A15 来做的，单个性能超过 A9 并且能耗控制更好。另外，A57 和 A53 属于 ARMv8 架构。截至 2017 年 ARM 公司的 Cortex-A 系列处理器产品如图 2-1 所示。

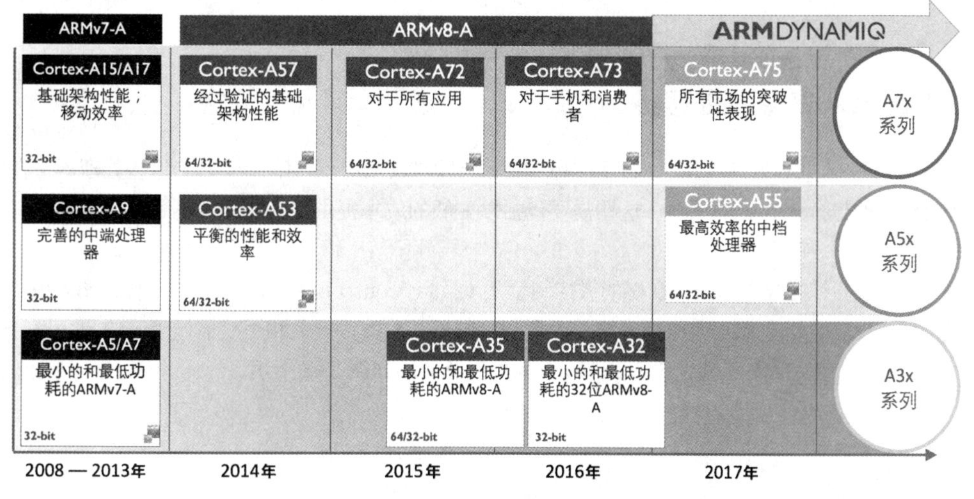

图 2-1 Cortex-A 系列处理器产品分布

2.2.2 Cortex-R 系列处理器

ARM Cortex-R 系列实时处理器为要求高可靠性、高可用性、容错功能、可维护性和实时响应的嵌入式系统提供高性能计算解决方案。

Cortex-R 系列处理器通过已经在数以亿计的产品中得到验证的成熟技术提供极快的上市速度，并利用广泛的 ARM 生态系统、全球和本地语言，以及全天候的支持服务，保证快速、低风险的产品开发。

许多应用都需要 Cortex-R 系列的如下关键特性。

高性能：与高时钟频率相结合的快速处理能力。

实时：处理能力在所有场合都符合硬实时限制。

安全：具有高容错能力的可靠且可信的系统。

经济实惠：可实现最佳性能、功耗和面积的功能。

Cortex-R 系列处理器与 Cortex-M 和 Cortex-A 系列处理器都不相同。显而易见，Cortex-R 系列处理器提供的性能比 Cortex-M 系列提供的性能高得多，而 Cortex-A 系列专用于具有复杂软件操作系统（需使用虚拟内存管理）的面向用户的应用。截至 2017 年 ARM 公司的 Cortex-R 系列处理器产品如图 2-2 所示。

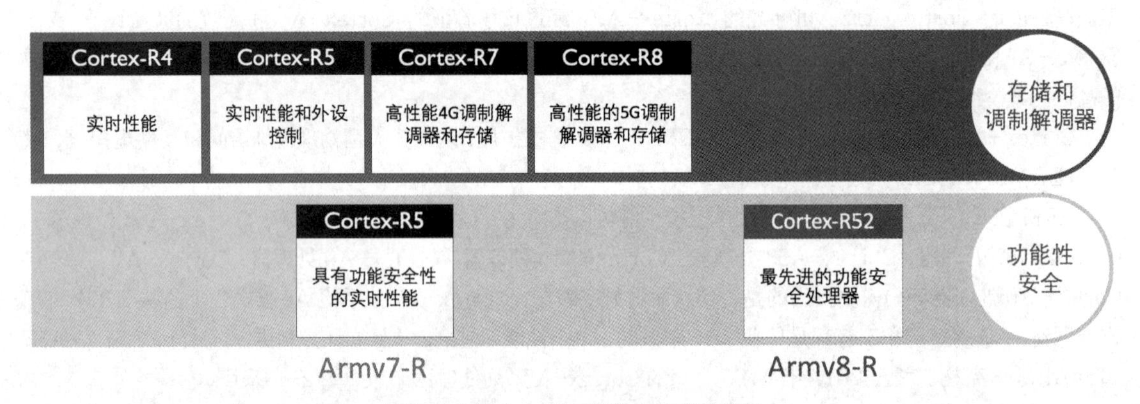

图 2-2 Cortex-R 系列处理器产品分布

2.2.3 Cortex-M 系列处理器

ARM Cortex-M 系列处理器是一系列可向上兼容的高能效、易于使用的处理器，这些处理器旨在帮助开发人员满足将来的嵌入式应用的需要。这些需要包括以更低的成本提供更多功能、不断增加连接、改善代码重用和提高能效。

Cortex-M 系列针对成本和功耗敏感的微控制单元（Microcontroller Unit，MCU）和终端应用（如智能测量、人机接口设备、汽车和工业控制系统、大型家用电器、消费性产品和医疗器械等）的混合信号设备进行优化。截至 2017 年 ARM 公司的 Cortex-M 系列处理器产品如图 2-3 所示。

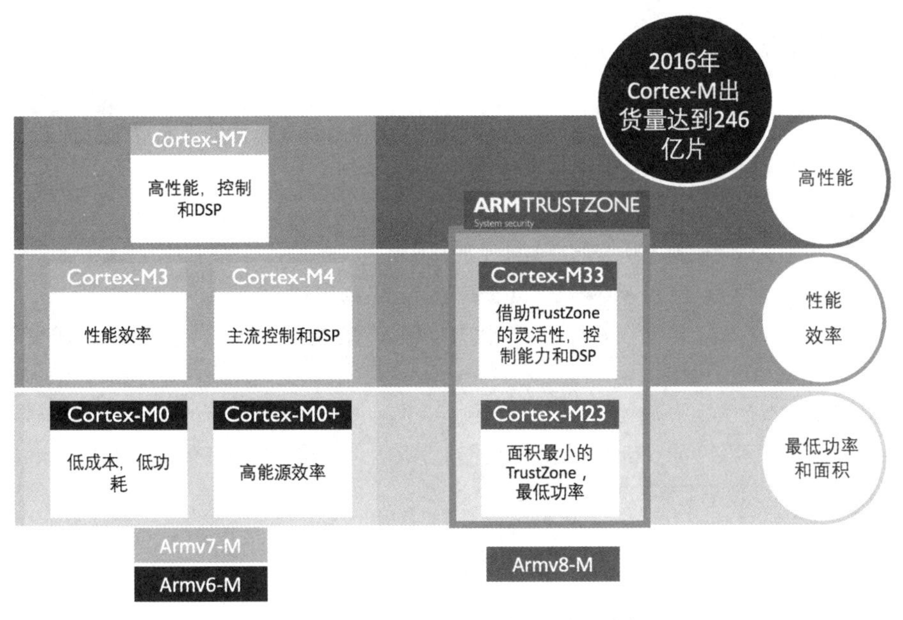

图 2-3　Cortex-M 系列处理器产品分布

2.2.4　SecurCore 系列处理器

ARM SecurCore 系列处理器为基于行业领先的 ARM 架构提供功能强大的 32 位安全解决方案。通过用各种安全功能来加强已十分成熟的 ARM 微处理器，SecurCore 推出了智能卡，使安全类的 IC 开发人员可以方便地利用 ARM 32 位技术的优点（例如晶片尺寸小、能效高、成本低、代码密度优异且性能十分突出）。SecurCore 系列处理器可在广泛的安全应用中使用，其性能超越了旧的 8 位或 16 位安全处理器。目前 ARM 公司的 SecurCore 系列处理器产品如图 2-4 所示。

主要的智能卡应用场合有用户身份识别模块（Subscriber Identity Module，SIM）、银行业、付费电视、公共交通、电子政务、ID 卡等。

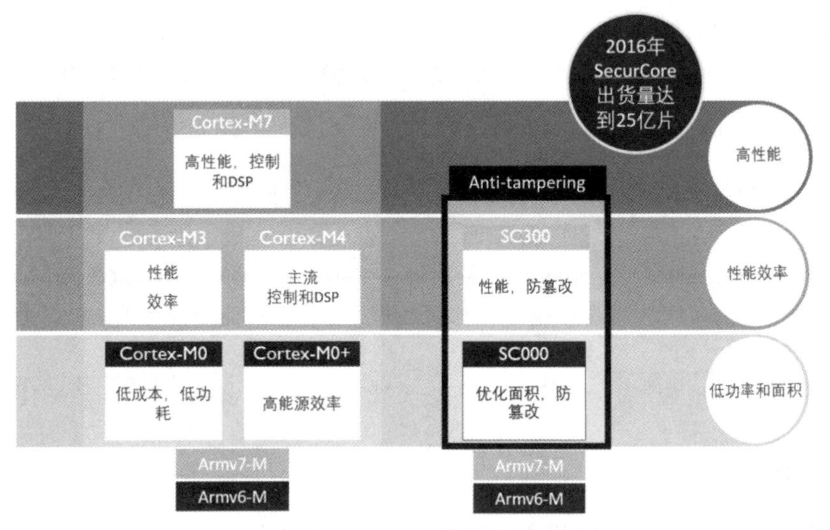

图 2-4　SecurCore 系列处理器产品分布

2.3 ARM 微处理器架构

V2-5 ARM 微处理器架构

ARM 内核采用 RISC 体系结构。ARM 体系结构的主要特征如下。

① 采用大量的寄存器，它们都有多种用途。

② 采用 Load/Store 体系结构。

③ 每条指令都是条件执行。

④ 采用多寄存器的 Load/Store 指令。

⑤ 能够在单时钟周期执行的单条指令内完成一项普通的移位操作和一项普通的 ALU 操作。

⑥ 通过协处理器指令集来扩展 ARM 指令集，包括在编程模式中增加了新的寄存器和数据类型。

⑦ 如果把 ARMv8 架构中的 Thumb 指令集也作为 ARM 体系结构的一部分，那么在 Thumb 体系结构中还可以用高密度 16/32 位压缩形式表示指令集。

2.4 ARM 微处理器应用选型

V2-6 ARM 微处理器应用选型

随着国内嵌入式应用领域的发展，ARM 芯片必然会获得广泛的重视和应用。但是由于 ARM 芯片有多达十几种的芯核结构、70 多个芯片生产厂家及千变万化的内部功能配置组合，开发人员在选择方案时会有一定的困难，因此对 ARM 芯片做对比研究是十分必要的。

ARM 芯片选型的一般原则如下。

1. 功能

考虑处理器本身能够支持的功能，如 USB、网络、串口、液晶显示等。

2. 性能

从处理器的功耗、速度、稳定可靠性等方面考虑。

3. 价格

产品在完成功能要求的基础上，成本越低越好。在选择处理器时需要考虑处理器的价格，以及由处理器衍生出的开发价格，如开发板、外围芯片、开发工具、制版等的价格。

4. 熟悉程度及开发资源

通常公司对产品的开发周期都有严格的要求，选择一款熟悉的处理器可以大大降低开发风险。在熟悉的处理器都无法满足功能的情况下，可以尽量选择开发资源丰富的处理器。

5. 操作系统支持

在选择嵌入式处理器时，如果最终的程序需要运行在操作系统上，那么还应该考虑处理器对操作系统的支持。

6. 升级

很多产品在开发完成后都会面临升级的问题，正所谓“人无远虑，必有近忧”，因此在选择处理器时必须要考虑升级的问题。如尽量选择具有相同封装的不同性能等级的处理器，考虑产品未来可能增加的功能等。

7. 供货稳定

供货稳定也是选择处理器时的一个重要参考因素，应尽量选择大厂家生产的比较通用的芯片。

2.5 小结

本章主要介绍了 ARM 公司的发展历史，ARM 公司产品分布和产品特点，ARM 微处理器的应用选型。通过本章的学习，重点了解 ARM 不同处理器的特点。

2.6 练习题

1. 简述 ARM 的 3 种含义。
2. 简述 RISC 和 CISC 的区别。
3. 简述 ARM 微处理器的特点。

CHAPTER03

第3章

Cortex-A53编程模型

重点知识

- Cortex-A53处理器功能及特点
- Cortex-A53支持数据类型
- Cortex-A53内核工作模式
- Cortex-A53存储系统
- 指令流水线
- 寄存器组织

■ 学习一款 ARM 系列处理器，就要了解 ARM 微处理器的内核，这样才能更好地通过编程操作处理器。本章主要对 Cortex-A53 处理器的一些特性做了简单的讲解，并对本书采用的开发平台进行了简单的介绍。

3.1 Cortex-A53 处理器功能及特点

Cortex-A53 处理器，属于 A50 系列处理器，这一系列产品进一步扩大了 ARM 在高性能与低功耗领域的领先地位，Cortex-A53 处理器就是由此诞生的。ARM Cortex-A53 是实现 ARM Holdings 设计的 ARMv8-A64 位指令集的前两个微体系结构之一。

V3-1 Cortex-A53 处理器功能及特点

Cortex-A53 是一款功耗低、效率高的 ARM 应用处理器，可独立运作或整合为 ARM big.LITTLE 处理器架构。该处理器系列的可扩展性使 ARM 的合作伙伴能够针对智能手机、高性能服务器等各类不同市场需求开发系统级芯片（System on a Chip，SoC）。

Cortex-A53 将持续推动移动计算体验的发展，提供最多可达现有超级手机（superphone）3 倍的性能，还可将现有超级手机体验延伸至入门级智能手机；配合 ARM 和 ARM 合作伙伴所提供的完整工具套件与仿真模型以加快并简化软件开发，全面兼容现有的 ARM32 位软件生态系统，并能与 ARM 快速发展中的 64 位软件生态系统相整合。

在 IP 内核硬化加速技术、先进互补型场效应晶体管（Complementary Metal Oxide Semiconductor，CMOS）和鳍式场效应晶体管（Fin Field-Effect Transistor，FinFET）制程技术的支持下，Cortex-A53 处理器可提供 GHz 级别的性能。Cortex-A53 内核的内部构造如图 3-1 所示。

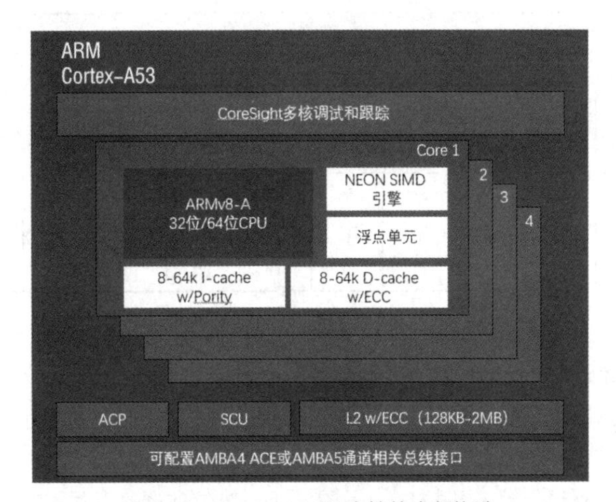

图 3-1 Cortex-A53 内核的内部构造

Cortex-A53 内核特点如下。

① 具有双向超标量，有序执行流水线的 8 级流水线处理器。

② 每个核心都必须使用 DSP 和 NEON SIMD 扩展。

③ 板载 VFPv4 浮点单元（每个核心）。

④ 硬件虚拟化支持。

⑤ TrustZone 安全扩展。

⑥ 64B 缓存行。

⑦ 10 项 L1 TLB 和 512 项 L2 TLB。

⑧ 4kbit 条件分支预测器，256 项间接分支预测器。

3.2 Cortex-A53 支持的数据类型

Cortex-A53 采用的是 ARMv8 64 位架构，ARMv8 架构支持整数、浮点数等数据类型。本节简单介绍基本的数据类型和数据在内存中的存储方式。

3.2.1 ARM 的基本数据类型

V3-2 ARM 的基本数据类型

ARMv8 架构支持的基本数据类型有以下 5 种。

① Byte：字节，8bit。

② Halfword：半字，16bit（半字必须与 2 字节边界对齐）。

③ Word：字，32bit（字必须与 4 字节边界对齐）。

④ Doubleword：双字，64bit。

⑤ Quaword：四字，128bit。

存储器可以看作序号为 $0 \sim 2^{32}-1$ 的线性字节阵列。如表 3-1 所示为 ARM 存储器的组织结构。其中每一个字节都有唯一的地址。字节可以占用任意位置。半字占有两个字节的位置，该位置开始于偶数字节地址（地址最末一位为 0）。长度为一个字的数据项占用一组 4 字节的位置，该位置开始于 4 的倍数的字节地址（地址最末两位为 00）。

表 3-1 ARM 存储器的组织结构

四字 1															
双字 1								双字 2							
字 1				字 2				字 3				字 4			
半字 1		半字 2		半字 3		半字 4		半字 5		半字 6		半字 7		半字 8	
字节 1	字节 2	字节 3	字节 4	字节 5	字节 6	字节 7	字节 8	字节 9	字节 10	字节 11	字节 12	字节 13	字节 14	字节 15	字节 16

注意：

① ARM 系统结构 v8 架构支持 5 种基本数据类型。

② 当将这些数据类型中的任意一种声明为 unsigned 类型时，n 位数据值表示范围为 $0 \sim 2^n-1$ 的非负数，通常使用二进制格式。

③ 当将这些数据类型的任意一种声明为 signed 类型时，n 位数据值表示范围为 $-2^{n-1} \sim 2^{n-1}-1$ 的整数，使用二进制的补码格式。

④ 数据类型指令的操作数具体是字类型还是双字类型由使用的寄存器类型决定，如“ADD W1，W0，#0x1”中的操作数“0x1”作为字类型数据处理；“ADD X1，X0，#0x1”中的操作数“0x1”作为双字类型数据处理。

⑤ Load/Store 数据传输指令可以从存储器存取传输数据，这些数据可以是字节、半字、字。加载时自动进行字节或半字的零扩展或符号扩展。

⑥ ARM 指令编译后是 4 个字节（与字边界对齐）。Thumb 指令编译后是两个字节（与半字边界对齐）。

V3-3 浮点数据类型

3.2.2 浮点数据类型

浮点运算使用在 ARM 硬件指令集中未定义的数据类型。尽管如此，ARM 公司仍然在协处理器指令空间定义了一系列浮点指令。通常这些指令全部可以通过未定义指令异常（此异常收集所有硬件协处理器不接收的协处理器指令）在软件中实现，但是其中的一小部分也可以由浮点运算协处理器 FPA10 以硬件方式实现。另外，ARM 公司还提供了用 C 语言编写的浮点库作为 ARM 浮点指令集的替代方法（Thumb 代码只能使用浮点指令集）。该库支持 IEEE 标准的单精度和双精度格式。C 编译器有一个关键字标志来选择这个历程。它产生的代码与软件仿真（通过避免中断、译码和浮点指令仿真）相比既快又紧凑。

V3-4　存储器大/小端模式

3.2.3　存储器大/小端模式

从软件角度看，内存相当于一个大的字节数组，其中每个数组元素（字节）都是可寻址的。ARM 支持大端模式（big-endian）和小端模式（little-endian）两种内存模式。大端模式和小端模式数据存放的特点如图 3-2 所示。

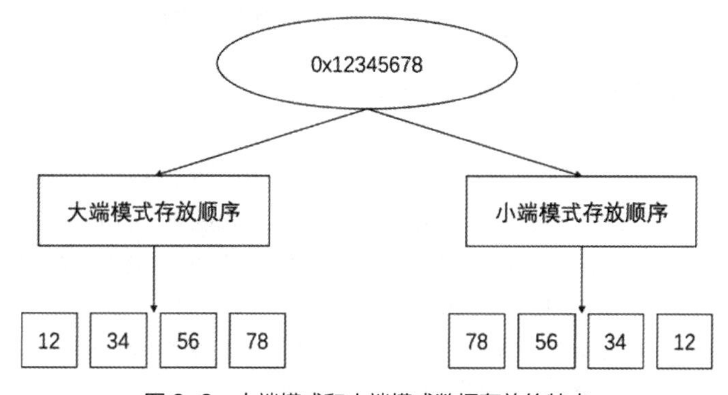

图 3-2　大端模式和小端模式数据存放的特点

下面的例子显示了使用内存大/小端（big/little endian）的存取格式：

```
// 程序执行前：
x0=0x1122334455667788
// 执行指令：
x1=0x20008000
STR x0, [x1]
LDRB x2, [x1]
```

执行结果：

```
x2=0x88  /*小端模式下结果*/
x2=0x11  /*大端模式下结果*/
```

上面的例子向我们提示了一个潜在的编程隐患：在大端模式下，一个字的高地址放的是数据的低位；而在小端模式下，数据的低位放在内存中的低地址。要小心对待存储器中一个字内字节的顺序。

3.3　Cortex-A53 内核工作模式

V3-5　Cortex-A53 内核工作模式

ARM 架构中处理器有不同的运行模式，因此同一个功能的寄存器在不同的运行模式下可能对应不同的物理寄存器，这些寄存器被称为备份寄存器。如 SPSR_svc 表示 svc 模式下使用的 SPSR。ARM 微处理器常用的工作模式如表 3-2 所示。

表 3-2　ARM 微处理器常用的工作模式

处理器模式	描述
用户模式（User Mode，USR）	正常程序执行的模式
快速中断模式（FIQ Mode，FIQ）	用于高速数据传输和通道处理
普通中断模式（IRQ Mode，IRQ）	用于通常的中断处理
特权模式（Supervisor Mode，SVC）	供操作系统使用的一种保护模式
中止模式（Abort Mode，ABT）	当数据或指令预取中止时进入该模式，用于虚拟存储和存储保护
未定义模式（Undefined Mode，UND）	当执行未定义指令时进入该模式，用于支持通过软件仿真硬件的协处理器
系统模式（System Mode，SYS）	用于运行特权级的操作系统任务

ARMv8-A 架构还有安全监控模式（Monitor Mode，MON），用于处理器安全状态与非安全状态的切换；捕获异常模式（Hypervisor Mode，HYP），用于对虚拟化有关功能的支持。

3.4　Cortex-A53 存储系统

V3-6　Cortex-A53 存储系统

ARM 存储系统有非常灵活的体系结构，可以适应不同的嵌入式应用系统的需要。ARM 存储器系统可以使用简单的平板式地址映射机制（就像一些简单的单片机一样，地址空间的分配方式是固定的，系统中各部分都使用物理地址），也可以使用以下一些技术提供功能更为强大的存储系统。

① 系统可能提供多种类型的存储器件，如 Flash、ROM、SRAM 等。

② Cache（高速缓冲存储器）技术。

③ 写缓存（write buffer）技术。

④ 虚拟内存和 I/O 地址映射技术。

大多数的系统通过下面的方法之一可实现对复杂存储系统的管理。

① 使用 Cache，缩小处理器和存储系统的速度差别，从而提高系统的整体性能。

② 使用内存映射技术实现虚拟空间到物理空间的映射。这种映射机制对嵌入式系统非常重要。通常嵌入式系统程序存放在 ROM/Flash 中，这样系统断电后程序能够得到保存。但是，ROM/Flash 与 SDRAM 相比速度慢很多，而且基于 ARM 的嵌入式系统通常把异常中断向量表放在 RAM 中。利用内存映射机制可以满足这种需要。在系统加电时，将 ROM/Flash 映射为地址 0，这样可以进行一些初始化处理；当这些初始化处理完成后，将 SDRAM 映射为地址 0，并把系统程序加载到 SDRAM 中运行，这样可很好地满足嵌入式系统的需要。

③ 引入存储保护机制，增强系统的安全性。

④ 引入一些机制保证将 I/O 操作映射成内存操作后，各种 I/O 操作能够得到正确的结果。在简单存储系统中，不存在这样的问题。而当系统引入了 Cache 和 write buffer 技术后，就需要一些特别的措施。

ARM 的存储器系统是由多级构成的，可以分为内核级、芯片级、板卡级和外设级。存储器的层次结构如图 3-3 所示。

每级都有特定的存储介质，下面对比各级系统中特定存储介质的存储性能。

① 内核级的寄存器。处理器寄存器组可看作存储器层次的顶层。这些寄存器被集成在处理器内核中，在系统中提供最快的存储器访问。典型的 ARM 微处理器有多个 32 位寄存器，其访问时间为纳秒（ns）量级。

② 芯片级的紧耦合存储器（Tightly Coupled Memories，TCM）是为弥补 Cache 访问的不确定性增加的存储器。TCM 是一种快速 SDRAM，它紧挨内核，并且保证取指和数据操作的时钟周期数，这一点对一些要求确定

行为的实时算法是很重要的。TCM 位于存储器地址映射中，可作为快速存储器来访问。

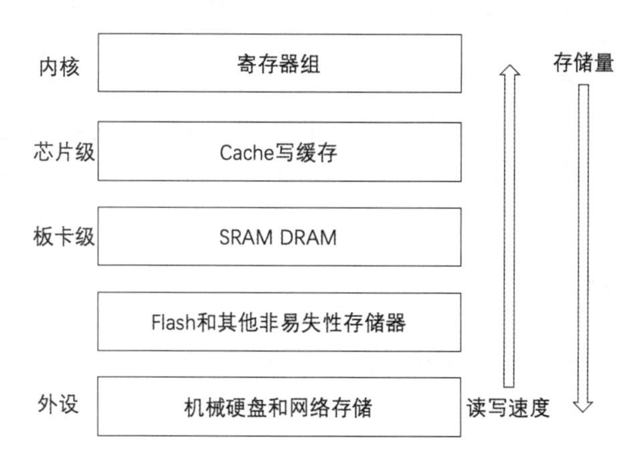

图 3-3　存储器的层次结构

③ 芯片级的片上 Cache 存储器。容量在 8～32KB，访问时间大约为 10 纳秒（ns）。高性能的 ARM 结构中，可能存在第二级片外 Cache，容量为几百 KB，访问时间为几十纳秒。

④ 板卡级的 DRAM。主存储器可能是几 MB 到几十 MB 的动态存储器，访问时间大约为 100 纳秒。

⑤ 外设级的后援存储器。通常是硬盘，可能从几百 MB 到几 GB，访问时间为几十毫秒（ms）。

V3-7　存储管理单元

3.4.1　存储管理单元（MMU）

在创建多任务嵌入式系统时，最好用一个简单的方式来编写、装载和运行各自独立的任务。目前大多数的嵌入式系统不再使用自己定制的控制系统，而使用操作系统来简化这个过程。较高级的操作系统采用基于硬件的存储管理单元（Memory Management Unit，MMU）来实现上述操作。

MMU 提供的一个关键服务是使各个任务作为各自独立的程序在自己的私有存储空间中运行。在带 MMU 的操作系统控制下，运行的任务无须知道其他与之无关的任务的存储需求情况，这就简化了各个任务的设计。

MMU 提供了一些资源以允许使用虚拟存储器（将系统物理存储器重新编址，可将其看成一个独立于系统物理存储器之外的存储空间）。MMU 作为转换器，将程序和数据的虚拟地址（编译时的连接地址）转换成实际的物理地址，即在物理主存中的地址。这个转换过程允许运行的多个程序使用相同的虚拟地址，而数据存储在物理存储器的不同位置。

这样存储器就有两种类型的地址：虚拟地址和物理地址。虚拟地址由编译器和连接器在定位程序时分配；物理地址用来访问实际的主存硬件模块（物理上程序存在的区域）。

3.4.2　高速缓冲存储器（Cache）

Cache 是一个容量小但存取速度非常快的存储器，它保存最近用到的存储器数据副本。对于程序员来说，Cache 是透明的，它自动决定保存哪些数据、覆盖哪些数据。现在 Cache 通常与处理器在同一芯片上实现。Cache 能够发挥作用是因为程序具有局部性。所谓局部性就是指在任何特定的时间，处理器趋于对相同区域的数据（如堆栈）多次执行相同的指令（如循环）。

V3-8　高速缓冲存储器

Cache 经常与 write buffer 一起使用。write buffer 是一个非常小的先进先出

（First Input First Output，FIFO）存储器，位于处理器核与主存之间。使用 write buffer 的目的是将处理器核和 Cache 从较慢的主存写操作中解脱出来。当 CPU 向主存储器做写入操作时，它先将数据写入 write buffer 中，由于 write buffer 的速度很高，这种写入操作的速度也将很高。write buffer 在 CPU 空闲时，再以较低的速度将数据写入主存储器中相应的位置。

通过引入 Cache 和 write buffer，存储系统的性能得到了很大的提高，但同时也带来了一些问题。例如，由于数据将存在于系统中不同的物理位置，可能造成数据的不一致；由于 write buffer 的优化作用，可能有些写操作的执行顺序不是用户期望的顺序，从而造成操作错误。

3.5 指令流水线

指令流水线是指为提高处理器执行指令的效率，把一条指令的操作分成多个细小的步骤，每个步骤由专门的电路完成的方式。

3.5.1 指令流水线的概念与原理

V3-9 指令流水线的概念与原理

处理器按照一系列步骤来执行每一条指令，典型的步骤如下。

① 从存储器读取指令（fetch）。

② 译码以鉴别它属于哪一条指令（decode）。

③ 从指令中提取指令的操作数，这些操作数往往存在于寄存器（reg）中。

④ 将操作数进行组合以得到结果或存储器地址（Arithmetic and Logic Unit，ALU）。

⑤ 如果需要，则访问存储器以存储数据（mem）。

⑥ 将结果写回到寄存器堆（res）。

并不是所有的指令都需要上述每一个步骤，但是，多数指令需要其中的多个步骤。这些步骤往往使用不同的硬件功能，如 ALU 可能只在步骤④中用到。因此，如果一条指令不是在前一条指令结束之前就开始，那么在每一步骤内处理器只有少部分的硬件在使用。

有一种方法可以明显改善硬件资源的使用率和处理器的吞吐量，那就是在当前一条指令结束之前就开始执行下一条指令，即通常所说的指令流水线（Pipeline）技术。指令流水线是 RISC 处理器执行指令时采用的机制。使用指令流水线，可在取下一条指令的同时译码和执行其他指令，从而加快执行的速度。可以把指令流水线看作汽车生产线，每个阶段只完成专门的处理器任务。

采用上述操作顺序，处理器可以这样来组织：当一条指令刚刚执行完步骤①并转向步骤②时，下一条指令就开始执行步骤①。从原理上说，这样的指令流水线应该比没有重叠的指令执行快 6 倍，但由于硬件结构本身的一些限制，实际情况会比理想状态差一些。

3.5.2 指令流水线的分类

V3-10 3 级指令流水线 ARM 组织

ARM 微处理器主要包含 3 级指令流水线、5 级指令流水线、7 级指令流水线、8 级指令流水线和 13 级指令流水线这 5 个流水线。

1. 3 级指令流水线 ARM 组织

到 ARM7 为止的 ARM 微处理器使用简单的 3 级指令流水线，它包括下列流水线级。

① 取指令（fetch）：从寄存器装载一条指令。

② 译码（decode）：识别被执行的指令，并为下一个周期准备数据通路的控制信号。在这一级，指令占有译码逻辑，不占用数据通路。

③ 执行（execute）：处理指令并将结果写回寄存器。

3 级指令流水线中指令的执行过程如图 3-4 所示。

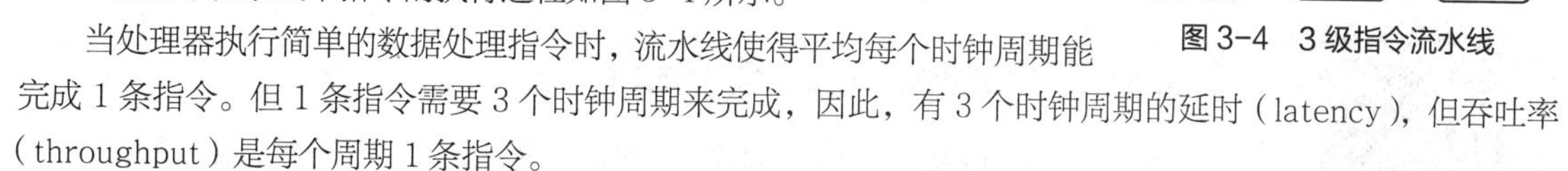

图 3-4　3 级指令流水线

当处理器执行简单的数据处理指令时，流水线使得平均每个时钟周期能完成 1 条指令。但 1 条指令需要 3 个时钟周期来完成，因此，有 3 个时钟周期的延时（latency），但吞吐率（throughput）是每个周期 1 条指令。

2. 5 级指令流水线 ARM 组织

V3-11　5 级指令流水线 ARM 组织

所有处理器都要满足对高性能的要求，在 ARM 核中使用 3 级指令流水线的性价比是很高的。但是，为了得到更高的性能，需要重新考虑处理器的组织结构，这里有两种方法来提高性能。

一种是提高时钟频率。时钟频率的提高，必然使指令执行周期缩短，所以要求简化流水线每一级的逻辑，流水线的级数就要增加。

另一种是减少每条指令的平均指令周期数 CPI。这就要求重新考虑 3 级指令流水线 ARM 中多于 1 个流水线周期的实现方法，以便使其占有较少的周期，或减少因指令执行造成的流水线停顿，也可以将两者结合起来。

3 级指令流水线 ARM 核在每一个时钟周期都访问存储器，或取指令，或传输数据。为了改善 CPI，存储器系统必须在每个时钟周期中给出多于 1 个的数据。方法是在每个时钟周期从单个存储器中给出多于 32 位数据，或者为指令或数据分别设置存储器。

基于以上原因，较高性能的 ARM 核使用了 5 级指令流水线，而且具有分开的指令和数据存储器。把指令的执行分割为 5 部分而不是 3 部分，进而可以使用更高的时钟频率，分开的指令和数据存储器使核的 CPI 明显减少。

在 ARM9TDMI 中使用了典型的 5 级指令流水线，5 级指令流水线包括下面的流水线级。

① 取指令（fetch）：从存储器中取出指令，并将其放入指令流水线。

② 译码（decode）：指令被译码，从寄存器堆中读取寄存器操作数。在寄存器堆中有 3 个操作数读接口，因此，大多数 ARM 指令能在 1 个周期内读取其操作数。

③ 执行（execute）：将其中 1 个操作数移位，并在 ALU 中产生结果。如果指令是 Load 或 Store，则在 ALU 中计算存储器的地址。

④ 缓冲/数据（buffer/data）：如果需要则访问数据存储器，否则 ALU 只是简单地缓冲 1 个时钟周期。

⑤ 回写（write-back）：将指令的结果回写到寄存器堆，包括任何从寄存器读出的数据。

5 级指令流水线中指令的执行过程如图 3-5 所示。

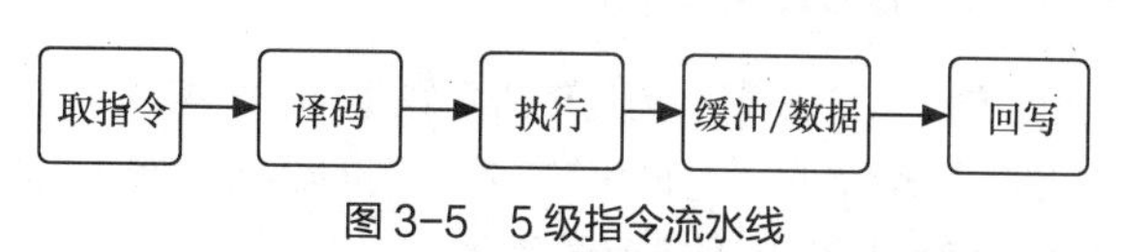

图 3-5　5 级指令流水线

在程序执行过程中，程序计数寄存器（Program Counter Register，PC）值是基于 3 级指令流水线操作特性的。5 级指令流水线中提前 1 级来读取指令操作数，得到的值是不同的（PC+4 而不是 PC+8）。但 5 级指令流水线 ARM 完全仿照 3 级指令流水线的行为。在取指级增加的 PC 值被直接送到译码级的寄存器，穿过两级之间的流水线寄存器。下一条指令的 PC+4 等于当前指令的 PC+8，因此，未使用额外的硬件便得到了正确的 R15。

V3-12　8 级指令流水线

3. 8 级指令流水线

在 Cortex-A53 中有一条 8 级指令流水线，但是由于 ARM 公司没有公开其中的任何技术细节，这里只能简单介绍一下。从经典 ARM 系列到现在的 Cortex 系列，ARM 微处理器的结构在向复杂的阶段发展，但没改变的是 CPU 的取指指令和地址关系，不管是几级指令流水线，都可以按照最初的 3 级指令流水线的操作特性来判断其当前的 PC 位置。这样做主要还是为了软件兼容性上的考虑，由此可以判断的是，后面 ARM 所推出的处理核心都想满足这一特点，感兴趣的读者可以自行查阅相关资料。

V3-13 影响指令流水线性能的因素

3.5.3 影响指令流水线性能的因素

影响指令流水线性能的主要因素有互锁、跳转指令等，下面进行详细说明。

1. 互锁

在典型的程序处理过程中，经常会遇到这样的情形，即一条指令的结果被用作下一条指令的操作数。例如，有如下指令序列：

```
LDR X0, [X0, #0]
ADD X0, X0, X1      // 在5级流水线上产生互锁
```

从例子可以看出，流水线的操作产生中断，因为第一条指令的结果在第二条指令取数时还没有产生，所以第二条指令必须停止，直到结果产生为止。

2. 跳转指令

跳转指令也会破坏流水线的行为，因为后续指令的取指步骤受到跳转目标计算的影响，因而必须推迟。但是，当跳转指令被译码时，在它被确认是跳转指令之前，后续的取指操作已经发生。这样一来，已经被预取进入流水线的指令不得不被丢弃。如果跳转目标的计算是在 ALU 阶段完成的，那么在得到跳转目标之前已经有两条指令按原有指令流水线读取。

显然，只有当所有指令都依照相似的步骤执行时，流水线的效率才达到最高。如果处理器的指令非常复杂，每一条指令的行为都与下一条指令不同，那么就很难用指令流水线来实现。

3.6 寄存器组织

ARMv8 架构属于 64 位架构，向下兼容 ARMv7 架构。ARMv8 架构支持两种类型的 ARM 指令集，一种是 AArch64 位指令集，另一种是 AArch32 位指令集。不管是哪种类型的指令集，每条指令依然都是字（4 字节）对齐。两种类型指令集的本质区别是工作寄存器的位数不同：AArch32 位指令集使用 32 位工作寄存器，而 AArch64 位指令集使用 64 位工作寄存器。

V3-14 AArch32 重要寄存器简介

3.6.1 通用寄存器

为了使 ARMv8 架构的处理器更好地向下兼容 ARMv7 架构，ARMv8 架构支持 AArch32 和 AArch64 两种状态，在不同的状态下使用不同的寄存器的组织。

1. AArch32 重要寄存器简介

AArch32 状态下重要寄存器简介如表 3-3 所示。

表 3-3 AArch32 重要寄存器简介

寄存器类型	位数	描述
R0-R14	32bit	通用寄存器，但是 ARM 不建议将有特殊功能的 R13、R14、R15 作为通用寄存器使用
SP_x	32bit	通常称 R13 为堆栈指针， 除了 USR 和 SYS 模式外，其他各种模式下都有对应的 SP_x：x={und/svc/abt/irq/fiq/hyp/mon}
LR_x	32bit	称 R14 为链接寄存器， 除了 USR 和 SYS 模式外，其他各种模式下都有对应的 SP_x：x={und/svc/abt/svc/irq/fiq/mon},用于保存程序返回的链接信息地址。AArch32 状态下，也用于保存异常返回地址，也就是说 LR 和 ELR 是共用一个；AArch64 状态下是独立的
ELR_hyp	32bit	HYP 模式下特有的异常链接寄存器，保存异常进入 HYP 模式时的异常地址

续表

寄存器类型	位数	描述
PC	32bit	通常称 R15 为程序计算器 PC 指针。AArch32 中 PC 指向取指地址，是执行指令地址+8；AArch64 中 PC 读取时指向当前指令地址
CPSR	32bit	记录当前 PE 的运行状态数据，CPSR.M[4：0]记录运行模式，AArch64 下使用 PSTATE 代替
APSR	32bit	应用程序状态寄存器，EL0 下可以使用 APSR 访问部分 PSTATE 值
SPSR_x	32bit	是 CPSR 的备份，除了 USR 和 SYS 模式外，其他各种模式下都有对应的 SPSR_x：x={und/svc/abt/irq/fiq/hpy/mon}。注意，这些模式只适用于 32bit 状态下
HCR	32bit	EL2 特有，HCR.{TEG,AMO,IMO,FMO,RW}，控制 EL0/EL1 的异常路由
SCR	32bit	EL3 特有，SCR.{EA,IRQ,FIQ,RW}，控制 EL0/EL1/EL2 的异常路由，注意 EL3 始终不会路由
VBAR	32bit	保存任意异常进入非 HYP 模式和非 MON 模式的跳转向量基地址
HVBAR	32bit	保存任意异常进入 HYP 模式的跳转向量基地址
MVBAR	32bit	保存任意异常进入 MON 模式的跳转向量基地址
ESR_ELx	32bit	保存异常进入 ELx 时的异常综合信息，包含异常类型 EC 等，可以通过 EC 值判断异常 class
PSTATE	—	不是一个寄存器，是保存当前 PE 状态的一组寄存器统称，其中可访问寄存器有：PSTATE.{NZCV,DAIF,CurrentEL,SPSel}，属于 ARMv8 新增内容，主要用于 64bit 状态下

2. A32 状态下寄存器组织

A32 状态下寄存器组织如图 3-6 所示。

V3-15　A32 状态下寄存器组织

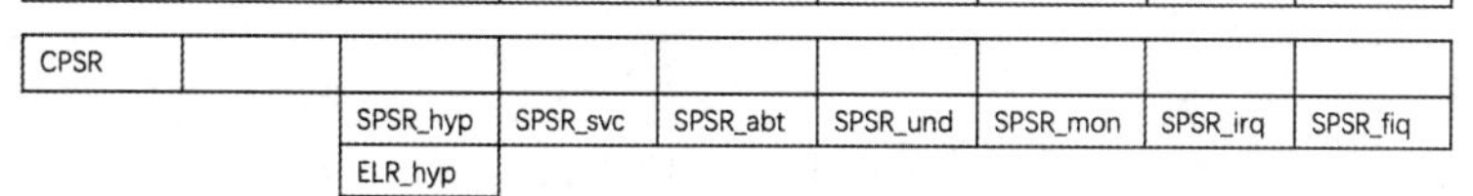

用户级视图	USR	SYS	HYP	SVC	ABT	UND	MON	IRQ	FIQ
R0	R0_usr								
R1	R1_usr								
R2	R2_usr								
R3	R3_usr								
R4	R4_usr								
R5	R5_usr								
R6	R6_usr								
R7	R7_usr								
R8	R8_usr								R8_fiq
R9	R9_usr								R9_fiq
R10	R10_usr								R10_fiq
R11	R11_usr								R11_fiq
R12	R12_usr								R12_fiq
SP	SP_usr		SP_hyp	SP_svc	SP_abt	SP_und	SP_mon	SP_irq	SP_fiq
LR	LR_usr			LR_svc	LR_abt	LR_und	LR_mon	LR_irq	LR_fiq
PC	PC_usr								
	CPSR								
			SPSR_hyp	SPSR_svc	SPSR_abt	SPSR_und	SPSR_mon	SPSR_irq	SPSR_fiq
			ELR_hyp						

（USR 至 FIQ 为系统级视图）

图 3-6　A32 状态下寄存器组织

V3-16　T32 状态下寄存器组织

3. T32 状态下寄存器组织

T32 状态下寄存器组织如表 3-4 所示。

表 3-4　T32 状态下寄存器组织

A32	T32
R0	R0
R1	R1
R2	R2
R3	R3
R4	R4
R5	R5
R6	R6
R7	R7
R8	并不是说 T32 状态下没有 R8～R12，而是有限的指令才能访问到
R9	
R10	
R11	
R12	
SP(R13)	SP(R13)
LR(R14)	LR(R14)
PC(R15)	PC(R15)
CPSR	CPSR
SPSR	SPSR

V3-17　AArch64 重要寄存器简介

4. AArch64 重要寄存器简介

AArch64 状态下重要寄存器如表 3-5 所示。

表 3-5　AArch64 重要寄存器简介

寄存器类型	位数	描述
X0-X30	64bit	通用寄存器，如果有需要可以作为 32bit 使用：W0-W30
LR (X30)	64bit	通常称 X30 为程序链接寄存器，保存跳转返回信息地址
SP_ELx	64bit	若 PSTATE.M[0]==1，则每个 ELx 选择 SP_ELx，否则选择同一个 SP_EL0
ELR_ELx	64bit	异常链接寄存器，保存异常进入 ELx 的异常地址（x={0,1,2,3}）

续表

寄存器类型	位数	描述
PC	64bit	程序计数器，俗称 PC 指针，总是指向即将要执行的下一条指令
SPSR_ELx	32bit	寄存器，保存进入 ELx 的 PSTATE 状态信息
NZCV	32bit	允许访问的符号标志位
DIAF	32bit	中断使能位：D-Debug、I-IRQ、A-SError、F-FIQ。逻辑 0 允许
CurrentEL	32bit	记录当前处于哪个 Exception level
SPSel	32bit	记录当前使用 SP_EL0 还是 SP_ELx，x={1,2,3}
HCR_EL2	32bit	HCR_EL2.{TEG,AMO,IMO,FMO,RW}控制 EL0/EL1 的异常路由，逻辑 1 允许
SCR_EL3	32bit	SCR_EL3.{EA,IRQ,FIQ,RW}控制 EL0/EL1/EL2 的异常路由，逻辑 1 允许
ESR_ELx	32bit	保存异常进入 ELx 时的异常综合信息，包含异常类型 EC 等
VBAR_ELx	64bit	保存任意异常进入 ELx 的跳转向量基地址 x={0,1,2,3}
PSTATE	—	不是一个寄存器，是保存当前 PE 状态的一组寄存器统称，其中可访问寄存器有：PSTATE.{NZCV,DAIF,CurrentEL,SPSel}，属于 ARMv8 新增内容，64bit 下代替 CPSR

5. 64 位和 32 位寄存器映射关系

64 位和 32 位寄存器映射关系如表 3-6 所示。

V3-18 64 位和 32 位寄存器映射关系

表 3-6 64 位和 32 位寄存器映射关系

64-bit	32-bit		64-bit	32-bit
X0	R0	64-bit OS Runing AArch32 App	X20	LR_adt
X1	R1		X21	SP_abt
X2	R2		X22	LR_und
X3	R3		X23	SP_und
X4	R4		X24	R8_fiq
X5	R5		X25	R9_fiq
X6	R6		X26	R10_fiq
X7	R7		X27	R11_fiq
X8	R8_usr		X28	R12_fiq
X9	R9_usr		X29	SP_fiq
X10	R10_usr		X30(LR)	LR_fiq
X11	R11_usr		SCR_EL3	SCR
X12	R12_usr		HCR_EL2	HCR
X13	SP_usr		VBAR_EL1	VBAR
X14	LR_usr		VBAR_EL2	HVBAR
X15	SP_hyp		VBAR_EL3	MVBAR
X16	LR_irq		ESR_EL1	DFSR
X17	SP_irq		ESR_EL2	HSR
X18	LR_svc			
X19	SP_svc			

3.6.2 程序状态寄存器

V3-19 程序状态寄存器

在 AArch32 状态下使用当前程序状态寄存器（Current Program Status Register，CPSR）记录程序的执行状态，可以在任何处理器模式下被访问，它包含下列内容。

① ALU 状态标志的备份。

② 当前的处理器模式。

③ 中断使能标志。

④ 设置处理器的状态。

每一种处理器模式下都有一个专用的物理寄存器作为备份程序状态寄存器（Saved Program Status Register，SPSR）。当特定的异常中断发生时，这个物理寄存器负责存放当前程序状态寄存器的内容。当异常处理程序返回时，再将其内容恢复到当前程序状态寄存器。

AArch32 状态下 CPSR（和保存它的 SPSR）中的每一位的功能如图 3-7 所示。

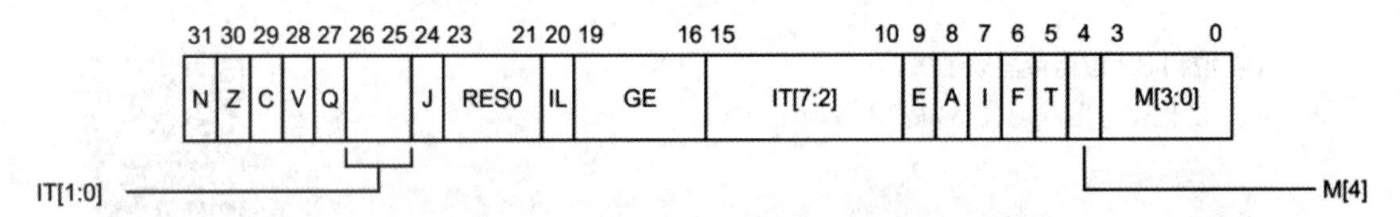

图 3-7 AArch32 程序状态寄存器格式

下面给出各个状态位的定义。

1. 标志位

N（Negative）、Z（Zero）、C（Carry）和 V（Overflow）统称为条件标志位。这些条件标志位会根据程序中的算术指令或逻辑指令的执行结果进行修改，而且这些条件标志位可由大多数指令检测以决定指令是否执行。

在 ARMv4T 架构中，所有的 ARM 指令都可以条件执行，而 Thumb 指令却不能。

各条件标志位的具体含义如下。

（1）N。

本位设置成当前指令运行结果的 bit[31]的值。当两个由补码表示的有符号整数运算时，N=1 表示运算的结果为负数，N=0 表示结果为正数或零。

（2）Z。

Z=1 表示运算的结果为零，Z=0 表示运算的结果不为零。

（3）C。

下面分 4 种情况讨论 C 的设置方法。

① 在加法指令中（包括比较指令 CMN），当结果产生了进位，则 C=1，表示无符号数运算发生上溢出；其他情况下 C=0。

② 在减法指令中（包括比较指令 CMP），当运算中发生错位（即无符号数运算发生下溢出），则 C=0；其他情况下 C=1。

③ 对于在操作数中包含移位操作的运算指令（非加/减法指令），C 被设置成被移位寄存器最后移出去的位。

④ 对于其他非加/减法运算指令，C 的值通常不受影响。

(4) V。

下面分两种情况讨论 V 的设置方法。

① 对于加/减法指令，当操作数和运算结果都是以二进制的补码表示的带符号的数时，运算结果超出了有符号运算的范围是溢出。V=1 表示符号位溢出。

② 对于非加/减法指令，通常不改变标志位 V 的值（具体可参照 ARM 指令手册）。

尽管以上 C 和 V 的定义看起来颇为复杂，但使用时在大多数情况下用一个简单的条件测试指令即可，不需要程序员计算出条件码的精确值即可得到需要的结果。

(5) Q。

在带 DSP 指令扩展的 ARMv5 及更高版本中，bit[27]被指定用于指示增强的 DAP 指令是否发生了溢出，因此也就被称为 Q 标志位。同样，在 SPSR 中 bit[27]也被称为 Q 标志位，用于在异常中断发生时保存和恢复 CPSR 中的 Q 标志位。

在 ARMv5 以前的版本和 ARMv5 的非 E 系列处理器中，Q 标志位没有被定义，属于待扩展的位。

2. 控制位

CPSR 的低 8 位（I、F、T、M[4]及 M[3:0]）统称为控制位。当异常发生时，这些位的值将发生相应的变化。另外，如果在特权模式下，也可以通过软件编程来修改这些位的值。

(1) 中断禁止位。

I=1，IRQ 被禁止。

F=1，FIQ 被禁止。

(2) 状态控制位。

T 位是处理器的状态控制位。

T=0，处理器处于 ARM 状态（即正在执行 32 位的 ARM 指令）。

T=1，处理器处于 Thumb 状态（即正在执行 16 位的 Thumb 指令）。

当然，T 位只有在 T 系列的 ARM 微处理器上才有效，在非 T 系列的 ARM 微处理器版本中，T 位将始终为 0。

(3) 寄存器组织控制位。

M[4]=1，使用 AArch32 寄存器组织。

3. 模式控制位

M[3:0]作为位模式控制位，这些位的组合确定了处理器处于哪种状态，其具体含义如表 3-7 所示。

注意，只有表 3-7 中列出的组合是有效的，其他组合无效。

表 3-7　状态控制位 M[3:0]

M[3 : 0]	处理器模式
0b0000	USR
0b0001	FIQ
0b0010	IRQ
0b0011	SVC
0b0111	ABT
0b1010	HYP
0b1011	UND
0b1111	SYS

4. IF-THEN 标志位

CPSR 中的 bits[15:10,26:25]称为 IF-THEN 标志位，它用于对 Thumb 指令集中 IF-THEN-ELSE 这一类语句块的控制。

其中 IT[7:5]定义为基本条件，如图 3-8 所示。

IT[4:0]定义为 IF-THEN 语句块的长度。

[7:5]	[4]	[3]	[2]	[1]	[0]	
控制基础	P1	P2	P3	P4	1	4 指令IT块入口点
控制基础	P1	P2	P3	1	0	3 指令IT块入口点
控制基础	P1	P2	1	0	0	2 指令IT块入口点
控制基础	P1	1	0	0	0	1 指令IT块入口点
000	0	0	0	0	0	普通执行状态，无IT块入口点

图 3-8 IF-THEN 标志位[7:5]的定义

5. A 位、E 位和 GE[19-16]位

A 位、E 位和 GE[19-16]位的定义如下。

A 表示异步异常禁止位。

E 表示大小端控制位，0 表示小端操作，1 表示大端操作。注意，该位在预取阶段是被忽略的。

GE[19-16]用于表示在 SIMD 指令集中的大于、等于标志。在任何模式下该位可读、可写。

在 AArch64 位状态下使用 PSTATE 替代 CPSR。PSTATE 不是一个寄存器，它表示的是保存当前 process 状态信息的一组寄存器或一些标志位信息的统称，当发生异常的时候这些信息就会保存到 EL 所对应的 SPSR 当中。

PSTATE 和特殊用途寄存器如表 3-8 所示。

表 3-8 PSTATE 和特殊用途寄存器

寄存器	功能描述
CurrentEL	通过程序读取该寄存器可以确定当前异常级别
DIAF	指定当前中断掩码位
DLR_EL0	保存从调试状态返回的地址
DSPSR_EL0	在进入调试状态时保存进程状态
ELD_EL1	保存从 EL1 返回异常时要返回的地址
ELD_EL2	保存从 EL2 返回异常时要返回的地址
ELD_EL3	保存从 EL3 返回异常时要返回的地址
FPCR	提供对浮点操作的控制
FPSP	提供浮点状态信息
NZCV	保存条件标志
SP_EL0	为 EL0 保存堆栈指针
SP_EL1	为 EL1 保存堆栈指针
SP_EL2	为 EL2 保存堆栈指针
SP_EL3	为 EL3 保存堆栈指针
SPsel	在 EL1 或更高级别上选择当前异常级别的 SP 和 SP_EL0
SPSR_abt	当 AArch32 中止模式出现异常时，保存进程状态

续表

寄存器	功能描述
SPSR_EL1	在对 AArch64 EL1 进行异常处理时，保存进程状态
SPSR_EL2	在对 AArch64 EL2 进行异常处理时，保存进程状态
SPSR_EL3	在对 AArch64 EL3 进行异常处理时，保存进程状态
SPSR_fiq	在 AArch32 FIQ 模式出现异常时，保存进程状态
SPSR_irq	在 AArch32 IRQ 模式出现异常时，保存进程状态
SPSR_und	在 AArch32 UND 模式出现异常时，保存进程状态

① PSTATE.{N,Z,C,V}：条件标志位，这些位的含义跟之前 AArch32 位一样，分别表示补码标志，运算结果为 0 标志、进位标志、带符号位溢出标志。

② PSTATE.SS：异常发生的时候，通过设置 MDSCR_EL1.SS 为 1 启动单步调试机制。

③ PSTATE.IL：异常执行状态标志，非法异常产生的时候，会设置这个标志位。

④ PSTATE.{D,A,I,F}：D 表示 Debug 异常产生，如软件断点指令、断点、观察点、向量捕获、软件单步等；A、I、F 表示异步异常标志。异步异常会有两种类型，一种是物理中断产生的，包括 SError（系统错误类型，包括外部数据终止）、IRQ、FIQ，另一种是虚拟中断产生的，这种中断发生在运行 EL2 管理者 enable 的情况下，包括 vSError、vIRQ、vFIQ。

⑤ PSTATE.nRW：表示当前 ELx 所运行的状态，分为 AArch64 和 AArch32。

⑥ SPSR_EL1.M[4]：决定 EL0 的执行状态，为 0(64bit)，1(32bit)。

⑦ HCR_EL2.RW：决定 EL1 的执行状态，为 1(64bit)，0(32bit)。

⑧ SCR_EL3.RW：确定 EL2 或 EL1 的执行状态，为 1(64bit)，0(32bit)。

⑨ PSTATE.SP：某个 ELx 下的堆栈指针，EL0 下就表示 sp_el0。

3.7 基于 Cortex-A53 的 S5P6818 处理器

S5P6818 是一款基于 RISC64 位处理器，适用于平板电脑和手机的处理器。采用 28nm 低功耗工艺，S5P6818 的功能包括以下几项。

V3-20 基于 Cortex-A53的S5P6818处理器

① SoC 内部集成了 8 个 Cortex-A53 核。

② 高内存带宽。

③ 全高清显示。

④ 硬件支持 1080P60 帧视频解码和 1080P30 帧编码。

⑤ 硬件支持 3D 图形显示。

⑥ 高速接口，如 eMMC4.5 和 USB2.0。

S5P6818 使用 Cortex-A53×8 核，基于 ARMv8-A 架构，在 AArch32 执行状态下为 ARMv7 32 位代码提供更高性能，并在 AArch64 执行中提供对 64 位数据和更大虚拟寻址空间的支持。 它为超大流量操作提供 6.4Gbit/s 的内存带宽，例如 1080P 视频编码和解码，3D 图形显示和使用全高清显示的高分辨率图像信号处理。应用处理器支持动态虚拟地址映射，可帮助软件工程师轻松地充分利用内存资源。

S5P6818 提供最佳的 3D 图形性能和各种 API，如 OpenGL ES1.1/2.0。卓越的 3D 性能完全支持全高清显示。 特别是本机双显示器同时支持整个 HDMI 的主 LCD 显示器和 1080P60 帧 HDTV 显示器的全高清分辨率。独立的后处理管道使 S5P6818 能够实现真正的显示方案。

S5P6818 特征如下。

① 采用 28nm、HKMG（High-K Metal Gate）工艺技术。

② 537 针 FC-BGA 封装，0.65mm 球间距，17mm×17mm 主体尺寸。
③ Cortex-A53×8 核，CPU 主频大于 1.4GHz。
④ 高性能 3D 图形加速器。
⑤ 全高清多格式视频编解码器。
⑥ 支持各种内存，LVDDR3（低电压版 DDR3），DDR3 高达 800MHz。
⑦ 支持采用硬连线 ECC 算法的 MLC/SLC NAND 闪存（4/8/12/16/24/40/60 位）。
⑧ 支持高达 1920px×1080px 的双显示屏，TFT-LCD、LVDS、HDMI、MIPI-DSI 和 CVBS 输出。
⑨ 支持 3-chITUR.BT656 并行视频接口和 MIPI-CSI。
⑩ 支持 10/100/1000Mbit/s 以太网 MAC（RGMII I/F）。
⑪ 支持 3 通道 SD/MMC、6 通道 UART、32 通道 DMA、4 通道定时器、中断控制器、RTC。
⑫ 支持 3 路 I2S、SPDIF Rx/Tx、3 路 I2C、3 路 SPI、3 路 PWM、1 路 PPM 和 GPIO。
⑬ 支持用于 CVBS 的 8 通道 12 位 ADC、1 通道 10 位 DAC。
⑭ 支持 MPEG-TS 串行/并行接口和 MPEG-TSHW 分析器。
⑮ 支持 1 路 USB2.0 主机、1 路 USB2.0OTG、1 路 USBHSIC 主机。
⑯ 支持安全功能（AES、DES/TDES、SHA-1、MD5 和 PRNG）和安全 JTAG。
⑰ 支持 ARM TrustZone 技术。
⑱ 支持各种功耗模式（正常/睡眠/停止）。
⑲ 支持各种启动模式，包括 SPI Flash/EEPROM、NOR、SD（eMMC），USB 和 UART。

S5P6818 芯片内部构成框图如图 3-9 所示。

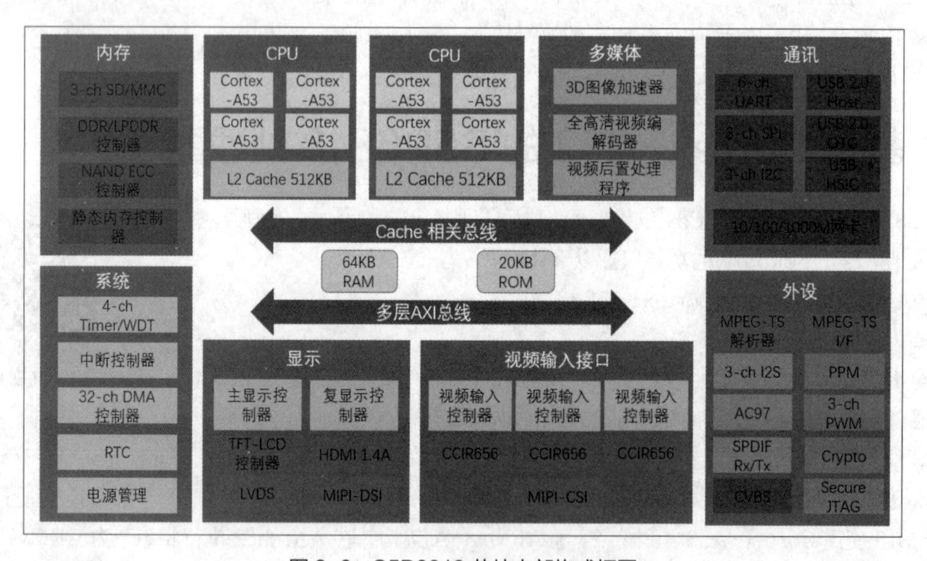

图 3-9　S5P6818 芯片内部构成框图

V3-21　FS6818 开发平台简介

3.8　FS6818 开发平台简介

FS6818 开发板是由华清远见研发中心研发的一款基于三星的 S5P6818 SoC 的硬件平台，如图 3-10 所示。FS6818 硬件平台的主要资源如表 3-9 所示。

图 3-10　FS6818 硬件平台

表 3-9　FS6818 硬件平台的主要资源

功能部件		型号参数
FS6818 硬件平台核心配置	CPU	SAMSUNG S5P6818（8 核处理器） 28nm HKMG 1.4GHz+
	GPU	Mali-400 MP4
	屏幕	RGB 40Pin 显示接口 7 寸 1024px × 600px 的 IPS 高分辨率显示屏 多点电容触摸屏
	RAM 容量	2GB DDR3
	ROM 容量	8GB eMMC
	多启动方式	eMMC 启动、MicroSD（TF）/SD 卡启动 通过控制拨码开关切换启动方式 可以实现双系统启动
FS6818 硬件平台板载接口	存储卡接口	1 个 MicroSD（TF）卡接口 1 个 SD 卡接口 最高可扩展至 64GB
	摄像头接口	20Pin 接口，支持 OV5460 的 500 万像素自动对焦摄像头
	HDMI 接口	HDMI A 型接口 HDMI v1.4a 最高 1080P@60FPS 高清数字输出

续表

<table>
<tr><th colspan="2">功能部件</th><th>型号参数</th></tr>
<tr><td rowspan="7">FS6818 硬件平台板载接口</td><td>JTAG 接口</td><td>20Pin 标准 JTAG 接口
独家支持详尽的 ARM 裸机程序</td></tr>
<tr><td>USB 接口</td><td>1 路 USB OTG
3 路 USB HOST2.0（可扩展 USB-HUB）</td></tr>
<tr><td>音频接口</td><td>1 路 Mic 接口
1 路 Speaker 耳机输出
1 路 Speaker 立体声功放输出（外置扬声器）</td></tr>
<tr><td>网卡接口</td><td>DM9000 的 10/100/1000Mbit/s 网卡</td></tr>
<tr><td>总线接口</td><td>1 路 RS485 总线接口
1 路 CAN 总线接口</td></tr>
<tr><td>串口接口</td><td>3 路 5 线 RS232 串口</td></tr>
<tr><td>扩展接口</td><td>2 路扩展 10PinGPIO 接口</td></tr>
<tr><td rowspan="7">FS6818 硬件平台外设</td><td>按键</td><td>1 个 Reset 按键
1 个 Power 按键
2 个 Volume（+/-）按键</td></tr>
<tr><td>LED</td><td>1 个电源 LED
1 个可编程 RGB 彩灯</td></tr>
<tr><td>红外接收器</td><td>1 个 IRM3638 红外接收器
可配合红外遥控器在 Android 下使用</td></tr>
<tr><td>ADC</td><td>1 路电位器输入</td></tr>
<tr><td>RTC</td><td>1 个外部 RTC 实时时钟，断电可保存时间</td></tr>
<tr><td>蜂鸣器</td><td>1 个有源 PWM 蜂鸣器</td></tr>
<tr><td>WiFi 模块</td><td>1 个板载 Wi-Fi 蓝牙模块，采用 RTL8723BU 方案</td></tr>
</table>

3.9 小结

本章以 Cortex-A53 处理器为例，介绍了 ARM 微处理器的一些关键技术，如 ARM 内核的工作模式、存储系统、指令流水线、寄存器组织等。本书后续的实验是采用基于 Cortex-A53 内核的处理器芯片 S5P6818 来进行的。通过本章的学习，读者可以对 ARM 内核的一些关键技术有所认识。

3.10 练习题

1. 简述 ARMv8 架构支持的基本数据类型。
2. 简述 ARMv8 架构支持几种模式。
3. 简述 X30 寄存器的作用。
4. 简述存储器的大端对齐和小端对齐。
5. 简述 3 级指令流水线的执行过程。
6. PSTATE.NZCV 中的 N、Z、C、V 位分别起什么作用。

CHAPTER04

第4章

ARM开发环境搭建

重点知识

- 开发环境的搭建
- 新建工程
- 添加已有工程
- 编译和调试工程

■ 学习 ARM 汇编程序的第一件事就是搭建编程环境。如今有非常多的 IDE 和调试软件/仿真硬件，ARM 公司在开发环境 ADS5.2（已不再提供升级）之后，也推出了 Realview 系列开发环境。其中 Realview MDK 环境以其优越的性价比得到了快速的推广。本章以 GNU-ARM 汇编风格为基础，主要介绍在 GNU-ARM 下如何编写 ARM 汇编程序并进行调试。

4.1 FS-JTAG（B）仿真器

仿真器（emulator）以某一系统复现另一系统的功能，它与计算机模拟系统（Computer Simulation）的区别在于，仿真器致力于模仿系统的外在表现和行为，而不是模拟系统的抽象模型。

FS_JTAG(B) ARM 仿真器是继 Cortex-A 系列开发平台获得业内合作企业与参训学员的一致好评之后，由华清远见研发中心经过几个月的潜心研究和专注努力，自主研发的第二代 Cortex-A 系列 ARM 仿真器，它新加入了 Cortex-A53 系列。

了解行业和相关技术的人都知道，功能完善的 ARM 仿真器和软件调试环境对于学习 ARM 微处理器的工作原理和核心知识来说至关重要。经过多年的技术发展和行业实践，针对 Cortex-M 系列、ARM7、ARM9 和 ARM11 系列处理器，市场上已经有很多成熟的、价廉物美的仿真器可供选择。而对于目前最新流行的 ARM 应用处理器 Cortex-A 系列来说，业内的技术工程师们却很难找到价格合适、功能完善的仿真器，国外动辄几千、甚至上万的价格，让很多人感叹之余只能望而却步。

华清远见研发中心为了推进 Cortex-A 系列 ARM 微处理器的教学开展，提高合作企业及合作院校广大技术爱好者和培训学员的学习效率，研发生产出 FS-JTAG 仿真器，该款仿真器可以仿真 Cortex-M3、ARM7、ARM9、ARM11、Cortex-A8、Cortex-A9、Cortex-A53 等多个 ARM 微处理器及系列。同时，华清远见研发中心也在 FS-S5PC100、FS210、FS4412、FS4418、FS6818 教学平台上使用 FS-JTAG 环境开发了全套的裸机接口代码。FS-JTAG（B）仿真器如图 4-1 所示。

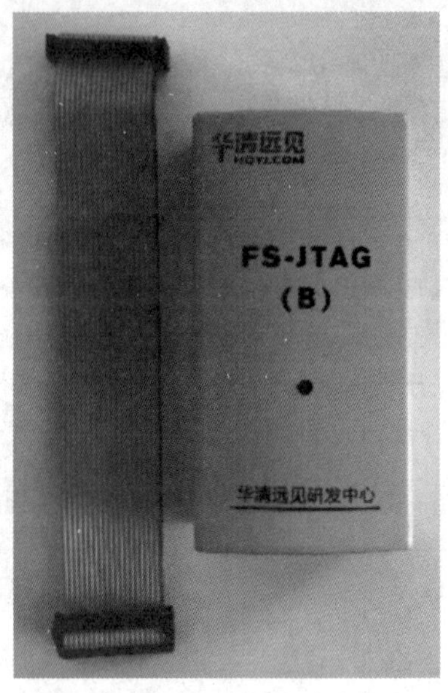

图 4-1 FS-JTAG（B）仿真器

4.2 开发环境的搭建

本节主要讲解 VMware Workstation 16 Player、Ubuntu 系统、Putty 串口工具等开发环境的搭建过程，以及开发环境的使用。

4.2.1 开发环境简介

V4-1 开发环境简介

开发环境是基于 Ubuntu 14.04 LTS 64-bit 操作系统搭建的，使用 VMware Player（免费版）作为虚拟机工具软件（读者也可以使用 VMware 公司所提供的付费版虚拟机软件 VMware Workstation 代替 VMware Player）。本开发环境可用作嵌入式 Linux 和 Android 的编译与开发。

本开发环境在 Ubuntu 14.04 64-bit LTS 基础上，安装了编译调试 Bootloader、Linux、Android 等系统所需要的工具和依赖的库，读者可以在无须额外操作的基础上直接使用本开发环境进行嵌入式的学习。

本开发环境在 Ubuntu 14.04 64-bit 基础上安装配置了如下工具。

① 将默认 GCC、G++编译器版本从 4.6 降至 4.4（读者可以自行还原、修改）。

② 安装 Android 编译所需要的工具和库。

③ 安装 SUN Java JDK 6。

④ 安装内核编译所依赖的工具包。

⑤ 解决 libncurses 32 位和 64 位不能同时安装，导致编译 Android 和配置内核软件冲突的问题。

⑥ 添加常用的 arm-none-eabi 交叉工具链，版本号覆盖了 4.3、4.4、4.5、4.6，方便读者选择合适的交叉工具链。

⑦ 安装 Vim、Ctags 和 Vim 最常用的插件集，方便开发。

⑧ 安装配置 TFTP。

⑨ 安装配置 NFS 服务。

⑩ 安装 SSH 工具网络服务程序。

⑪ 安装 Kermit 串口调试工具。

⑫ 安装搜狗输入法。

⑬ 关闭 Ubuntu 更新提示。

注意，Ubuntu 系统用户名为“linux”，主机名为“ubuntu64”，默认密码为“1”。

4.2.2 安装 VMware Player

华清远见开发环境使用当前最新版的 VMware Workstation 16 Player（版本号为 16.1.0-17198959），如要正常使用此开发环境，必须保证 VMware Workstation 16 Player 版本号大于等于当前给出的版本号，否则可能会出现因为 VMware Tools 版本过高引起虚拟机无法正常启动的情况。

V4-2 安装 VMware Player

VMware Workstation 16 Player 安装过程如下。

（1）打开“FSJTAG 开发环境\虚拟机开发环境\VmwarePlayer”目录下的 VMware Player 安装程序（VMware-player-16.1.0-17198959.exe），如图 4-2 所示。

图 4-2 VMware Player 软件

（2）单击鼠标右键，以管理员身份运行 VMware-player-16.1.0-17198959.exe 程序，进入“VMware Workstation 16 Player 安装”窗口，单击“下一步”按钮，如图 4-3 所示。

（3）进入 VMwareWorkstation 16 Player 安装“最终用户许可协议”界面，选择“我接受许可协议中的条款”复选框，单击“下一步”按钮，如图 4-4 所示。

（4）进入“自定义安装”界面，此处可根据需要更改安装路径，这里保持默认，单击“下一步”按钮，如图 4-5 所示。

（5）进入“用户体验设置”界面，此处根据用户需要进行选择配置，这里保持默认，单击“下一步”按钮，如图 4-6 所示。

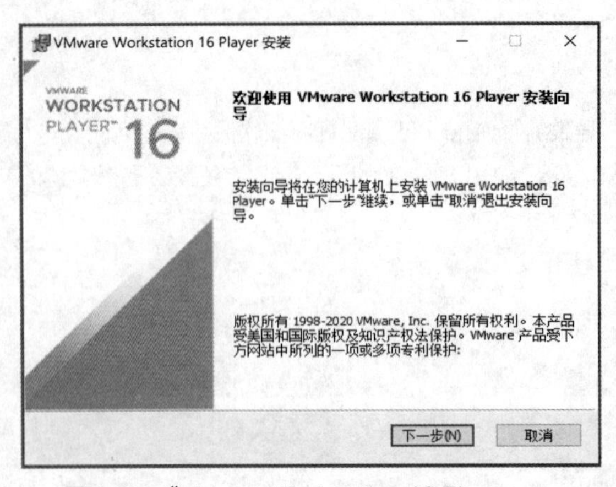

图 4-3 “VMwareWorkstation 16 Player 安装”窗口

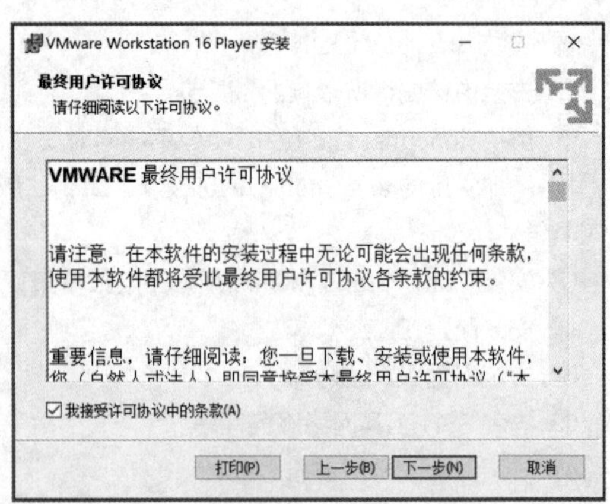

图 4-4 “最终用户许可协议”界面

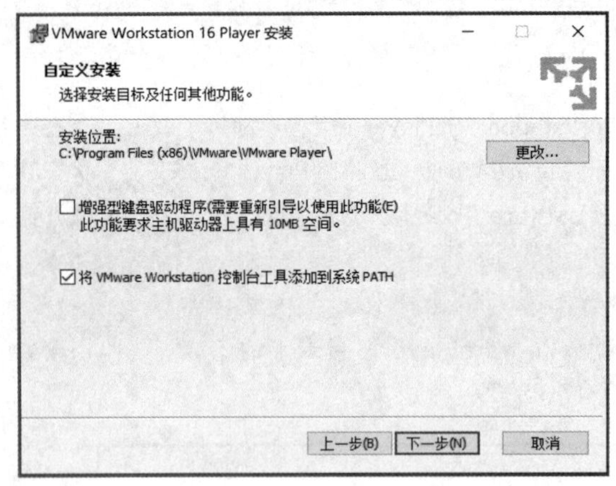

图 4-5 “自定义安装”界面

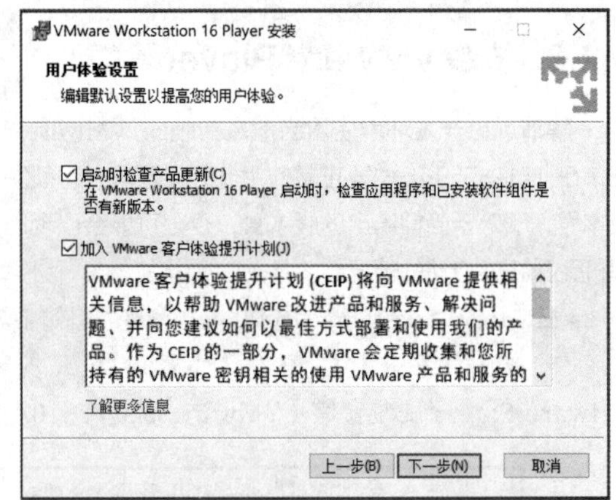

图 4-6 “用户体验设置”界面

（6）进入“快捷方式”界面，此处根据需要进行选择，这里保持默认，单击“下一步”按钮，如图 4-7 所示。

（7）进入正式的安装界面，单击“安装”按钮，进行 VMware Workstation 16 Player 软件的安装，等待软件安装结束，如图 4-8 所示。

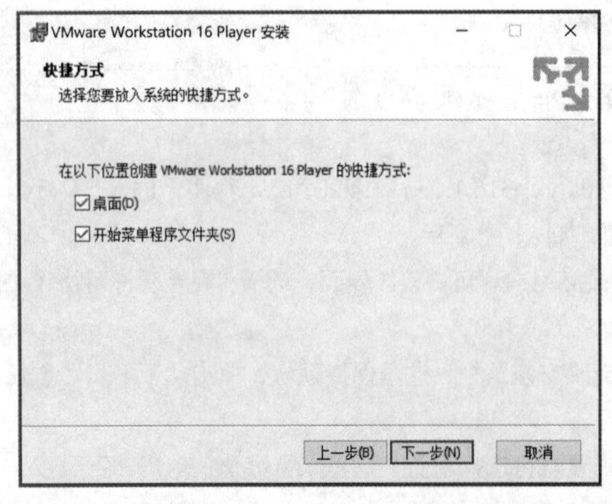

图 4-7 “快捷方式”界面

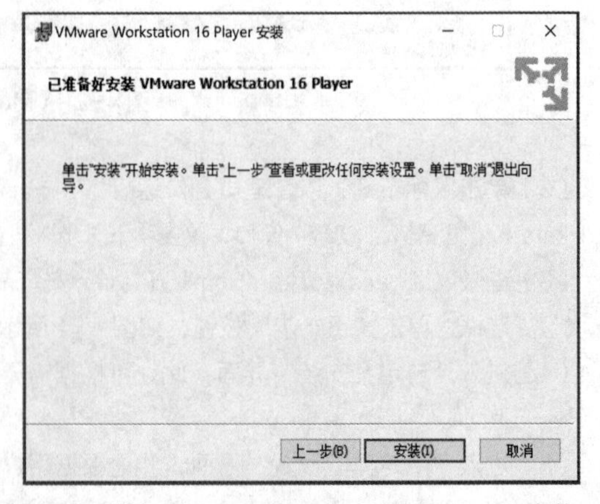

图 4-8 进入 VMware Workstation 16 Player 安装

（8）进入安装完成界面，单击“完成”按钮，此时 VMware Workstation 16 Player 软件安装成功，如图 4-9 所示。

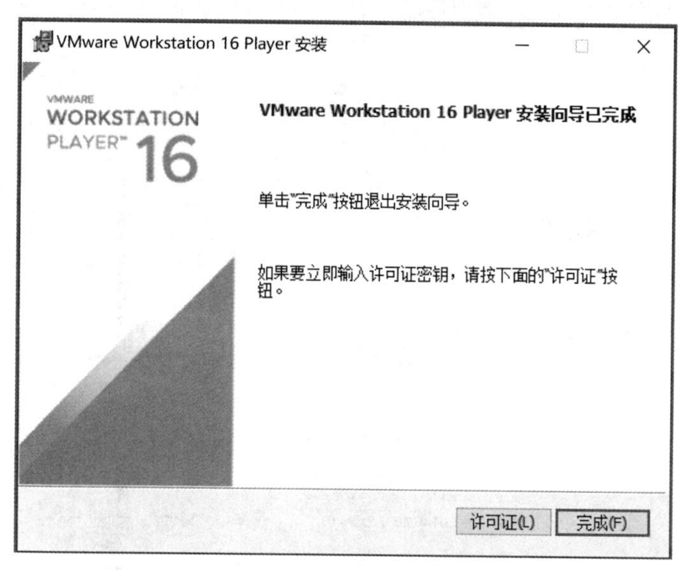

图 4-9　VMware Workstation 16 Player 安装完成

4.2.3　解压缩虚拟机镜像

打开“FSJTAG 开发环境\虚拟机开发环境\SJTAG 仿真器集成环境”目录，对“Ubuntu_14.04_64-bit_fsjtag.7z”压缩包解压缩，得到 Ubuntu_14.04_64-bit_fsjtag 系统，如图 4-10 所示。此系统已经安装配置好，不需要再次进行安装，直接使用 VMware Workstation 16 Player 虚拟机软件打开即可。

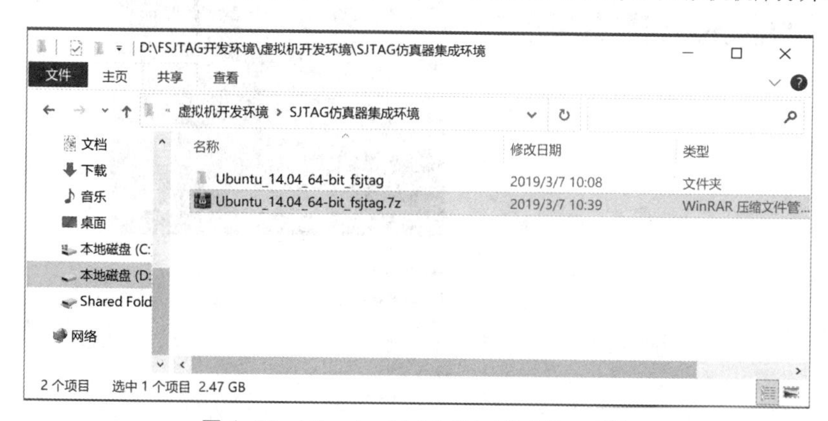

图 4-10　Ubuntu_14.04_64-bit_fsjtag 系统

4.2.4　打开虚拟机

（1）打开 VMware Workstation 16 Player 软件，使用 VMware Workstation 16 Player 打开已经安装好的 Ubuntu_14.04_64-bit_fsjtag 系统，单击“打开虚拟机”按钮进入 Ubuntu 系统安装目录，选择“FSJTAG 集成环境.vmx”，单击“打开”按钮，如图 4-11 所示。

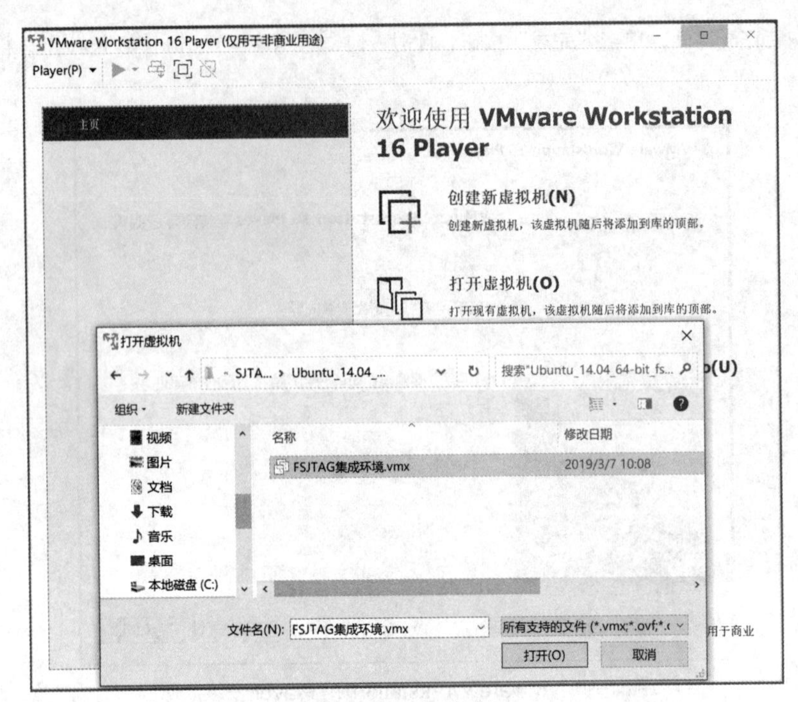

图 4-11　打开虚拟机

（2）启动虚拟机，单击“播放虚拟机”按钮，完成 Ubuntu 系统的启动，如图 4-12 所示。

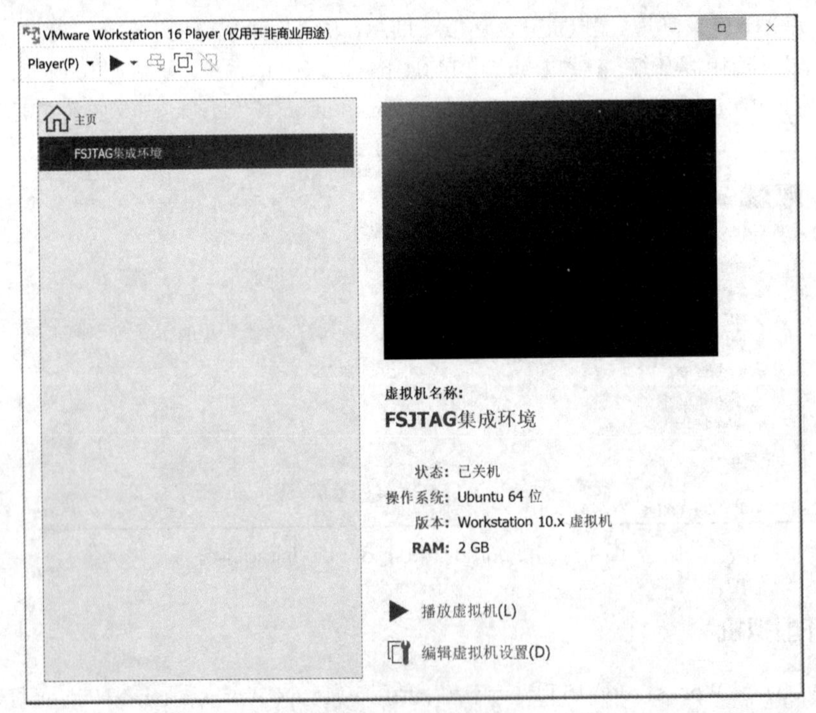

图 4-12　启动虚拟机

（3）首次打开虚拟机，会弹出图 4-13 所示的对话框，单击“我已复制该虚拟机”按钮即可。

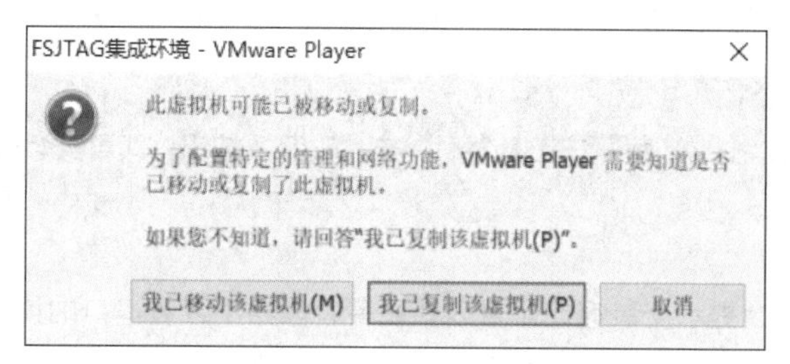

图 4-13　单击“我已复制该虚拟机”按钮

4.2.5　连接硬件平台

FS6818 需连接仿真器、USB 转串口线、电源，如图 4-14 所示。

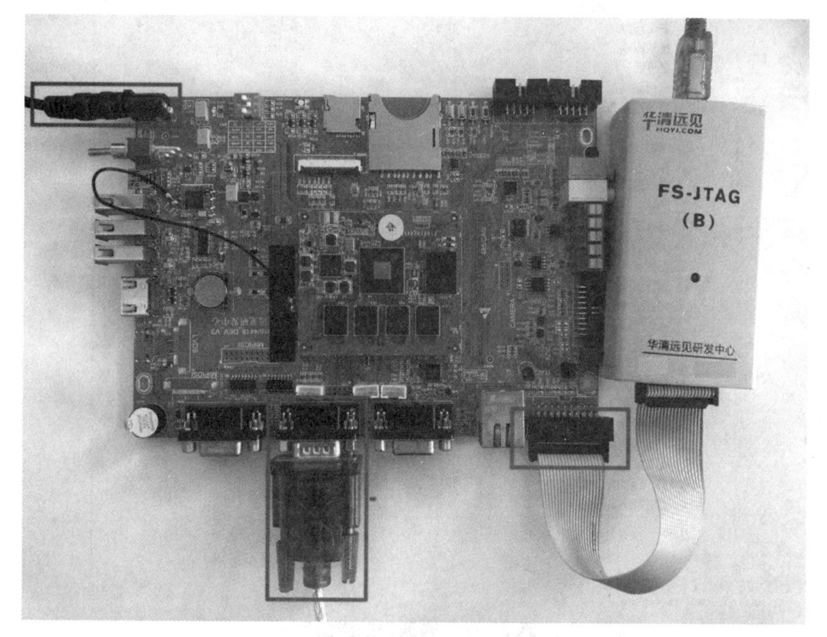

图 4-14　FS6818 硬件连接

4.2.6　USB 转串口驱动安装

如果用的是华清远见标配的 CH340，那么运行“FSJTAG 开发环境\工具软件\USB 转串口驱动\CH340\CH341SER.exe”，单击“安装”按钮就可以进入安装对话框，如图 4-15 所示。

V4-3　USB 转串口驱动安装

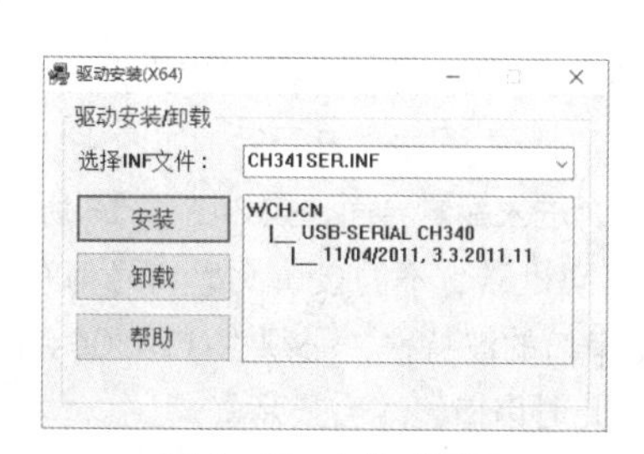

图 4-15　安装对话框

如果安装失败，先单击“卸载”按钮，然后单击“安装”按钮，即可安装成功。

等待 20s 左右，系统会提示安装完成。可以在设备管理器中查看串口的信息，从而确定串口号，如图 4-16 所示。

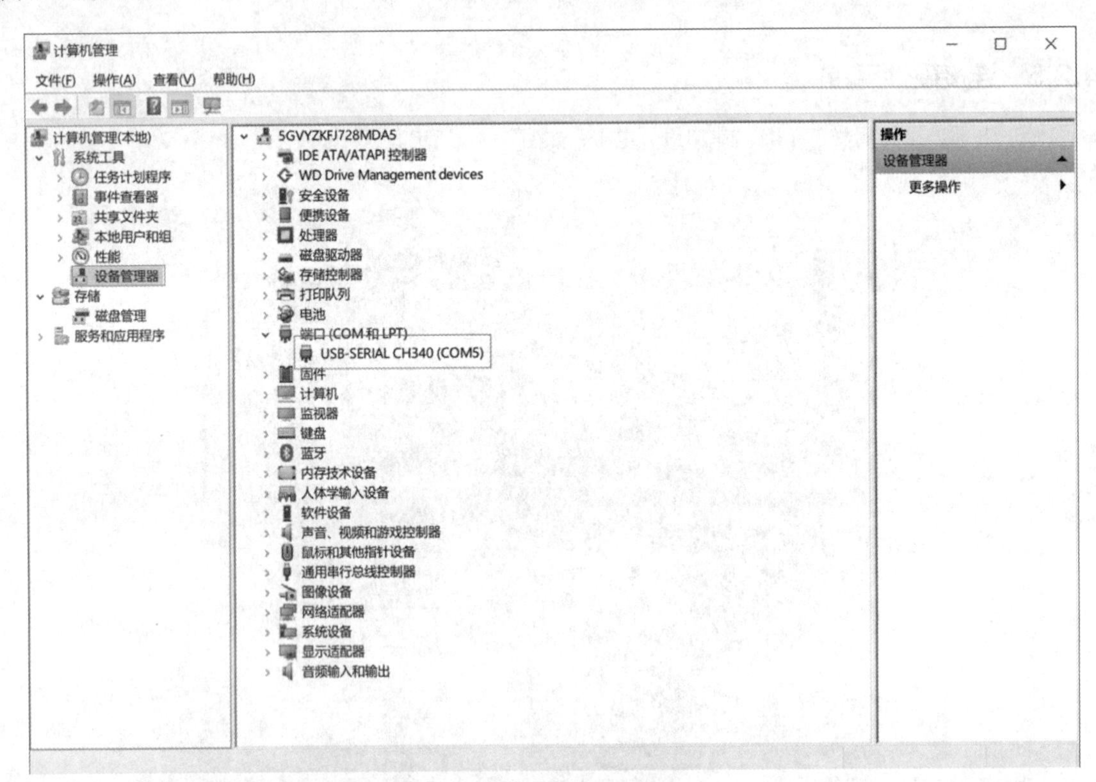

图 4-16 查看当前串口号

必须将串口线的 USB 接口插到计算机的 USB 接口上，才可以在设备管理器中看到当前串口的端口号。

4.2.7 PuTTY 串口终端配置

V4-4 PuTTY 串口终端配置

PuTTY 串口工具是一款免安装的串口工具，可以直接运行“FSJTAG 开发环境\工具软件\串口调试工具\PUTTY.exe”程序，打开后，如图 4-17 所示。

单击左侧“Serial”选项，进入配置界面，按如图 4-18 所示进行配置。

“COM5”是串口号，不同机器、不同接口此串口号都有差异，可查看设备管理器中的信息。“115200”是串口的波特率，必须为 115200。最后单击“Open”按钮打开串口。给开发板上电，此时串口终端会显示。

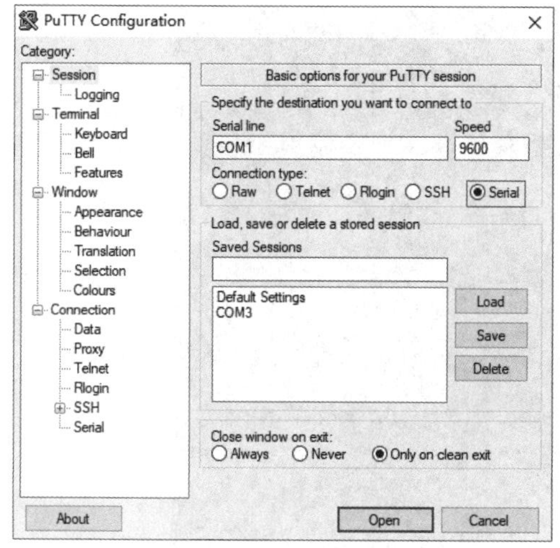

图 4-17 PuTTY 配置界面 1

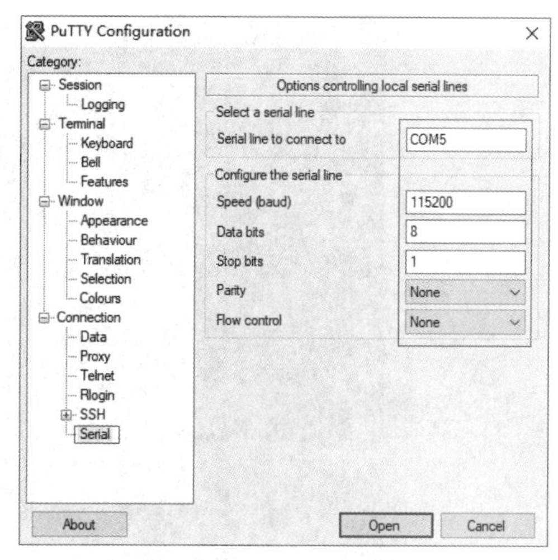

图 4-18 PuTTY 配置界面 2

关闭开发板电源，将拨码开关 SW1 调至 SD 卡启动模式，如图 4-19 所示。然后给开发板上电，此时串口终端会显示一些信息，并出现倒计时提示信息。在倒计时减到 0 之前，按键盘上任意键进入“fsjtag#”界面，如图 4-20 所示。

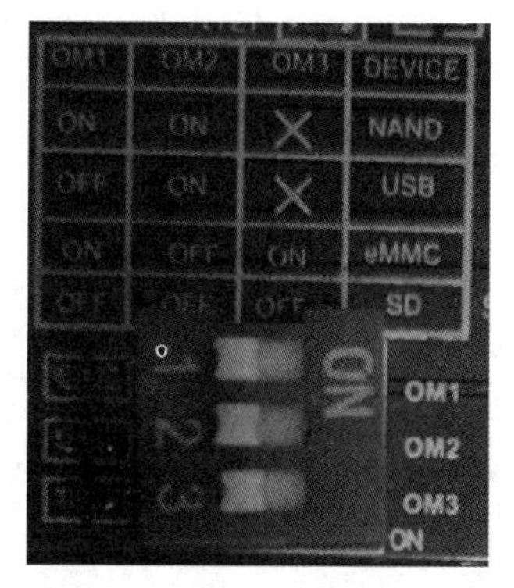

图 4-19 设置开发板通过 SD 卡启动

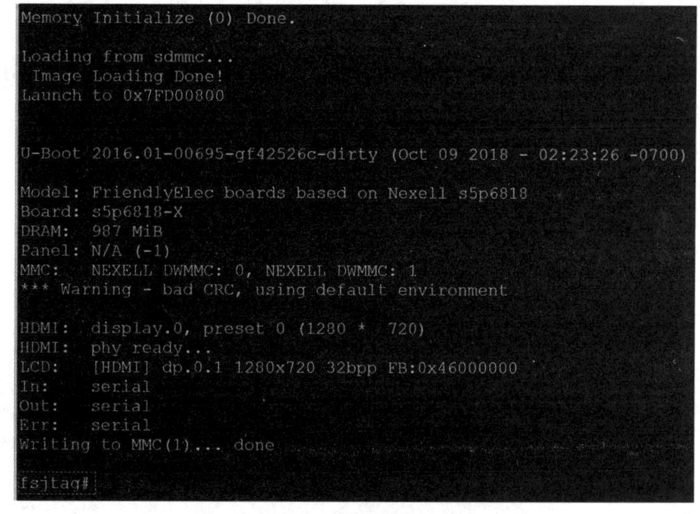

图 4-20 停留界面状态

以后每次连接仿真器前，都需要确定处于图 4-20 状态。开发板不要进入 Linux 系统，因为启动 Linux 系统后，MMU 功能会打开，导致仿真器无法正常使用。

4.3 新建工程

V4-5 新建工程

（1）启动虚拟机，打开集成开发环境后，双击桌面上的“Eclipse Platform”图标，打开 Eclipse，如图 4-21 所示。

图 4-21　打开 Eclipse

（2）Eclipse for ARM 是一个标准的窗口应用程序，可以单击程序按钮开始运行。打开后单击“Browse”按钮指定一个工程存放路径，如图 4-22 所示。

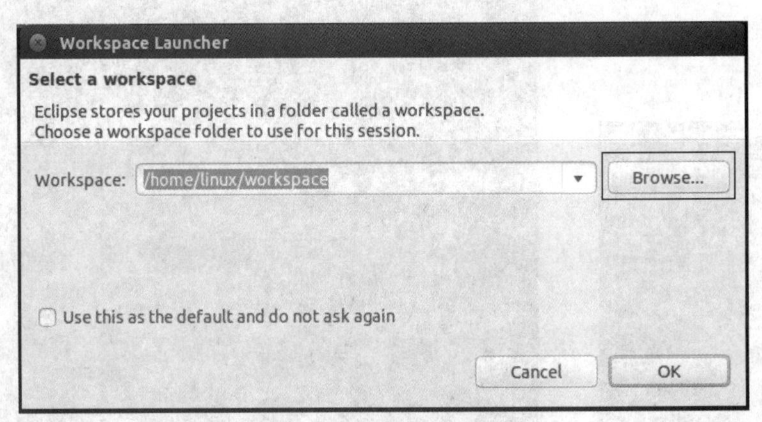

图 4-22　指定工程存放路径

（3）单击“OK”按钮进入工程主界面，如图 4-23 所示。

① 主菜单：主菜单包括文件（File）、编辑（Edit）、源代码（Source）、重构（Refactor）、运行（Run）、窗口（Window）等，大部分的向导和各种配置对话框都可以从主菜单中打开。

② 工具栏：工具栏包括文件、调试、运行等，工具栏中的按钮都是相应的菜单的快捷方式。

③ 包资源管理器视图：用于显示项目中的源文件、引用的库等。

④ 视图快捷按钮：用来切换到提供的其他视图。

⑤ 透视图快捷按钮：用来切换到提供的各个透视图。这里提供了 6 种透视图，常用的有 CVS 资源库研究、C/C++（缺省值）、调试等，后文调试项目即为调试透视图，可通过单击此按钮返回主界面。

⑥ 编辑器：用于代码的编辑。

⑦ 大纲视图：用于显示代码的纲要结构，单击结构树的各结点可以在编辑器中快速定位代码。

⑧ 问题视图：用于显示代码或项目配置的错误，双击错误项可以快速定位代码。

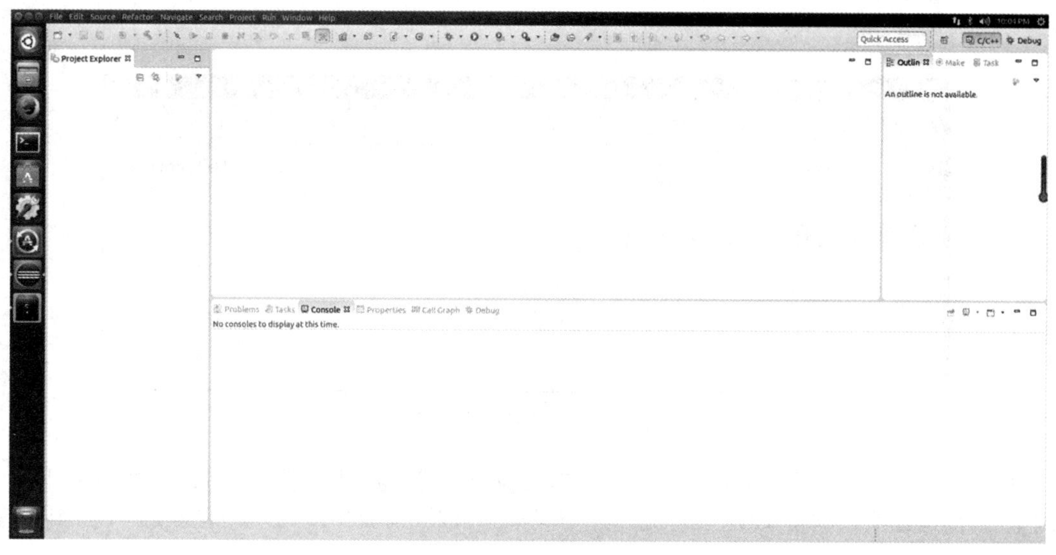

图 4-23　工程主界面

（4）创建一个新工程，必须包含如下必要的文件。

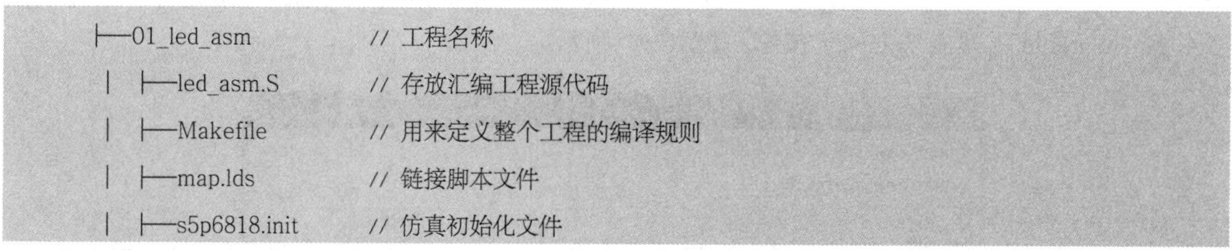

```
├──01_led_asm              // 工程名称
 │  ├──led_asm.S           // 存放汇编工程源代码
 │  ├──Makefile            // 用来定义整个工程的编译规则
 │  ├──map.lds             // 链接脚本文件
 │  ├──s5p6818.init        // 仿真初始化文件
```

（5）进入主界面后，选择“File→New→C Project”命令，Eclipse 将打开创建工程对话框，输入新建工程的名字并单击“Finish”按钮即可创建一个新的工程，如图 4-24 所示。

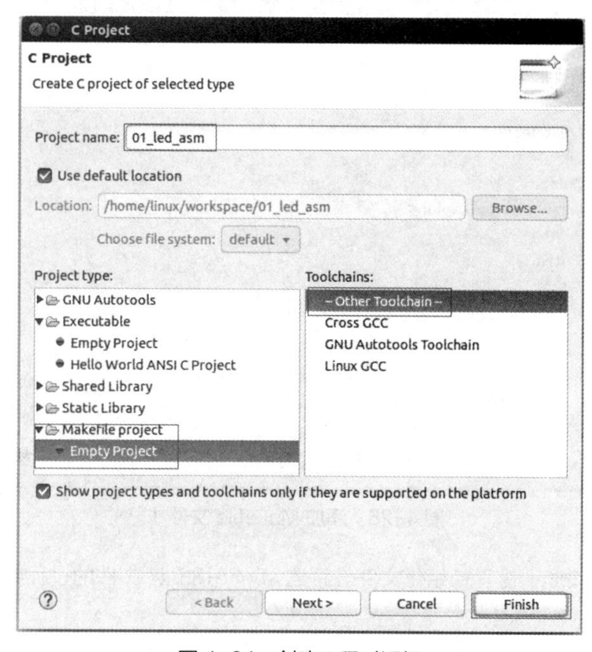

图 4-24　创建工程对话框

（6）工程创建完成，如图 4-25 所示。

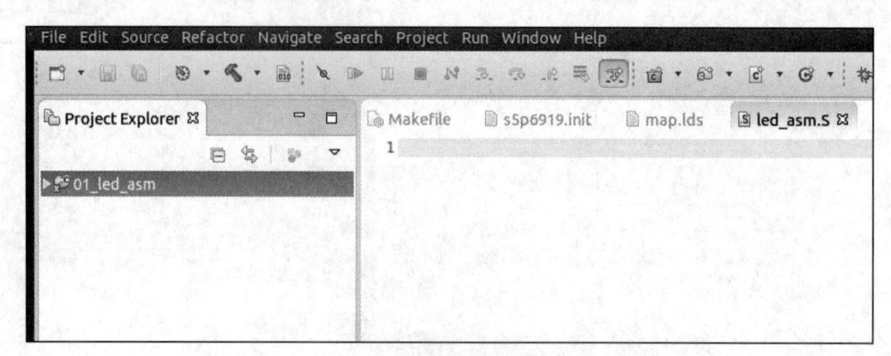

图 4-25 工程创建完成

注意，新创建的空工程名称上会出现“×”号，如“01_led_asm”，编译工程时可能出现找不到 Makefile 文件、无法编译的问题。接下来的步骤会在工程中手动添加 Makefile 文件，添加完所有必要文件后编译工程，“×”号消失。

（7）新建一个 Makefile 文件。创建一个新的工程后， 选择“File→New→Other”命令，在弹出的“New”对话框中单击“General→File”选项，然后单击“Next”按钮，如图 4-26 所示。选择所要指定的工程后，输入文件名“Makefile”，单击“Finish”按钮，如图 4-27 所示。

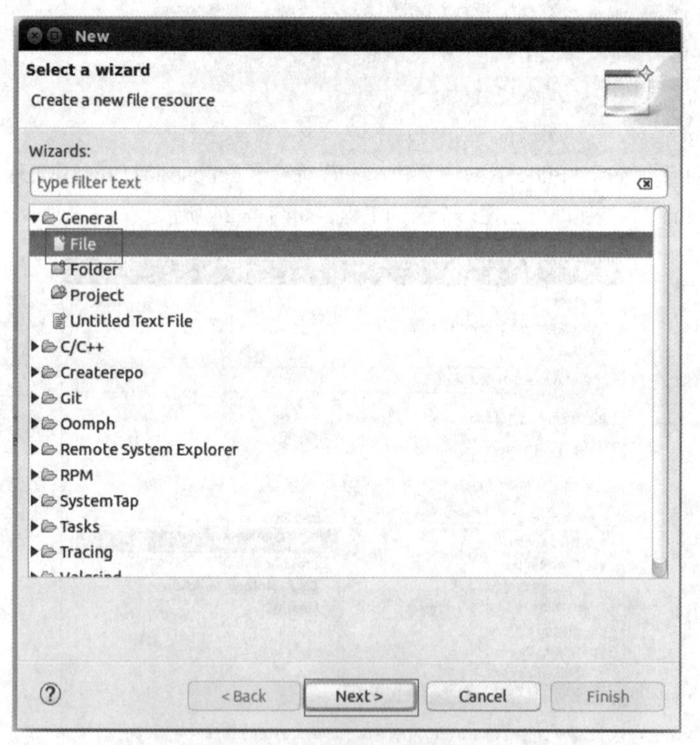

图 4-26 添加 Makefile 文件 1

（8）新建一个 s5p6818.init 仿真初始化文件。新建 s5p6818.init 文件的过程参考步骤（7），输入文件名为“s5p6818.init”即可。

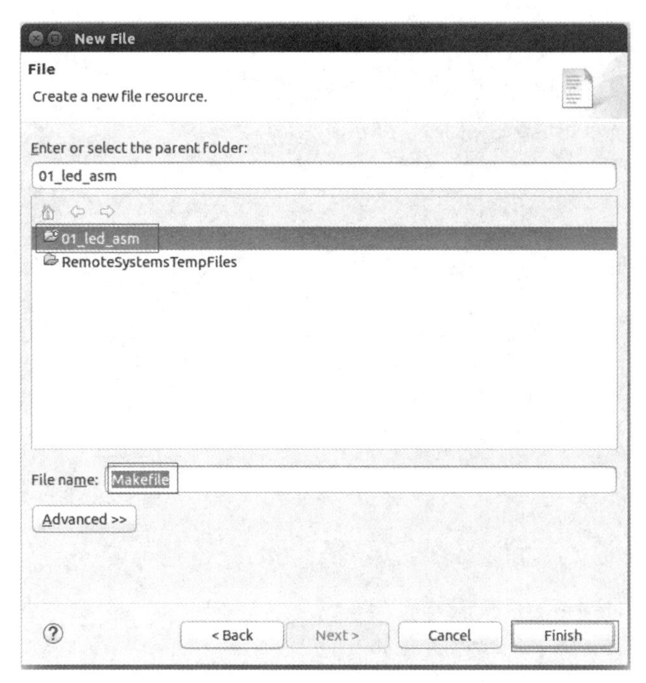

图 4-27　添加 Makefile 文件 2

（9）新建一个 map.lds 链接脚本文件。新建 map.lds 文件的过程参考步骤（7），输入文件名为“map.lds”即可。

（10）新建一个 led_asm.S 汇编源文件。新建 led_asm.S 文件的过程参考步骤（7），输入文件名为“led_asm.S”即可。

（11）至此，工程和所需文件已经基本创建完成。为了能够实现工程的相关功能，下面还必须在对应的文件中添加相应的代码。

① 在“led_asm.S”文件中输入汇编代码。

```
.text
.global _start
_start:
        bl LED_R_INIT
loop:
        bl LED_R_ON
        bl delay1s
        bl LED_R_OFF
        bl delay1s
        b loop

LED_R_INIT:
        /* 初始化GPIOA28引脚位为GPIO功能 */
        dr x0, =0xC001A024  /* RGB ->R */
        dr w1, [x0]
```

```
        bic w1, w1, #(0x3 << 24)
        str w1, [x0]
        /* 初始化GPIOA28引脚位为输出功能 */
        ldr x0, =0xC001A004
        ldr w1, [x0]
        orr w1, w1, #(0x1 << 28)
        str w1, [x0]

LED_R_ON:
        /* 设置GPIOA28引脚输出高电平 */
        ldr x0, =0xC001A000
        ldr w1, [x0]
        orr w1, w1, #(0x1 << 28)
        str w1, [x0]
        ret        /* 返回指令，等价于mov pc, lr */

LED_R_OFF:
        /* 设置GPIOA28引脚输出低电平 */
        ldr x0, =0xC001A000
        ldr w1, [x0]
        bic w1, w1, #(0x1 << 28)
        str w1, [x0]
        ret

delay1s:
        ldr w3, =0x1000000
        mm:
        sub w3, w3, #1
        cmp w3, #0
        bne mm
        ret
.end
```

② 在“map.lds”文件中输入如下内容。

```
OUTPUT_FORMAT("elf64-littleaarch64", "elf64-littleaarch64", "elf64-littleaarch64")
OUTPUT_ARCH(aarch64)
ENTRY(_start)
SECTIONS
{
```

```
        . = 0x40008000;
        . = ALIGN(8);
        .text :
        {
                led_asm.o(.text)
                *(.text)
        }
        .= ALIGN(8);
        .rodata :
        { *(.rodata) }
        . = ALIGN(8);
        .data :
        { *(.data) }
        . = ALIGN(8);
      .bss :
      { *(.bss) }
}
```

③ 在“Makefile”文件中输入如下信息。

```
#
# System environment variable.
#
NAME = led_asm
CROSS = ~/toolchain/6.4-aarch64/bin/aarch64-linux-
CC = $(CROSS)gcc
LD = $(CROSS)ld
OBJCOPY = $(CROSS)objcopy
OBGJDOMP = $(CROSS)objdump
CFLAGS = -O0 -g -c
all:
	$(CC) $(CFLAGS) -o $(NAME).o $(NAME).S
	$(LD) $(NAME).o -Tmap.lds -o $(NAME).elf
	$(OBJCOPY) -O binary -S $(NAME).elf $(NAME).bin
	$(OBGJDOMP) -D $(NAME).elf > $(NAME).dis
clean:
	rm -rf *.o *.bin *.elf *.dis
.PHONY: all clean
```

注意，“MakeFile”文件中的每条命令必须以“Tab”键开头。

④ 在“s5p6818.init”文件中输入如下信息。

```
target remote localhost:3333
monitor halt
```

（12）所有文件编辑完成后，保存文件，创建好的工程如图 4-28 所示。

```
Project Explorer
01_led_asm
  led_asm.S
  led_asm.bin
  led_asm.dis
  led_asm.elf
  led_asm.o
  Makefile
  map.lds
  s5p6818.init

led_asm.S  Makefile  map.lds  s5p6818.init
1 .text
2 .global _start
3 _start:
4
5     bl LED_R_INIT
6 loop:
7     bl LED_R_ON
8     bl delay1s
9     bl LED_R_OFF
10    bl delay1s
11    b loop
12
13 LED_R_INIT:
14    /* 初始化GPIOA28引脚位为GPIO功能 */
15    ldr x0, =0xC001A024 /* RGB ->R */
16    ldr w1, [x0]
17    bic w1, w1, #(0x3 << 24)
18    str w1, [x0]
19    /* 初始化GPIOA28引脚位为输出功能 */
20    ldr x0, =0xC001A004
21    ldr w1, [x0]
22    orr w1, w1, #(0x1 << 28)
23    str w1, [x0]
```

图 4-28　创建好的工程

（13）对工程进行编译，单击“编译”按钮或使用快捷键“Ctrl+B”，编译成功后如图 4-29 所示。

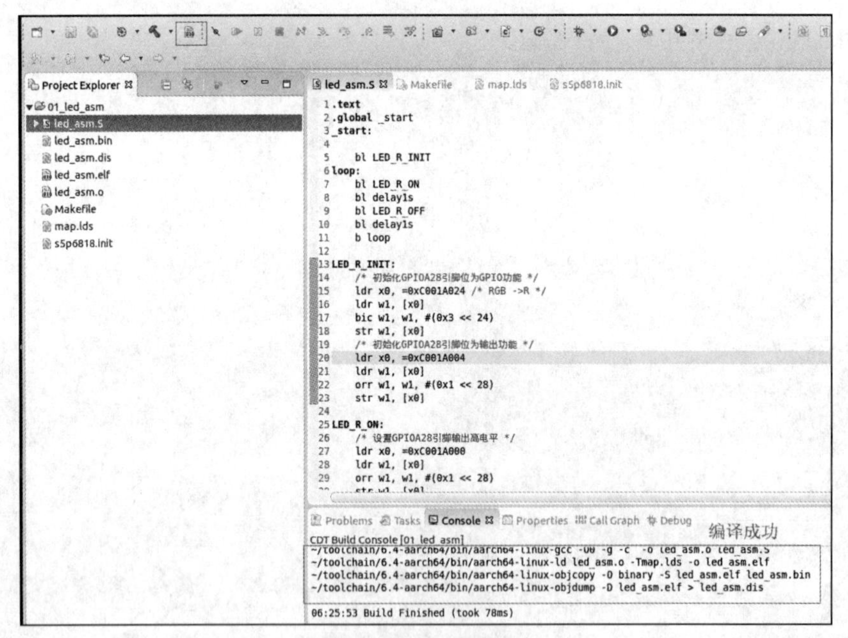

图 4-29　工程编译

至此，ARM 裸板汇编工程已经创建完成，如暂时不使用该工程可以关闭工程，下次使用时再打开（平时只能有一个工程是打开状态），该工程相关配置不变。

如果要创建一个 C 代码的工程，整个创建过程都是一样的，只需要在工程中再添加一个.c 文件，相应的.s 文件和 Makefile 也要做一定的修改，此处不再讲解。在 4.4 节会添加一个 C 工程到 Eclipse 中，读者可以参考 4.4 节 C 工程的代码如何实现，并对自己的工程进行适当修改。

4.4 添加已有工程

V4-6 添加已有工程

（1）复制“FSJTAG 开发环境\程序源码\01_led_asm”到 Eclipse 工作目录下，如“/home/linux/workspace/”目录。

注意，工程要放在英文路径下，不能有中文路径。

在“Project Explorer”窗口中的空白位置，右键单击选择“Import”命令，如图 4-30 所示。

（2）弹出图 4-31 所示的“Import”对话框，选择“Existing Projects into Workspace”选项，然后单击“Next”按钮。

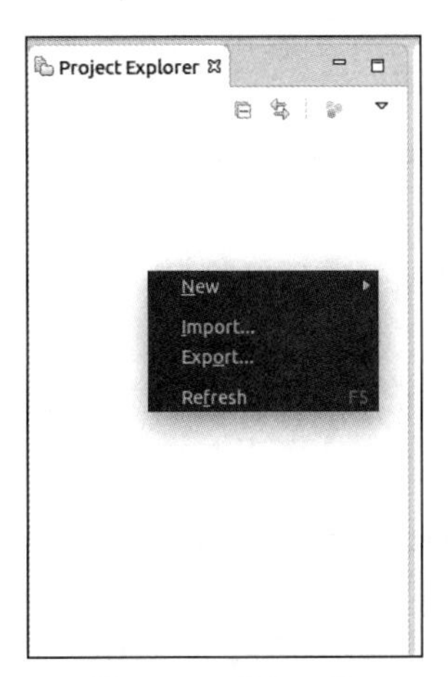

图 4-30 导入工程

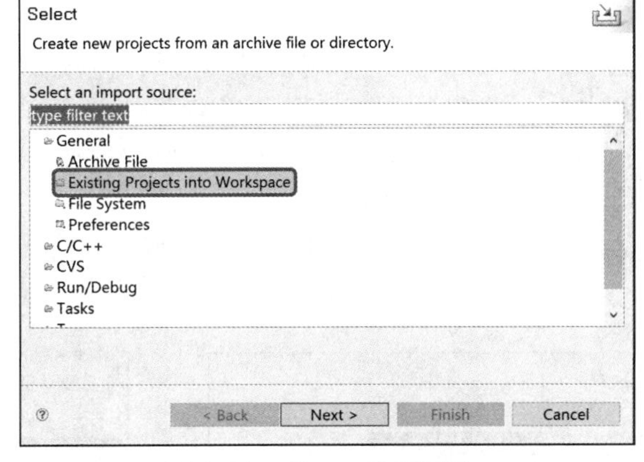

图 4-31 “Import”对话框

（3）弹出“New Project”对话框，单击“Browse”按钮，弹出浏览文件夹对话框。选择实验的“01_led_asm”文件夹，单击“OK”按钮，如图 4-32 所示。

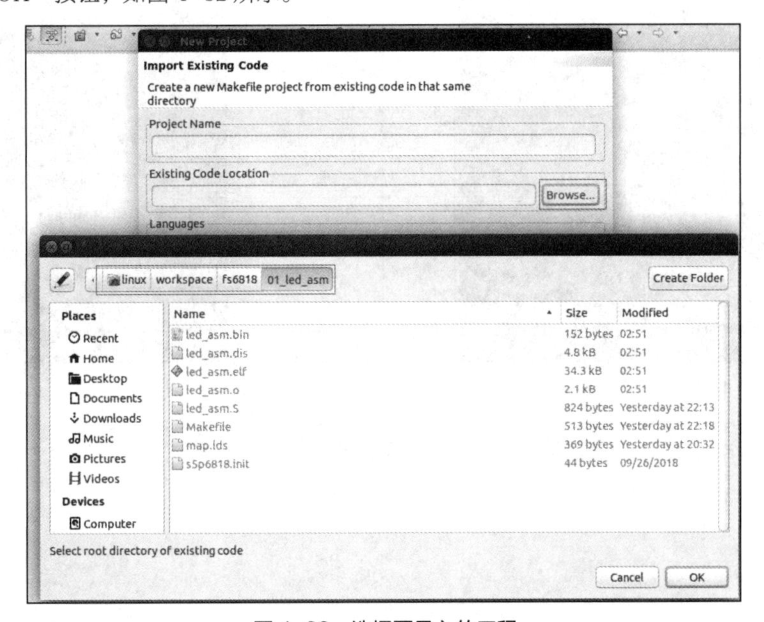

图 4-32 选择要导入的工程

（4）单击“Finish”按钮，工程导入成功，如图 4-33 所示。

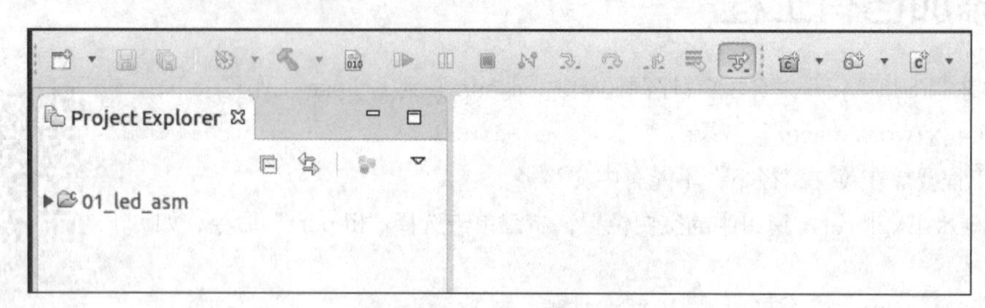

图 4-33　工程导入成功

4.5　编译工程

V4-7　编译工程

在编译工程的时候，在“Project Explorer”窗口中只能有一个工程处于打开状态，其他的工程都应该处于关闭状态。

（1）打开工程。在“Project Explorer”窗口中右击要打开的工程，选择“Open Project”命令，如图 4-34 所示。

（2）关闭工程。在“Project Explorer”窗口中右击要关闭的工程，选择“Close Project”命令，如图 4-35 所示。

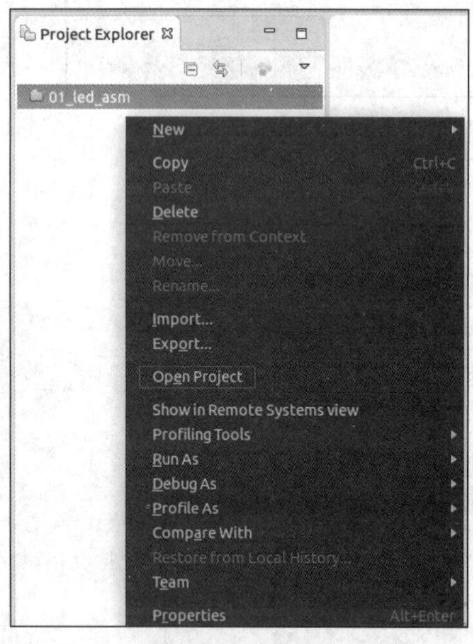

图 4-34　打开工程

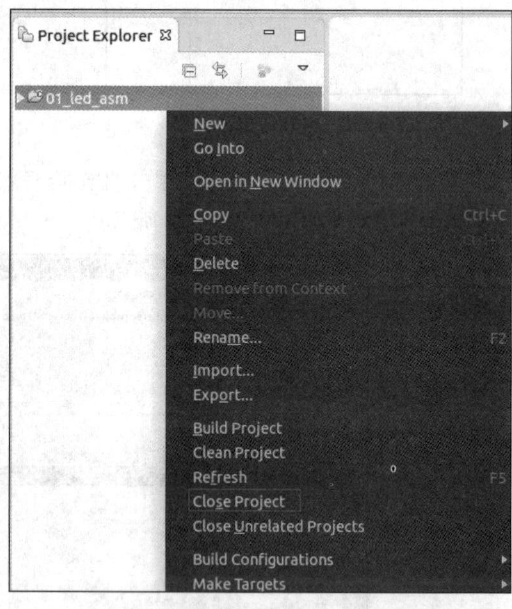

图 4-35　关闭工程

（3）单击“编译”按钮或使用快捷键“Ctrl+B”对工程进行编译，编译成功后如图 4-36 所示。

```
.text
.global _start
_start:

    bl LED_R_INIT
loop:
    bl LED_R_ON
    bl delay1s
    bl LED_R_OFF
    bl delay1s
    b loop

LED_R_INIT:
    /* 初始化GPIOA28引脚位为GPIO功能 */
    ldr x0, =0xC001A024 /* RGB ->R */
    ldr w1, [x0]
    bic w1, w1, #(0x3 << 24)
    str w1, [x0]
    /* 初始化GPIOA28引脚位为输出功能 */
    ldr x0, =0xC001A004
    ldr w1, [x0]
    orr w1, w1, #(0x1 << 28)
    str w1, [x0]

LED_R_ON:
    /* 设置GPIOA28引脚输出高电平 */
    ldr x0, =0xC001A000
    ldr w1, [x0]
    orr w1, w1, #(0x1 << 28)
```

```
CDT Build Console [01_led_asm]
~/toolchain/6.4-aarch64/bin/aarch64-linux-ld led_asm.o -Tmap.lds -o led_asm.elf
~/toolchain/6.4-aarch64/bin/aarch64-linux-objcopy -O binary -S led_asm.elf led_asm.bin
~/toolchain/6.4-aarch64/bin/aarch64-linux-objdump -D led_asm.elf > led_asm.dis

06:25:53 Build Finished (took 78ms)
```

编译成功

图 4-36 编译工程

4.6 调试工程

调试前的配置工作对于每个工程来说都大同小异，所以本节以之前导入的 01_led_asm 工程为例。

V4-8 调试工程

4.6.1 配置 FS-JTAG 调试工具

（1）首先将仿真器的 USB 接口连接到计算机的 USB 接口，让 Ubuntu 系统连接上 FS-JTAG 仿真器，选择 “虚拟机→可移动设备→First USB<=>JTAG&RS232→断开连接（连接主机）”命令，如图 4-37 所示。

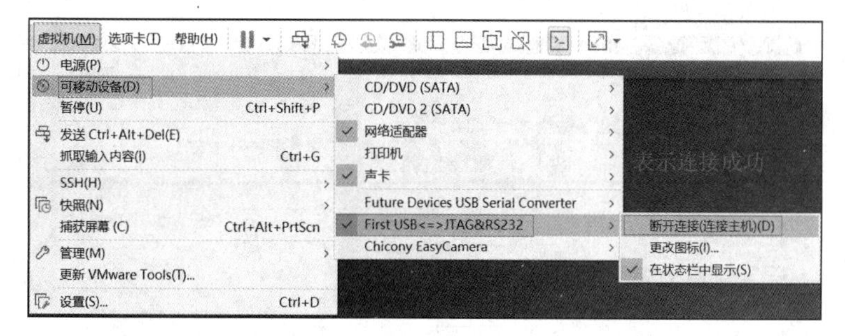

图 4-37 FS-JTAG 仿真器被 Ubuntu 识别连接

（2）双击桌面上的“FS_JTAG”图标之后，会出现如图 4-38 所示对话框。获取管理员权限的密码为“1”，单击“OK”按钮，FS_JTAG 打开成功。

（3）FS_JTAG 打开成功后，在“Target”下拉列表框中选择“S5P6818”选项，如图 4-39 所示。

（4）单击“Connect”按钮后，该按钮会变为“DisConnect”，表示已经连接目标板。如果开发板和仿真器没有连接或开发板没有上电，仿真器无法获取相关信息，就会显示错误信息，如图 4-40 所示。

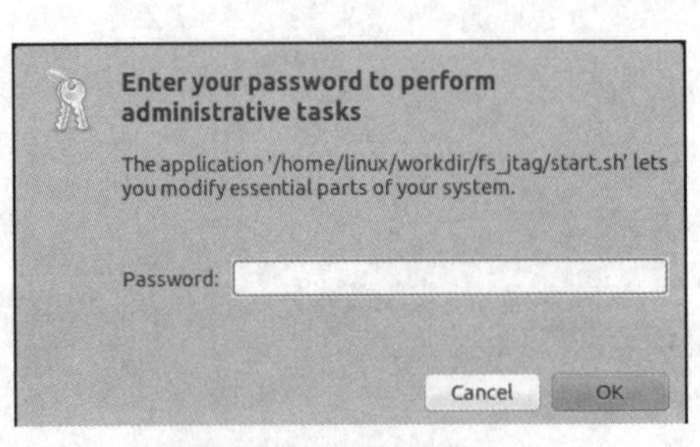

图 4-38　登录界面

图 4-39　配置 FS_JTAG

（5）仿真器正确连接开发板且开发板上电后，单击“Connect”按钮，会显示连接成功，如图 4-41 所示。

图 4-40　连接失败

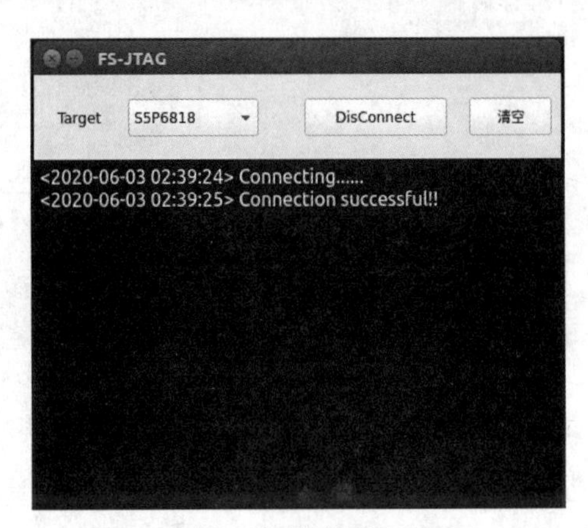

图 4-41　连接成功

4.6.2　配置调试工具

（1）在菜单栏中选择“Run→Debug Configurations”命令，弹出“Debug Configurations”窗口，在“Zylin Embedded debug (Native)”选项上单击鼠标右键，选择“New”命令，结果如图 4-42 所示。

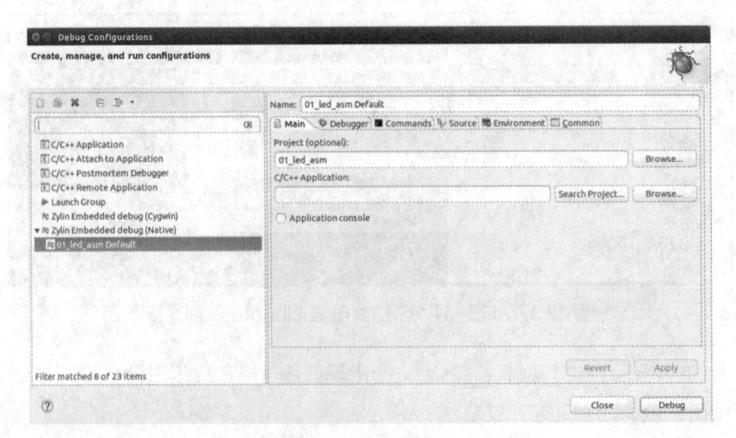

图 4-42　仿真配置窗口

（2）单击“Main”选项卡中“C/C++ Application”下的“Browse”按钮，选择要执行的程序，调试的程序文件的后缀名为.elf。找到“01_led_asm”目录下的“led_asm.elf”文件，如图 4-43 所示。

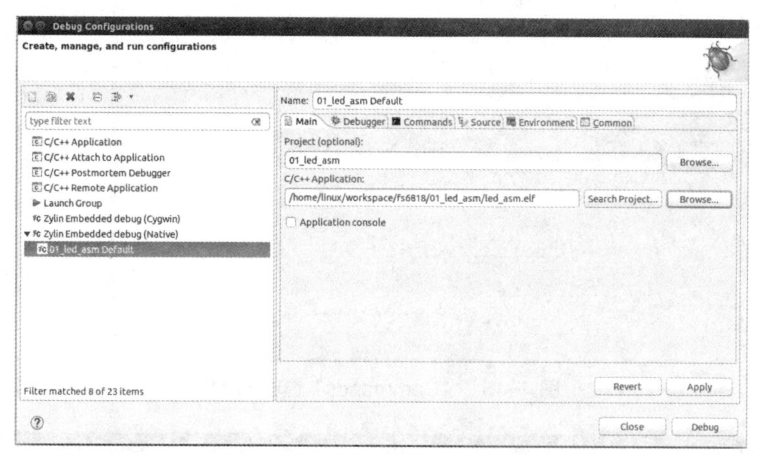

图 4-43　“Main”选项卡配置

（3）在“Debugger”选项卡中的“Main”子选项卡中的“GDB debugger”文本框右边单击“Browse”按钮，选择交叉编译工具链“/home/linux/toolchain/6.4-aarch64/bin/aarch64-linux-gdb”，在“GDB Command file”文本框中选择该工程目录下的“s5p6818.init”文件，如图 4-44 所示。

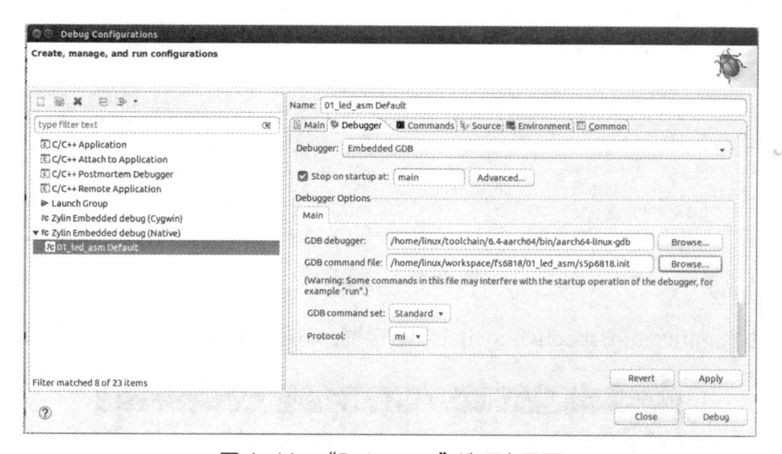

图 4-44　“Debugger”选项卡配置

注意，在“Debugger”选项卡中有一个“Stop on startup at”复选框，如调试工程为 C 工程，有 main() 函数则勾选该复选框，否则不勾选。

（4）在“Commands”选项卡中的“‘Initialize’ commands”文本框中添加以下命令，如图 4-45 所示。

```
load
```

注意，在“Commands”选项卡中，如配置的工程为 C 工程，添加的命令应做如下修改。

```
load
break main
```

（5）添加完后单击“Apply”按钮，调试选项配置完成。单击“Debug”按钮就可以进行调试了，如图 4-46 所示。

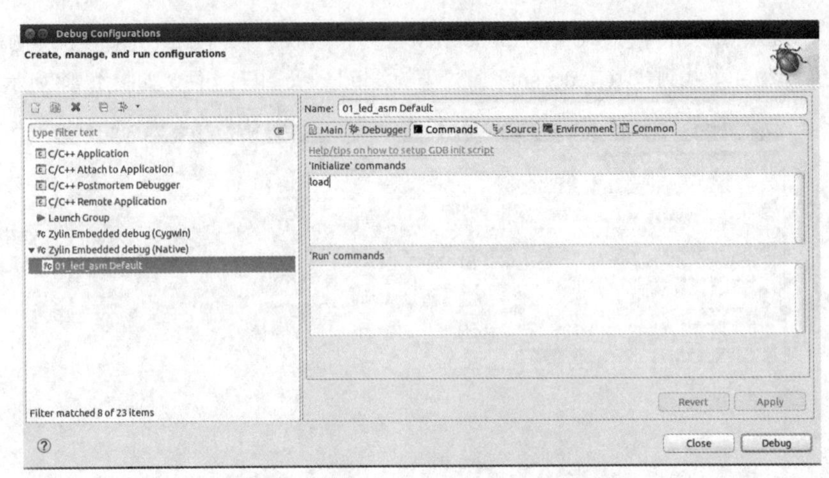

图 4-45　“Commands”选项卡配置

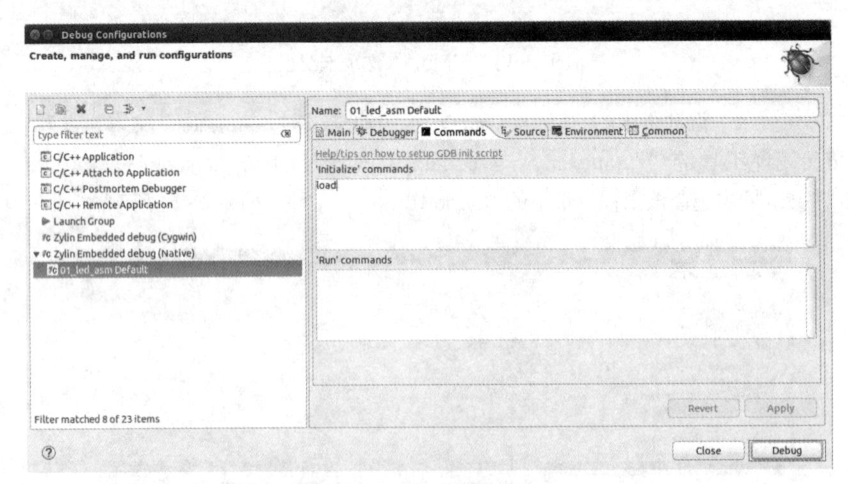

图 4-46　配置完成

（6）如果出现“Confirm Perspective Switch”对话框，单击“Yes”按钮，如图 4-47 所示。

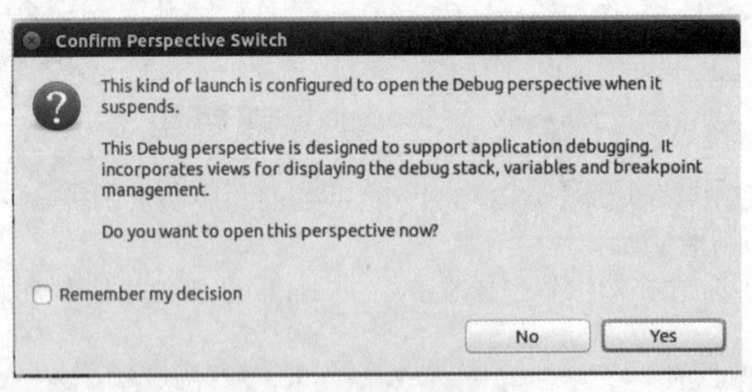

图 4-47　打开调试窗口

（7）进入代码仿真调试界面，如图 4-48 所示。

（8）进入调试界面，如图 4-49 所示，单击“全速运行的调试”按钮，如果开发板上 RGB 三色灯中的红灯开始闪烁，则表示整个开发环境搭建成功。

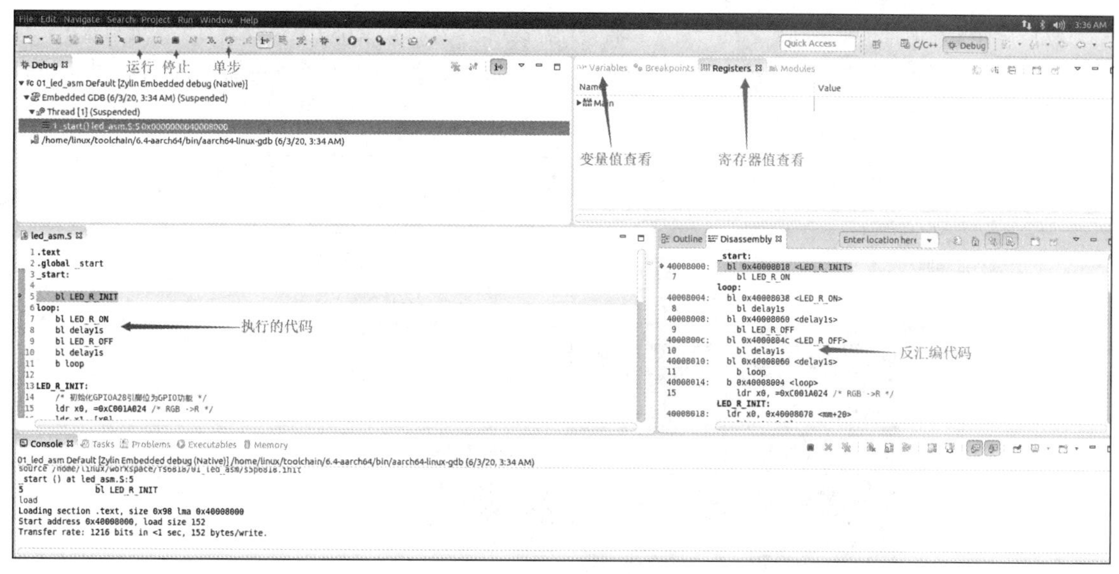

图 4-48 代码仿真调试界面

注意，在进行调试时，要保证“Debug”调试窗口中只有一个工程。如果有多个工程，可以选择不调试的工程，按键盘上的“Delete”键删除。

（9）仿真调试结束，要关闭正在调试的工程，选择 Eclipse 右上角的“Debug→Close”命令即可，如图 4-50 所示。

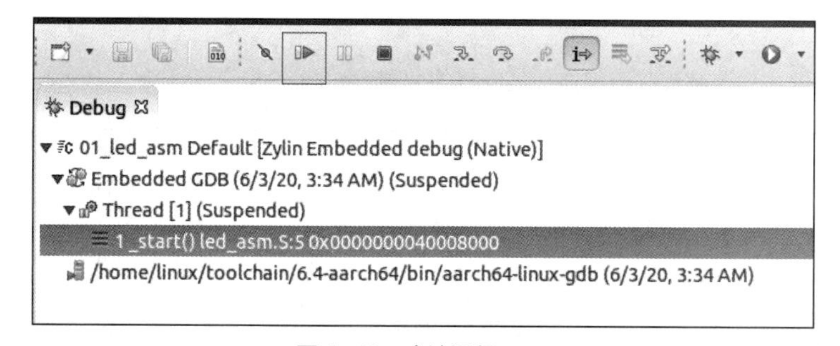

图 4-49 全速运行

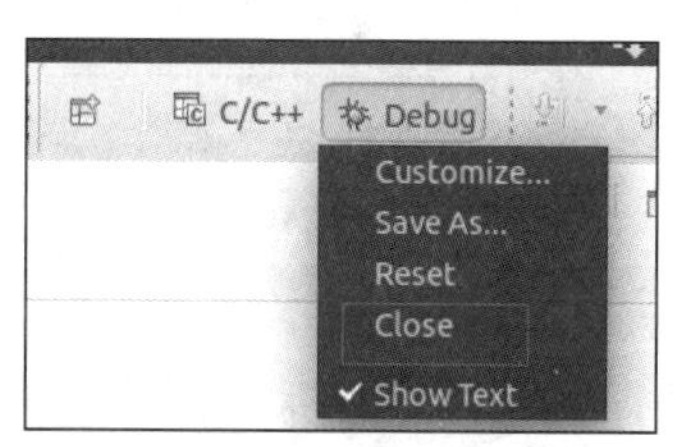

图 4-50 关闭仿真调试的工程

4.6.3 查看变量和寄存器的方法

可以在程序暂停状态下查看变量或寄存器的值。

图 4-51 所示是用来查看 ARM 寄存器的窗口，通用寄存器的值可以被很清楚地观察到。

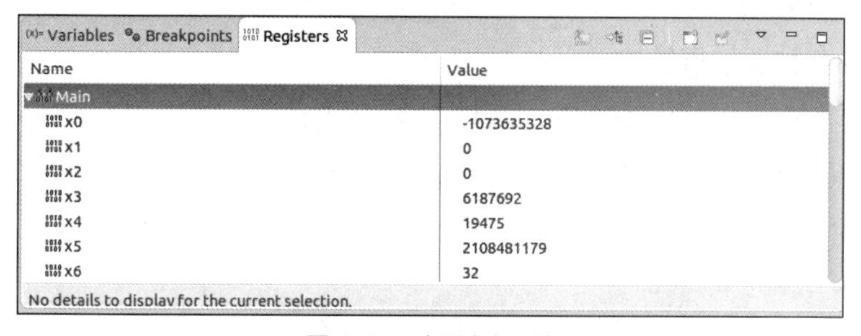

图 4-51 查看寄存器值

默认寄存器的值是按十进制显示的，对于查看寄存器的值不方便。Eclipse 支持设置为十六进制显示，右击需要十六进制显示的寄存器，选择“Format→Hexadecimal”命令，此时这个寄存器中的值就按十六进制显示，如图 4-52 所示。

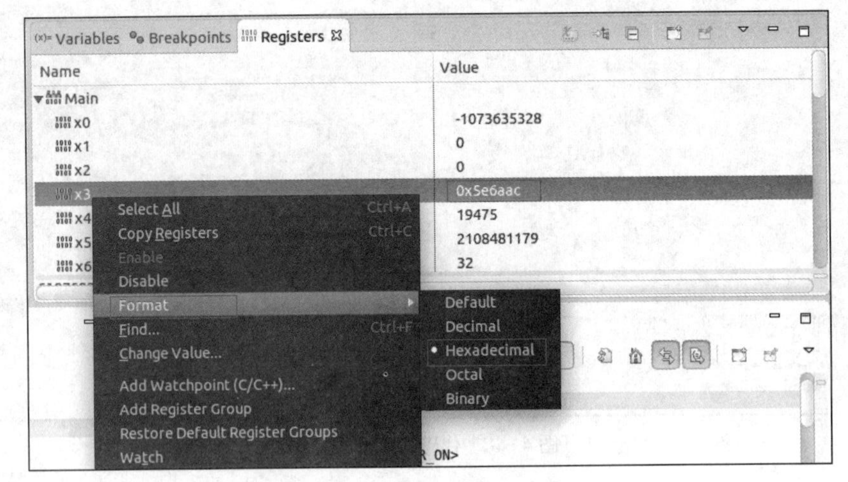

图 4-52　寄存器值进制显示转换

注意，如果在调试界面没有找到“Variables”和“Registers”窗口，可以在菜单栏中选择“Window→Show View”命令，调出对应的窗口。

4.6.4　断点设置方法

可以通过添加断点和取消断点的方式，控制代码运行停在某一行的位置，如图 4-53 所示。

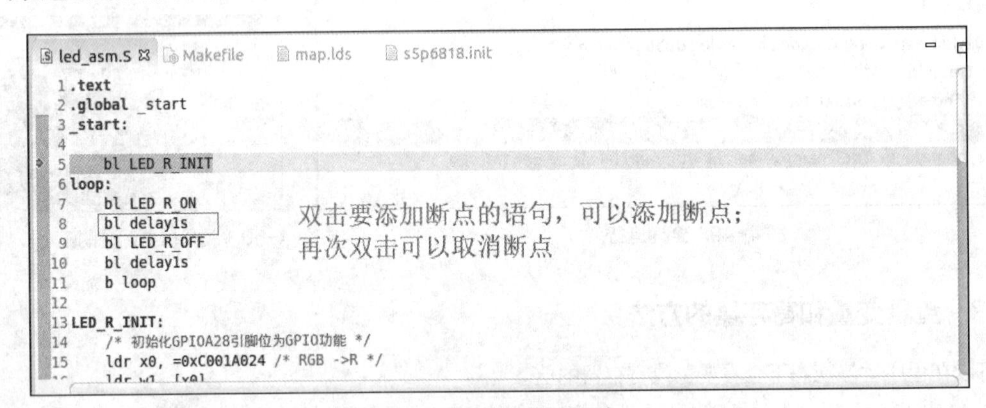

图 4-53　添加和取消断点

4.6.5　查看内存数据信息的方法

可以在菜单栏中选择“Window→Show View→Memory Browser”命令，显示内存窗口。在该窗口中输入想要查看的内存数据的起始地址，然后按“Enter”键，输入的地址中的内存数据就可以在该窗口中查看了，如图 4-54 所示。

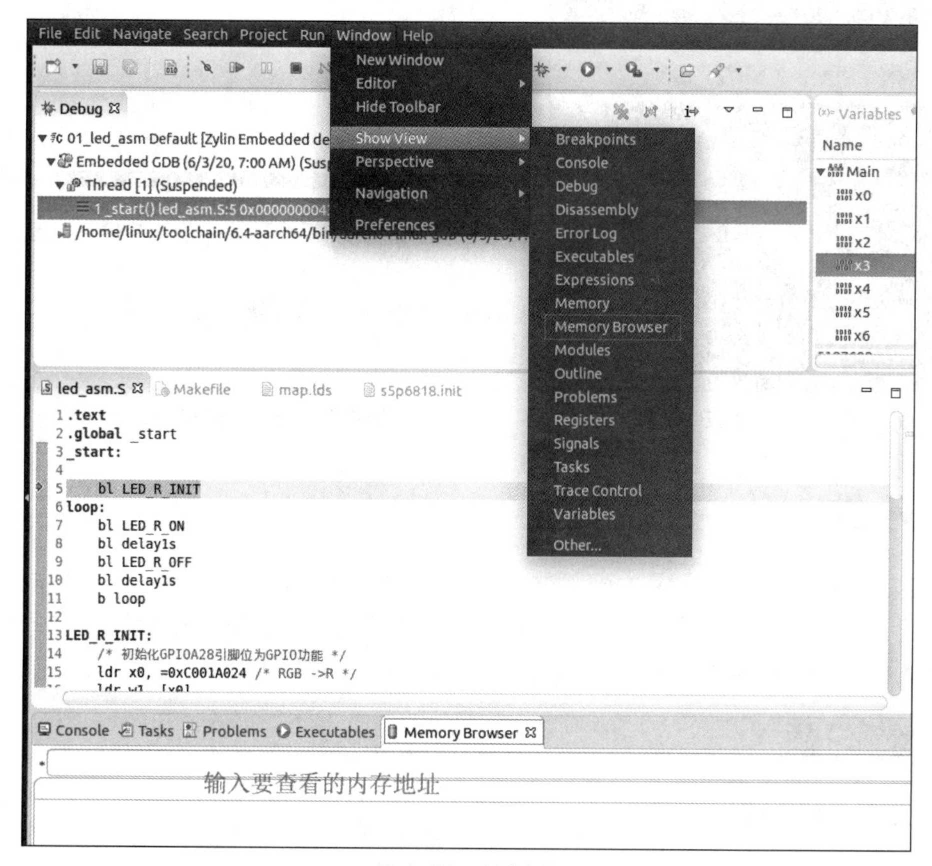

图4-54 查看内存

4.6.6 调试结果后的处理

（1）一次调试结束后，需要停止调试。如果没有停止上次的程序，在下次调试时就会出现调试不了的情况。此时在“Debug”窗口中会出现多个待调试的任务，需要把所有任务都停止掉，如图4-55所示。

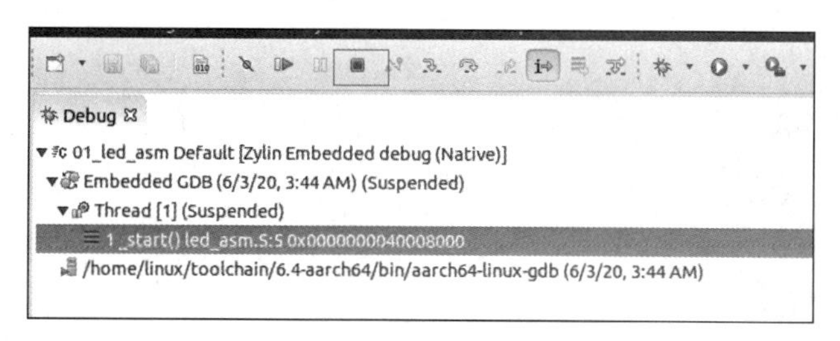

图4-55 停止运行

（2）重新启动开发板后，需要使用FS_JTAG重新连接FS-JTAG（B）仿真器，如图4-56所示。

（3）如果需要修改程序，则必须停止正在仿真调试的程序，并切换到工程编辑主界面，如图4-57所示。

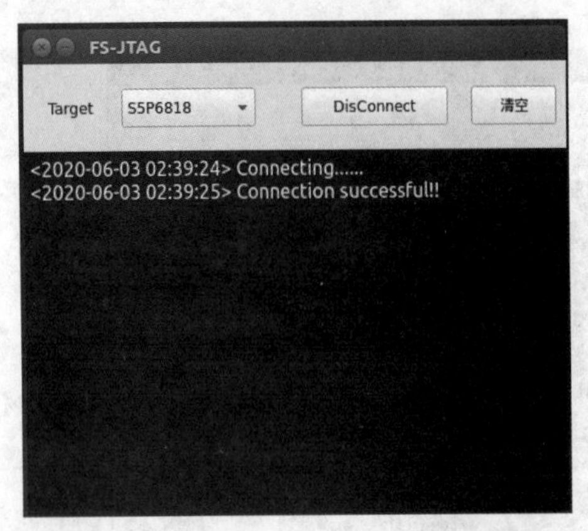

图 4-56　连接 FS-JTAG（B）仿真器成功

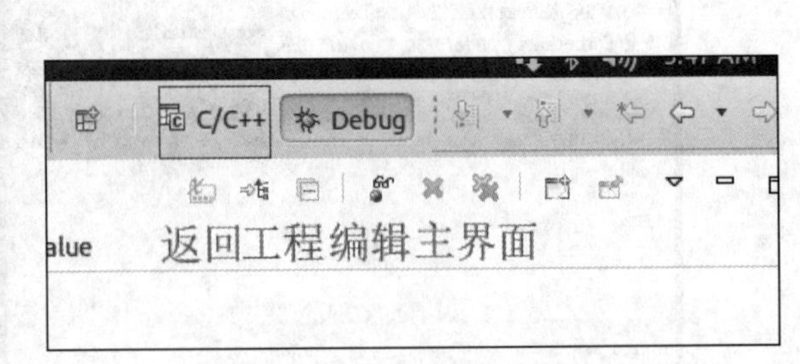

图 4-57　返回工程编辑主界面

4.7　小结

本章主要介绍了如何编写 GNU-ARM 汇编风格的程序，以及如何基于 S5P6818 处理器在 Eclipse 下进行调试，并且介绍了 FS-JTAG 的详细用法。本书后面章节的大部分实验都是基于这个环境的。“工欲善其事，必先利其器”，读者必须熟练掌握环境的使用。

4.8　练习题

熟悉 Eclipse 开发环境。

CHAPTER05

第5章

ARM微处理器的指令系统

重点知识

- ARM指令系统简介
- ARM指令的寻址方式
- ARM指令集
- ARM伪指令

■ ARM 指令集可以分为数据处理指令、跳转指令、Load/Store 指令、程序状态寄存器传输指令和异常中断产生指令。根据使用的指令类型不同，指令的寻址方式分为数据处理指令寻址方式和内存访问指令寻址方式。ARM 汇编器还支持 ARM 伪指令，伪指令包括 ADR、LDR 等。

5.1 ARM 指令系统简介

指令是规定处理器进行某种操作的命令，处理器能够执行的各种指令的集合统称为指令系统。本节主要介绍与 ARM 指令相关的一些基本概念，包括指令的分类、指令的编码格式，以及 ARM 指令中的条件码域。

5.1.1 ARM 指令分类

V5-1 ARM 指令分类

ARMv8 指令体系包括 AArch32 和 AArch64 两种类型的指令集，AArch32 指令集的主要目的是向下兼容 ARMv7 指令系统。而每种指令集中又包括 ARM 指令集（简称 ARM 指令）和 Thumb 指令集（简称 Thumb 指令）两种不同的指令集。当处理器工作在 ARM 状态时，执行 ARM 指令。不管是 AArch32 指令还是 AArch64 指令，所有的 ARM 指令均为 32 位宽度，指令以字对齐的方式保存在存储器中；所有的 Thumb 指令都是 16 位宽度，指令均以半字对应的方式保存在存储器中。

ARM 指令是典型 RISC 架构的处理器，指令和寻址方式少而简单，大多数 ARM 指令都是单周期指令。ARM 指令集中只有载入和存储 Load/Store 指令可以访问存储器，数据处理指令只对寄存器的内容进行操作。为了提高处理器性能，ARM 微处理器采用流水线的方式来缩短指令执行的周期。

5.1.2 ARM 指令编码格式

V5-2 ARM 指令编码格式

典型的 ARM 指令语法格式如下，指令中各部分的含义如表 5-1 所示。

```
{label:*} {opcode{s} {dest{, source1{, source2{, source3}}}}}
```

注意：花括号是可选的。

表 5-1 ARM 指令中各部分的含义

标识符	含义
label	标签
opcode	操作码，也叫助记符，说明指令需要执行的操作类型
s	条件码设置项，决定本次指令执行是否影响 PSTATE 寄存器响应状态位值
dest	目标寄存器，用于存放指令的执行结果
source1	第一个源操作数
source2	第二个源操作数
source3	第三个源操作数

5.1.3 ARM 指令条件码域

V5-3 ARM 指令条件码域

在 AArch32 汇编语言中，有条件执行的指令直接将条件助记符附加到指令后边，而不使用分隔符来表示。这样导致了一些歧义，使得汇编代码难以解析，例如 ADC、BICS、LSLS 和 TEQ 等指令很容易跟条件执行指令混淆。

在 AArch64 汇编语言中使用更少的条件指令，那些被修订的指令如下。

① 设置条件标志的指令在概念上是不同的指令，并且会通过在基本助记符后附加

“S”来进行标识，如 ADDS、SUBS 等。

② 有条件执行的指令将条件助记符附加到指令助记符后，在指令助记符和条件助记符之间加分界符“.”，如 B.EQ。

③ 如果指令扩展不止一个，那么条件扩展总是最后一个。

④ 指令无条件执行，但需采用条件标志作为源操作数，这些指令将明确在其最终操作数位置测试的条件，如 CSEL Wd、Wm、Wn、NE。

ARM 指令支持的所有条件码如表 5-2 所示。

表 5-2　ARM 指令支持的条件码

操作码	条件助记符	标志位	含义
0000	EQ	Z == 1	相等
0001	NE	Z == 0	不相等
0010	CS	C == 1	无符号数大于或等于
0011	CC	C == 0	无符号数小于
0100	MI	N == 1	负数
0101	PL	N == 0	正数或零
0110	VS	V == 1	溢出
0111	VC	V == 0	没有溢出
1000	HI	L == 1 && Z == 0	无符号数大于
1001	LS	C == 0 && Z == 1	无符号数小于或等于
1010	GE	N == V	有符号数大于或等于
1011	LT	N != V	有符号数小于
1100	GT	Z == 0 && N == V	有符号数大于
1101	LE	Z == 1 && N != V	有符号数小于或等于
1110	无（AL）	任意	无条件执行
1111	无（NV）	任意	无条件执行

注意，条件代码 NV 的存在只是为了提供一个有效的反汇编的“1111b”编码，跟 AL 具有相同的意义。

5.2　ARM 指令的寻址方式

ARM 指令的寻址方式分为数据处理指令寻址方式和内存访问指令寻址方式。

V5-4　数据处理指令的寻址方式

5.2.1　数据处理指令的寻址方式

数据处理指令的基本语法格式如下。

```
<opcode>{S} <Xd>,<Xn>,<shifter_operand>
```

其中，<shifter_operand>有 11 种形式，如表 5-3 所示。

表 5-3　<shifter_operand>的 11 种形式

序号	语法	寻址方式
1	#<immediate>	立即数寻址
2	<Xm>	寄存器寻址
3	<Xm>,LSL　#<shift_imm>	立即数逻辑左移

续表

序号	语法	寻址方式
4	<Xm>,LSL <Rs>	寄存器逻辑左移
5	<Xm>,LSR #<shift_imm>	立即数逻辑右移
6	<Xm>,LSR <Rs>	寄存器逻辑右移
7	<Xm>,ASR #<shift_imm>	立即数算术右移
8	<Xm>,ASR <Rs>	寄存器算术右移
9	<Xm>,ROR #<shift_imm>	立即数循环右移
10	<Xm>,ROR <Rs>	寄存器循环右移
11	<Xm>,RRX	寄存器扩展循环右移

V5-5 立即数寻址方式

数据处理指令寻址方式可以分为以下几种。

① 立即数寻址方式。

② 寄存器寻址方式。

③ 寄存器移位寻址方式。

1. 立即数寻址方式

AArch64 汇编语言不要求使用“#”号引入立即数，但汇编程序必须允许这样做。在AArch64 汇编语言中的立即数前边可以加“#”号，也可以不加“#”号。为了提高代码的可读性，AArch64 反汇编程序都会在立即数前边添加一个“#”号。

下面是一些应用立即数的指令。

```
MOV X0, #0xFF          // 将0xFF赋值给X0
ADD X1, X1, #1         // X1 = X1 + 1
CMP X7, #2000          // 将X7寄存器中的值和2000比较
ORR X9, X1, #0xFF      // 将X1中的[7:0]位置1的结果写到X9中
```

这些指令还可写为如下形式。

```
MOV X0, 0xFF           // 将0xFF赋值给X0
ADD X1, X1, 1          // X1 = X1 +1
CMP X7, 2000           // 将X7寄存器中的值和2000比较
ORR X9, X1, 0xFF       // 将X1中的[7:0]位置1的结果写到X9中
```

V5-6 寄存器寻址方式

2. 寄存器寻址方式

寄存器的值可以被直接用于数据操作指令，这种寻址方式是各类处理器经常采用的一种方式，也是一种执行效率较高的寻址方式，举例如下。

```
MOV   X2, X0           // X0的值赋值给X2
ADD   X4, X3, X2       // X2加X3，结果赋值给X4
CMP   X7, X8           // 比较X7和X8的值
```

V5-7 寄存器移位寻址方式

3. 寄存器移位寻址方式

寄存器的值在被送到 ALU 之前，可以事先经过桶形移位寄存器的处理。预处理和移位发生在同一周期内，所以有效地使用移位寄存器，可以增加代码的执行效率。

下面是一些在指令中使用了移位操作的例子。

```
ADD  X2, X0, X1, LSR #5    // X1中的值右移5位，X0加X1，结果赋值给X2
MOV  X1, X0, LSL #2        // X0中的值左移2位，结果赋值给X1
SUB  X1, X2, X0, LSR #4    // X0中的值右移4位，X2减X0，结果赋值给X1
```

5.2.2 内存访问指令的寻址方式

V5-8 内存访问指令的寻址方式

在 AArch64 指令集中的 Load/Store 寻址模式大致遵循 T32，使用通用寄存器 X*n*（*n* = 0～30）或当前堆栈指针 SP 的 64 位基址，具有立即数或寄存器偏移量方式。完整的 Load/Store 寻址模式如表 5-4 所示，某些类型的 Load/Store 指令可能仅支持其中的一部分。

表 5-4 Load/Store 寻址模式

寻址方式	偏移		
	立即数	寄存器	扩展寄存器
基址寄存器(无偏移)	[base{,#0}]	–	–
基址寄存器(加偏移)	[base{,#imm}]	[base,Xm{,LSL #imm}]	[base,Wm,(S|U)XTW {#imm}]
事先更新寻址	[base,#imm]!	–	–
事后更新寻址	[base],#imm	[base],Xm	–
PC 相对寻址	label	–	–

① 基址寄存器（无偏移）：表示地址是 64 位寄存器基址。

② 基址寄存器（加偏移）：表示地址是 64 位寄存器基址加上偏移量中的值。

③ 事先更新寻址：表示地址是 64 位寄存器基址加上偏移量中的值，然后地址被重新写回 64 位基址寄存器中。

④ 事后更新寻址：表示地址是 64 位寄存器基址中的值，然后将地址加偏移量重新写回基址寄存器中。

⑤ PC 相对寻址：表示该地址是 64 位程序计数器 PC 中的值加上 19 位带符号字偏移量，即 PC ± 1MB 以内的字对齐地址仅适用于 32 位或更大的负载以及预取指令，PC 在其他寻址模式下不可用。

注意，“!”表示更新基址寄存器中的地址。

5.3 ARM 指令集

本节主要针对一些比较常用且简单的 ARM 指令集进行讲解，对于一些使用频率较低、复杂的 ARM 指令不做过多的介绍，如果想了解更多的 ARM 指令集可以去 ARM 官方网站下载 ARMv8 架构指令集的参考手册。

5.3.1 数据处理指令

V5-9 数据传输指令

数据处理指令是指对存放在寄存器中的数据进行操作的指令，主要包括数据传输指令、算术运算指令、逻辑运算指令、比较指令、移位运算指令和整数乘法/除法指令。

1. 数据传输指令

MOV（Move）指令是最简单的 ARM 指令，执行的结果就是把一个数 N 送到目标寄存器，N 可以是寄存器，也可以是立即数。

数据传输指令多用于设置初始值或在寄存器间传输数据。常见的数据传输指令如表 5-5 所示。

表 5-5 数据传输指令

指令格式	指令含义
MOVZ Wt,#uimm16{,LSL #pos}	将 16 位立即数搬移到 32 位寄存器中，其他位为 0：Wt=LSL(uimm16,pos)
MOVZ Xt,#uimm16{,LSL #pos}	将 16 位立即数搬移到 64 位寄存器中，其他位为 0：Xt=LSL(uimm16,pos)
MOVN Wt,#uimm16{,LSL #pos}	将 16 位立即数取反搬移到 32 位寄存器中，其他位为 0：Wt=NOT(LSL(uimm16,pos))
MOVN Xt,#uimm16{,LSL #pos}	将 16 位立即数取反搬移到 64 位寄存器中，其他位为 0：Xt=NOT(LSL(uimm16,pos))
MOVK Wt,#uimm16{,LSL #pos}	将 16 位立即数搬移到 32 位寄存器中，其他位保持不变：Wt<pos+15:pos>=uimm16
MOVK Xt,#uimm16{,LSL #pos}	将 16 位立即数搬移到 64 位寄存器中，其他位保持不变：Xt<pos+15:pos>=uimm16
MOV Wd|WZR|WSP,#imm32	将 32 位立即数搬移到 32 位寄存器中：Wd|WZR|WSP=#imm32
MOV Xd|XZR|SP,#imm64	将 64 位立即数搬移到 64 位寄存器中：Xd|XZR|SP=#imm64
MOV Wd|WSP,Wn|WSP{,LSL #pos}	将 Wn|WSP 中的值搬移到 Wd|WSP 中：Wd|WSP= LSL(Wn|WSP,pos)
MOV Xd|SP,Xn|SP{,LSL #pos}	将 Xn|SP 中的值搬移到 Xd|SP 中：Xd|SP=LSL(Xn|XSP,pos)

注意：

① uimm16 表示 16 位的无符号立即数，uimm16 的范围是 0～0xFFFF。

② imm32 表示 32 位的有符号立即数，imm32 的范围是-2^{31}～$2^{32}-1$。

③ imm64 表示 64 位的有符号立即数，imm64 的范围是-2^{63}～$2^{64}-1$。

④ {, LSL #pos}可以省略，表示不进行移位操作。

⑤ 对于 MOVZ、MOVN、MOVK 指令中对后边的数据进行移位操作时，pos 的值必须是 16 的整数倍；而对于 MOV 指令中对后边寄存器中的数据进行移位操作时，pos 的值没有要求。

数据传输指令举例：

```
MOVZ W0, #0xF                /* W0 = 0xF */
MOVZ W1, #0xF, lsl #16       /* W1 = (0xF << 16) */
MOVZ X0, #0xFF               /* X0 = 0xFF */
MOVZ X1, #0xFF, lsl #32      /* X1 = (0xFF << 32) */

MOVN W2, #0xFFF              /* W2 =  ~0xFFF */
MOVN W3, #0xFFF, lsl #16     /* W3 =  ~(0xFFF << 16) */
MOVN X2, #0xFFFF             /* X2 =  ~0xFFFF */
MOVN X3, #0xFFFF, lsl #16    /* X3 =  ~(0xFFFF << 16) */
```

```
MOVK W4, #0xFFF0                /* W4 = W4 + 0xFFF0 */
MOVK W4, #0xFFF0, lsl #16       /* W4 = W4 + (0xFFF0 << 16) */
MOVK X4, #0xFF00                /* X4 = X4 + 0xFF00 */
MOVK X4, #0xFF00, lsl #16       /* X4 = X4 + (0xFF00 << 16) */

MOV W6, #0xFFFF                 /* W6 = 0xFFFF */
MOV W7, W6, lsl #4              /* W7 = (W6 << 4) */
MOV X6, #0xFFFFFFFF             /* X6 = 0xFFFFFFFF */
MOV X7, W6, lsl #4              /* X7 = (X6 << 4) */
```

2. 算术运算指令

V5-10 算术运算指令

算术运算指令主要用于数学运算相关操作。ARM 指令集中的算术运算指令主要用于两个数之间的运算。ARMv8 架构支持的加减相关的算术运算指令如表 5-6 所示。

表 5-6 ARMv8 架构支持的算术运算指令

<table>
<tr><th>指令格式</th><th>指令含义</th></tr>
<tr><td>ADD Wd|WSP,Wn|WSP,#aimm</td><td>Wd|WSP=Wn|WSP+aimm</td></tr>
<tr><td>ADD Xd|SP,Xn|SP,#aimm</td><td>Xd|SP=Xn|SP+aimm</td></tr>
<tr><td>ADDS Wd,Wn|WSP,#aimm</td><td>Wd=Wn|WSP+aimm，并设置状态标志位</td></tr>
<tr><td>ADDS Xd,Xn|SP,#aimm</td><td>Xd=Xn|SP+aimm，并设置状态标志位</td></tr>
<tr><td>SUB Wd|WSP,Wn|WSP,#aimm</td><td>Wd|WSP=Wn|WSP-aimm</td></tr>
<tr><td>SUB Xd|SP,Xn|SP,#aimm</td><td>Xd|SP=Xn|SP-aimm</td></tr>
<tr><td>SUBS Wd,Wn|WSP,#aimm</td><td>Wd=Wn|WSP-aimm，并设置状态标志位</td></tr>
<tr><td>SUBS Xd,Xn|SP,#aimm</td><td>Xd=Xn|SP-aimm，并设置状态标志位</td></tr>
<tr><td>ADD Wd,Wn,Wm{,ashift #imm}</td><td>Wd=Wn+ashift(Wm,imm)</td></tr>
<tr><td>ADD Xd,Xn,Xm{,ashift #imm}</td><td>Xd=Xn+ashift(Xm,imm)</td></tr>
<tr><td>ADDS Wd,Wn,Wm{,ashift #imm}</td><td>Wd=Wn+ashift(Wm,imm)，并设置状态标志位</td></tr>
<tr><td>ADDS Xd,Xn,Xm{,ashift #imm}</td><td>Xd=Xn+ashift(Xm,imm)，并设置状态标志位</td></tr>
<tr><td>SUB Wd,Wn,Wm{,ashift #imm}</td><td>Wd=Wn-ashift(Wm,imm)</td></tr>
<tr><td>SUB Xd,Xn,Xm{,ashift #imm}</td><td>Xd=Xn-ashift(Xm,imm)</td></tr>
<tr><td>SUBS Wd,Wn,Wm{,ashift #imm}</td><td>Wd=Wn-ashift(Wm,imm)，并设置状态标志位</td></tr>
<tr><td>SUBS Xd,Xn,Xm{,ashift #imm}</td><td>Xd=Xn-ashift(Xm,imm)，并设置状态标志位</td></tr>
<tr><td>ADC Wd,Wn,Wm</td><td>Wd=Wn+Wm+C</td></tr>
<tr><td>ADC Xd,Xn,Xm</td><td>Xd=Xn+Xm+C</td></tr>
<tr><td>ADCS Wd,Wn,Wm</td><td>Wd=Wn+Wm+C，并设置状态标志位</td></tr>
<tr><td>ADCS Xd,Xn,Xm</td><td>Xd=Xn+Xm+C，并设置状态标志位</td></tr>
<tr><td>SBC Wd,Wn,Wm</td><td>Wd=Wn-Wm-1+C</td></tr>
<tr><td>SBC Xd,Xn,Xm</td><td>Xd=Xn-Xm-1+C</td></tr>
<tr><td>SBCS Wd,Wn,Wm</td><td>Wd=Wn-Wm-1+C，并设置状态标志位</td></tr>
<tr><td>SBCS Xd,Xn,Xm</td><td>Xd=Xn-Xm-1+C，并设置状态标志位</td></tr>
</table>

（1）ADD/ADDS 指令。

ADD（Addition）/ADDS 指令用于将两个数相加，并将结果保存到目标寄存器中。ADDS 指令的执行结果会影响 PSTATE.NZCV 状态位。

ADD/ADDS 指令举例：

```
/* 32位数据相加运算 */
ADD W2, W1, #0xFF            /* W2 = W1 + 0xFF */
ADDS W2, W1, #0xFF           /* W2 = W1 + 0xFF，如果产生进位，C位自动置1 */
ADD W2, W1, W0, LSL #4       /* W2 = W1 + (W0 << 4) */
ADDS W2, W1, W0, LSL #4      /* W2 = W1 + (W0 << 4)，如果产生进位，C位自动置1 */

/* 64位数据相加运算 */
ADD X2, X1, #0xFF            /* X2 = X1 + 0xFF */
ADDS X2, X1, #0xFF           /* X2 = X1 + 0xFF，如果产生进位，C位自动置1 */
ADD X2, X1, X0, LSL #4       /* X2 = X1 + (X0 << 4) */
ADDS X2, X1, X0, LSL #4      /* X2 = X1 + (X0 << 4)，如果产生进位，C位自动置1 */
```

（2）SUB/SUBS 指令。

SUB（Subtract）/SUBS 指令用于将两个数相减，并将结果保存到目标寄存器中。SUBS 指令的执行结果会影响 PSTATE.NZCV 状态位。

SUB/SUBS 指令举例：

```
/* 32位数据相减运算 */
SUB W2, W1, #0xFF            /* W2 = W1 - 0xFF */
SUBS W2, W1, #0xFF           /* W2 = W1 - 0xFF，如果产生进位，C位自动清0 */
SUB W2, W1, W0, LSL #4       /* W2 = W1 - (W0 << 4) */
SUBS W2, W1, W0, LSL #4      /* W2 = W1 - (W0 << 4)，如果产生进位，C位自动清0 */

/* 64位数据相减运算 */
SUB X2, X1, #0xFF            /* X2 = X1 - 0xFF */
SUBS X2, X1, #0xFF           /* X2 = X1 - 0xFF，如果产生进位，C位自动清0 */
SUB X2, X1, X0, LSL #4       /* X2 = X1 - (X0 << 4) */
SUBS X2, X1, X0, LSL #4      /* X2 = X1 - (X0 << 4)，如果产生进位，C位自动清0 */
```

（3）ADC/ADCS 指令。

ADC（Addition with Carry）/ADCS 指令用于将两个数相加，再将和加上 PSTATE.NZCV 中的 C 条件标志位的值，并将结果保存到目标寄存器中。它使用一个进位标志位，这样就可以做 64 位以上数的加法运算。ADCS 指令的执行结果会影响 PSTATE.NZCV 状态位。

ADC/ADCS 指令举例：

```
/* 实现两个128位数相加，使用32位寄存器实现 */
ADDS W0, W4, W5          /* [0:31]位做加法运算 */
ADCS W1, W6, W7          /* [32:63]位做加法运算 */
ADCS W2, W8, W9          /* [64:95]位做加法运算 */
ADC  W3, W10, W11        /* [96:127]位做加法运算 */
```

```
/* 实现两个128位数相加，使用64位寄存器实现 */
ADDS X0, X2, X3         /* [0:63]位做加法运算 */
ADC  X1, X4, X5         /* [64:127]位做加法运算 */
```

（4）SBC/SBCS 指令。

SBC（Subtract with Carry）/SBCS 指令用于将两个数相减，再将差加上 PSTATE.NZCV 中的 C 条件标志位的值，再减去 1，并将结果保存到目标寄存器中。它使用一个进位标志位，这样就可以做 64 位以上数的减法运算。SBCS 指令的执行结果会影响 PSTATE.NZCV 状态位。

SBC/SBCS 指令举例：

```
/* 实现两个128位数相减，使用32位寄存器实现 */
SUBS W0, W4, W5          /* [0:31]位做减法运算 */
SBCS W1, W6, W7          /* [32:63]位做减法运算 */
SBCS W2, W8, W9          /* [64:95]位做减法运算 */
SBC  W3, W10,W11         /* [96:127]位做减法运算 */

/* 实现两个128位数相减，使用64位寄存器实现 */
SUBS X0, X2, X3         /* [0:63]位做减法运算 */
SBC  X1, X4, X5         /* [64:127]位做减法运算 */
```

3. 逻辑运算指令

逻辑运算指令主要用于逻辑运算及逻辑表达式的实现。ARMv8 架构支持的逻辑运算相关指令如表 5-7 所示。

V5-11 逻辑运算指令

表 5-7 ARMv8 架构支持的逻辑运算指令

指令格式	指令含义
AND Wd|WSP,Wn,#bimm32	Wd|WSP=Wn AND bimm32
AND Xd|SP,Xn,#bimm64	Xd|SP=Xn AND bimm64
ANDS Wd,Wn,#bimm32	d=Wn AND bimm32，根据结果设置 N 和 Z 条件标志位，并清除 C 和 V 条件标志位
ANDS Xd,Xn,#bimm64	Xd=Xn AND bimm64，根据结果设置 N 和 Z 条件标志位，并清除 C 和 V 条件标志位
EOR Wd|WSP,Wn,#bimm32	Wd|WSP=Wn EOR bimm32
EOR Xd|SP,Xn,#bimm64	Xd|SP=Xn EOR bimm64
ORR Wd|WSP,Wn,#bimm32	Wd|WSP=Wn OR bimm32
ORR Xd|SP,Xn,#bimm64	Xd|SP=Xn OR bimm64
TST Wn,#bimm32	等价于 ANDS WZR,Wn,#bimm32
TST Xn,#bimm64	等价于 ANDS XZR,Xn,#bimm64
AND Wd,Wn,Wm{,lshift #imm}	Wd=Wn AND lshift(Wm,imm)
AND Xd,Xn,Xm{,lshift #imm}	Xd=Xn AND lshift(Xm,imm)
ANDS Wd,Wn,Wm{,lshift #imm}	Wd=Wn AND lshift(Wm,imm)，根据结果设置 N 和 Z 条件标志位，并清除 C 和 V 条件标志位
ANDS Xd,Xn,Xm{,lshift #imm}	Xd=Xn AND lshift(Xm,imm)，根据结果设置 N 和 Z 条件标志位，并清除 C 和 V 条件标志位

续表

指令格式	指令含义
BIC Wd, Wn, Wm{, lshift #imm}	Wd=Wn AND NOT(lshift(Wm, imm))
BIC Xd, Xn, Xm{, lshift #imm}	Xd=Xn AND NOT(lshift(Xm, imm))
BICS Wd, Wn, Wm{, lshift #imm}	Wd=Wn AND NOT(lshift(Wm, imm))，根据结果设置 N 和 Z 条件标志位，并清除 C 和 V 条件标志位
BICS Xd, Xn, Xm{, lshift #imm}	Xd=Xn AND NOT(lshift(Xm, imm)), 根据结果设置 N 和 Z 条件标志位，并清除 C 和 V 条件标志位
EON Wd, Wn, Wm{, lshift #imm}	Wd=Wn EOR NOT(lshift(Wm, imm))
EON Xd, Xn, Xm{, lshift #imm}	Xd=Xn EOR NOT(lshift(Xm, imm))
EOR Wd, Wn, Wm{, lshift #imm}	Wd=Wn EOR lshift(Wm, imm)
EOR Xd, Xn, Xm{, lshift #imm}	Xd=Xn EOR lshift(Xm, imm)
ORR Wd, Wn, Wm{, lshift #imm}	Wd=Wn OR lshift(Wm, imm)
ORR Xd, Xn, Xm{, lshift #imm}	Xd=Xn OR lshift(Xm, imm)
ORN Wd, Wn, Wm{, lshift #imm}	Wd=Wn OR NOT(lshift(Wm, imm))
ORN Xd, Xn, Xm{, lshift #imm}	Xd=Xn OR NOT(lshift(Xm, imm))
TST Wn, Wm{, lshift #imm}	等价于 ANDS WZR, Wn, Wm{, lshift #imm}
TST Xn, Xm{, lshift #imm}	等价于 ANDS XZR, Xn, Xm{, lshift #imm}

注意：

① 除了 ANDS 和 BICS，其他逻辑运算指令不支持条件标志，但是其他的指令执行结果通常可以直接控制 CBZ、CBNZ、TBZ 或 TBNZ 条件分支。

② lshift 移位指令可以是 LSL、ASR、LSR、ROR，移位的范围是 reg.size−1。

③ {, lshift #imm}部分可以省略，相当于没有进行移位操作。

④ bimm32 或 bimm64 是指 32 位或 64 的立即数，但是不能是全 0 或全 1。

（1）AND/ANDS 指令。

AND/ANDS 指令将两个数进行按位逻辑与运算，并将结果保存到目标寄存器中。ANDS 指令根据结果设置 N 和 Z 条件标志位，并清除 C 和 V 条件标志位。

AND/ANDS 指令举例：

```
/* AND/ANDS 32位寄存器操作指令*/
AND W0, W1, #0xFF          /* W0 = W1 & 0xFF */
AND W2, W1, W0, LSL #4   /* W2 = W1 & (W0 << 4) */
/* 根据结果设置N和Z条件标志位，并清除C和V条件标志位 */
ANDS W0, W1, #0xFF         /* W0 = W1 & 0xFF */
/* 根据结果设置N和Z条件标志位，并清除C和V条件标志位 */
ANDS W2, W1, W0, LSL #4   /* W2 = W1 & (W0 << 4) */

/* AND/ANDS 64位寄存器操作指令 */
AND X0, X1, #0xFF          /* X0 = X1 & 0xFF */
AND X2, X1, X0, LSL #4   /* X2 = X1 & (X0 << 4) */
/* 根据结果设置N和Z条件标志位，并清除C和V条件标志位 */
```

```
ANDS X0, X1, #0xFF          /* X0 = X1 & 0xFF */
/* 根据结果设置N和Z条件标志位，并清除C和V条件标志位 */
ANDS X2, X1, X0, LSL #4   /* X2 = X1 & (X0 << 4) */
```

（2）ORR 指令。

ORR（Inclusive OR）指令将两个数进行按位逻辑或运算，并将结果保存到目标寄存器中。ORR 指令没有 ORRS 指令。

ORR 指令举例：

```
/* ORR 32位寄存器操作指令 */
ORR W4, W3, #0x0F           /* W4 = W3 | 0x0F */
ORR W6, W5, W4, LSL #4   /* W6 = W5 | (W4 << 4) */

/* ORR 64位寄存器操作指令 */
ORR X4, X3, #0x0F           /* X4 = X3 | 0x0F */
ORR X6, X5, X4, LSL #4   /* X6 = X5 | (X4 << 4) */
```

（3）EOR 指令。

EOR（Exclusive OR）指令将两个数据进行按位异或运算，并将执行结果保存到目的寄存器中。EOR 指令同样没有 EORS 指令。

EOR 指令举例：

```
/* EOR 32位寄存器操作指令 */
EOR W4, W3, #0x0F           /* W4 = W3 ^ 0x0F */
EOR W6, W5, W4, LSL #4   /* W6 = W5 ^ (W4 << 4) */

/* EOR 64位寄存器操作指令 */
EOR X4, X3, #0x0F           /* X4 = X3 ^ 0x0F */
EOR X6, X5, X4, LSL #4   /* X6 = X5 ^ (X4 << 4) */
```

（4）BIC/BICS 位清零指令。

BIC（Bit Clear）位清零指令将第一个操作寄存器的值与第二个操作数的反码按位进行逻辑与运算，并将执行结果保存到目标寄存器中。BICS 指令根据结果设置 N 和 Z 条件标志位，并清除 C 和 V 条件标志位。

BIC/BICS 指令举例：

```
/* BIC/BICS 32位寄存器操作指令 */
BIC W4, W3, #0x0F           /* W4 = W3 & ~0x0F */
/* 根据结果设置N和Z条件标志位，并清除C和V条件标志位 */
BICS W4, W3, W2             /* W4 = W3 & ~W2 */
BIC W6, W5, W4, LSL #4   /* W6 = W5 & ~(W4 << 4) */
/* 根据结果设置N和Z条件标志位，并清除C和V条件标志位 */
BICS W6, W5, W4, LSL #4   /* W6 = W5 & ~(W4 << 4) */

/* BIC/BICS 64位寄存器操作指令 */
```

```
BIC X4, X3, #0x0F          /* X4 = X3 & ~0x0F */
/* 根据结果设置N和Z条件标志位，并清除C和V条件标志位 */
BICS X4, X3, X2            /* X4 = X3 & ~X2 */
BIC X6, X5, X4, LSL #4     /* X6 = X5 & ~(X4 << 4) */
/* 根据结果设置N和Z条件标志位，并清除C和V条件标志位 */
BICS X6, X5, X4, LSL #4 /* X6 = X5 & ~(X4 << 4) */
```

（5）EON 指令。

EON（Exclusive OR NOT）指令将第一个操作寄存器的值和第二个操作数的反码进行按位异或运算，并将执行结果存储到目标寄存器中。EON 指令同样没有 EONS 指令。

EON 指令举例：

```
/* EON操作指令 */
EON W0, W1, W2, LSL #4    /* W0 = W1 ^~(W2 << 4) */
EON X0, X1, X2, LSL #4    /* X0 = X1 ^~(X2 << 4) */


/* ORN操作指令 */
ORN W0, W1, W2, LSL #4    /* W0 = W1 | ~(W2 << 4) */
ORN X0, X1, X2, LSL #4    /* X0 = X1 | ~(X2 << 4) */
```

（6）TST 指令。

TST（Test）指令为测试指令，用于将一个寄存器的值和一个算术值进行比较。条件标志位根据两个操作数进行逻辑与运算后的结果设置。

TST 指令类不产生放置到目标寄存器中的结果，而是在给出的两个操作数上进行操作并把结果反映到状态标志上。使用 TST 指令来检查是否设置了特定的位。操作数 1 是要测试的数据字，操作数 2 是一个位掩码。经过测试后，如果匹配则设置 Z 标志位，否则清除它。TST 指令不需要指定后缀 S。

TST 指令举例：

```
/* TST操作指令 */
TST W6, #0x1            /* 等价于ANDS WZR, W6, #0x1 */
TST X6, #0x1            /* 等价于ANDS XZR, X6, #0x1 */


TST W7, W6, LSL #2      /* 等价于ANDS WZR, W7, W6, LSL #2 */
TST X7, X6, LSL #2      /* 等价于ANDS XZR, X7, X6, LSL #2 */
```

4. 比较指令

比较指令是 ARM 指令集中一类非常重要的指令，主要用于实现条件判断，实现程序的分支处理，条件指令常跟条件码一起出现使用。ARMv8 架构支持的比较指令如表 5-8 所示。

表 5-8　ARMv8 架构支持的比较指令

指令格式	指令含义
CMP Wn|WSP,#aimm	等价于 SUBS WZR,Wn|WSP,#aimm
CMP Xn|SP,#aimm	等价于 SUBS XZR,Xn|SP,#aimm
CMN Wn|WSP,#aimm	等价于 ADDS WZR,Wn|WSP,#aimm

续表

指令格式	指令含义
CMN Xn|SP,#aimm	等价于 ADDS XZR,Xn|SP,#aimm
CMP Wn,Wm{,ashift #imm}	等价于 SUBS WZR,Wn,Wm{,ashift #imm}
CMP Xn,Xm{,ashift #imm}	等价于 SUBS XZR,Xn,Xm{,ashift #imm}
CMN Wn,Wm{,ashift #imm}	等价于 ADDS WZR,Wn,Wm{,ashift #imm}
CMN Xn,Xm{,ashift #imm}	等价于 ADDS XZR,Xn,Xm{,ashift #imm}

注意，{, ashift #imm}此部分可以省略。

（1）CMP 指令。

CMP（Compare）指令的本质是将两个数相减，根据运算的结果更新 PSTATE.NZCV 条件标志位，以便后面的指令根据相应的条件标志来判断是否执行。

CMP 指令允许把一个寄存器的值与另一个寄存器的值或立即值进行比较，更改状态标志来允许进行条件执行。它进行一次减法，但不存储结果，而是更改标志位。标志位表示的是操作数 1 与操作数 2 比较的结果（其值可能为大于、小于、等于）。如果操作数 1 大于操作数 2，则对应的条件码是 GT。CMP 不需要显式地指定后缀 S 来更改状态标志。

CMP 指令举例：

```
/* W0/X0寄存器中的值和立即数10进行相减 */
CMP W0, #10             /* SUBS WZR, W0, #10 */
CMP X0, #10             /* SUBS XZR, X0, #10 */

/* W0/X0寄存器中的值和W1/X1寄存器中的值左移4位之后再进行相减 */
CMP W0, W1, LSL #4         /* SUBS WZR, W0, (W1 << 4) */
CMP X0, X1, LSL #4         /* SUBS XZR, X0, (X1 << 4) */
```

通过上面的例子可以看出，CMP 指令与 SUBS 指令的区别在于 CMP 指令不保存运算结果，在进行两个数据大小的判断时，常用 CMP 指令和相应的条件码来进行操作。

（2）CMN 指令。

CMN（Compare Negative）指令本质是做加法运算，根据操作的结果更新 PSTATE.NZCV 条件标志位，以便后面的指令根据相应的条件标志来判断是否执行。

CMN 指令将第一个寄存器中的值加上第二个寄存器或立即数的值，根据加法的结果设置 PSTATE.NZCV 条件标志位。

CMN 指令举例：

```
/* W0/X0寄存器中的值和立即数10进行相加 */
CMN W0, #10          /* ADDS WZR, W0, #10 */
CMN X0, #10          /* ADDS XZR, X0, #10 */

/* W0/X0寄存器中的值和W1/X1寄存器中的值左移4位之后再进行相加 */
CMN W0, W1, LSL #4         /* SUBS WZR, W0, (W1 << 4) */
CMN X0, X1, LSL #4         /* SUBS XZR, X0, (X1 << 4) */
```

V5-12　移位操作指令

5. 移位操作指令

移位操作指令主要用于对数据进行移位操作，有些时候使用移位操作会让程序可读性变得更强。ARMv8 架构支持的移位操作指令如表 5-9 所示。

表 5-9　ARMv8 架构支持的移位操作指令

指令格式	指令含义
ASR Wd,Wn,#uimm	算术右移，低位移出高位补符号位
ASR Xd,Xn,#uimm	算术右移，低位移出高位补符号位
LSL Wd,Wn,#uimm	逻辑左移，高位移出低位补 0
LSL Xd,Xn,#uimm	逻辑左移，高位移出低位补 0
LSR Wd,Wn,#uimm	逻辑右移，低位移出高位补 0
LSR Xd,Xn,#uimm	逻辑右移，低位移出高位补 0
ROR Wd,Wm,#uimm	循环右移，低位移出补到高位
ROR Xd,Xm,#uimm	循环右移，低位移出补到高位
ASR Wd,Wn,Wm	算术右移，低位移出高位补符号位
ASR Xd,Xn,Xm	算术右移，低位移出高位补符号位
LSL Wd,Wn,Wm	逻辑左移，高位移出低位补 0
LSL Xd,Xn,Xm	逻辑左移，高位移出低位补 0
LSR Wd,Wn,Wm	逻辑右移，低位移出高位补 0
LSR Xd,Xn,Xm	逻辑右移，低位移出高位补 0
ROR Wd,Wm,Wm	循环右移，低位移出补到高位
ROR Xd,Xm,Xm	循环右移，低位移出补到高位

（1）ASR 指令。

ASR（Arithmetic Shift Right）指令用于对第一个寄存器的值进行算术右移操作，低位的数据移出，高位补符号位。计算机中的所有数据都是按照补码的方式进行存储的，所以每右移 1 位相当于除以 2，最终将结果保存到目标寄存器中。ASR 指令如图 5-1 所示。

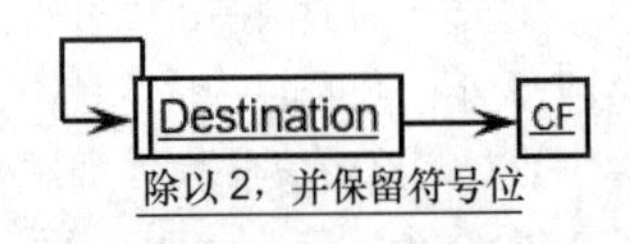

图 5-1　ASR 指令

ASR 指令举例：

```
/* ASR指令： 算术右移指令 */
ASR W0, W1, #4        /* W1算术右移4位，结果赋值给W0 */
ASR X0, X1, #4        /* X1算术右移4位，结果赋值给X0 */
ASR W0, W1, W2        /* W1算术右移W2寄存器中值的位数，结果赋值给W0 */
ASR X0, X1, X2        /* X1算术右移X2寄存器中值的位数，结果赋值给X0 */
```

（2）LSL 指令。

LSL（Logical Shift Left）指令用于对第一个寄存器的值进行逻辑左移操作，高位的数据移出，低位补 0。每左移 1 位相当于乘以 2，最终将结果保存到目标寄存器中。LSL 指令如图 5-2 所示。

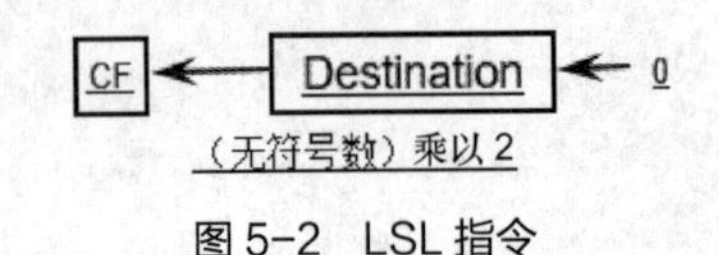

图 5-2　LSL 指令

LSL 指令举例：

```
/* LSL指令： 逻辑左移指令 */
```

```
LSL W0, W1, #4        /* W0 = W1 << 4 */
LSL X0, X1, #4        /* X0 = X1 << 4 */
LSL W0, W1, W2        /* W0 = W1 << W2 */
LSL X0, X1, X2        /* X0 = X1 << X2 */
```

（3）LSR 指令。

LSR（Logical Shift Right）指令用于对第一个寄存器的值进行逻辑右移操作，低位的数据移出，高位补 0。每右移 1 位相当于除以 2，最终将结果保存到目标寄存器中。LSR 指令如图 5-3 所示。

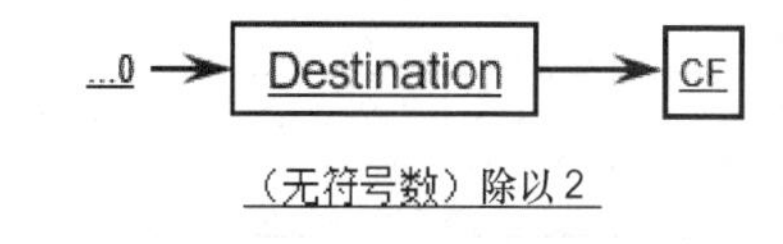

图 5-3 LSR 指令

LSR 指令举例：

```
/* LSR指令： 逻辑右移指令 */
LSR W0, W1, #2        /* W0 = W1 >> 2 */
LSR X0, X1, #2        /* X0 = X1 >> 2 */
LSR W0, W1, W2        /* W0 = W1 >> W2 */
LSR X0, X1, X2        /* X0 = X1 >> X2 */
```

（4）ROR 指令。

ROR（Rotate Right）指令用于对第一个寄存器的值进行循环右移操作，低位的数据移出，补到高位，最终将结果保存到目标寄存器中。可以用于数据的位轮换，ROR 指令如图 5-4 所示。

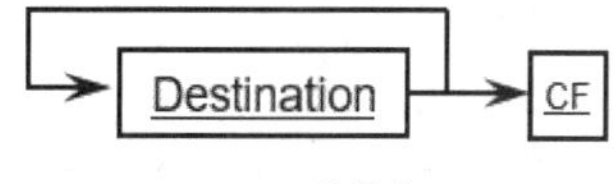

图 5-4 ROR 指令

ROR 指令举例：

```
/* ROR指令： 循环右移指令 */
ROR W0, W1, #8        /* W1循环右移8位，结果赋值给W0 */
ROR X0, X1, #8        /* X1循环右移8位，结果赋值给X0 */
ROR W0, W1, W2        /* W1循环右移W2寄存器中值位数，结果赋值给W0 */
ROR X0, X1, X2        /* X1循环右移X2寄存器中值位数，结果赋值给X0 */
```

6. 整数乘法指令

ARM 乘法指令用于完成两个数据的乘法。两个 64 位二进制数相乘的结果是 128 位的积。在有些 ARM 处理器版本中，会将乘积的结果保存到两个独立的寄存器中，另外一些版本则只会将最低有效 32 位存放到一个寄存器中。无论是哪种版本的处理器，都有乘-累加指令，将乘积连续累加得到总和。而且有符号数和无符号数都能使用。对于有符号数和无符号数，结果的最低有效位是一样的。因此，对于只保留 64 位结果的乘法指令，不需要区分有符号数和无符号数这两种情况。表 5-10 所示为各种形式的乘法指令。

V5-13 整数乘法指令、除法指令

表 5-10 各种形式的乘法指令

指令格式	指令含义
MADD Wd,Wn,Wm,Wa	乘-加(32-bit):Wd=Wa+(Wn×Wm)
MADD Xd,Xn,Xm,Xa	乘-加(64-bit):Xd=Xa+(Xn×Xm)
MSUB Wd,Wn,Wm,Wa	乘-减(32-bit):Wd=Wa- (Wn×Wm)
MSUB Xd,Xn,Xm,Xa	乘-减(64-bit):Xd=Xa- (Xn×Xm)
MNEG Wd,Wn,Wm	乘-反(32-bit):Wd=-(Wn×Wm) 等价于 MSUB Wd,Wn,Wm,WZR

续表

指令格式	指令含义
MNEG Xd, Xn, Xm	乘-反(64-bit)：Xd=-(Xn×Xm) 等价于 MSUB Xd, Xn, Xm, XZR
MUL Wd, Wn, Wm	乘(32-bit)：Wd=Wn×Wm 等价于 MADD Wd, Wn, Wm, WZR
MUL Xd, Xn, Xm	乘(64-bit)：Xd=Xn×Xm. 等价于 MADD Xd, Xn, Xm, XZR
SMADDL Xd, Wn, Wm, Xa	有符号乘-加(Long)：Xd=Xa+(Wn×Wm) 源操作数作为有符号数
SMSUBL Xd, Wn, Wm, Xa	有符号乘-减(Long)：Xd=Xa-(Wn×Wm) 源操作数作为有符号数
SMNEGL Xd, Wn, Wm	有符号乘-反(Long)：Xd=Xa-(Wn×Wm) 源操作数作为有符号数 等价于 SMSUBL Xd, Wn, Wm, XZR
SMULL Xd, Wn, Wm	有符号乘(Long)：Xd=Wn x Wm 源操作数作为有符号数 等价于 SMADDL Xd, Wn, Wm, XZR
SMULH Xd, Xn, Xm	有符号乘(High)：Xd=(Xn×Xm)<127:64>源操作数作为有符号数 等价于 UMADDL Xd, Wn, Wm, Xa
UMADDL Xd, Wn, Wm, Xa	无符号乘-加(Long)：Xd=Xa+(Wn×Wm)源操作数作为无符号数
UMSUBL Xd, Wn, Wm, Xa	无符号乘-减(Long)：Xd=Xa-(Wn×Wm)源操作数作为无符号数
UMNEGL Xd, Wn, Wm	无符号乘-反(Long)：Xd=-(Wn×Wm)源操作数作为无符号数 等价于 UMSUBL Xd, Wn, Wm, XZR
UMULL Xd, Wn, Wm	无符号乘(Long)：Xd=(Wn×Wm)源操作数作为无符号数 等价于 UMADDL Xd, Wn, Wm, XZR
UMULH Xd, Xn, Xm	无符号乘-加(High)：Xd=(Wn×Wm) <127:64>源操作数作为无符号数

（1）MUL 指令。

MUL（Multiply）用于将两个整数相乘。如果使用 32 位寄存器，则保存数据的低 32 位到目标寄存器中；如果使用 64 位寄存器，则保存数据低 64 位到目标寄存器中。

MUL 指令举例：

```
/* MUL乘法指令 */
MUL W2, W1, W0        /* W2 = W1 × W0 */
MUL X2, X1, X0        /* X2 = X1 × X0 */
```

（2）MNEG 指令。

MNEG（Multiply Negate）用于将两个数相乘取反，并将结果存储到目标寄存器中。如果使用 32 位寄存器，则保存数据低 32 位到目标寄存器中；如果使用 64 位寄存器，则保存数据低 64 位到目标寄存器中。

MNEG 指令举例：

```
/* MNEG乘-反指令 */
MNEG W2, W1, W0        /* W2 = -(W1 × W0) */
MNEG X2, X1, X0        /* X2 = -(X1 × X0) */
```

(3) MADD 指令。

MADD (Multiply Add) 用于将一个寄存器的值加上两个寄存器的值相乘并将结果存储到目标寄存器中。如果使用 32 位寄存器，则保存数据低 32 位到目标寄存器中；如果使用 64 位寄存器，则保存数据低 64 位到目标寄存器中。

MADD 指令举例：

```
/* MADD乘-加指令 */
MADD W3, W2, W1, W0          /* W3 = W0 + W2 × W1 */
MADD X3, X2, X1, X0          /* X3 = X0 + X2 × X1 */
```

(4) MSUB 指令。

MSUB(Multiply Sub)用于将一个寄存器中的值减去两个寄存器的值相乘并将结果存储到目标寄存器中。如果使用 32 位寄存器，则保存数据低 32 位到目标寄存器中；如果使用 64 位寄存器，则保存数据低 64 位到目标寄存器中。

MSUB 指令举例：

```
/* MSUB乘-减指令 */
MSUB W3, W2, W1, W0          /* W3 = W0 - W2 × W1 */
MSUB X3, X2, X1, X0          /* X3 = X0 - X2 × X1 */
```

(5) SMADDL 指令。

SMADDL (Signed Multiply Add Long) 指令用于进行 64 位有符号数的长乘-加运算，并将结果保存到一个 64 位寄存器中，源操作数被看作一个有符号数。

SMADDL 指令举例：

```
/* SMADDL有符号数长乘-加指令 */
SMADDL X1, W2, W1, X0        /* X1 = X0 + W2 × W1 */
```

(6) SMSUBL 指令。

SMSUBL (Signed Multiply Sub Long) 指令用于进行 64 位有符号数的长乘-减运算，并将结果保存到一个 64 位寄存器中，源操作数被看作一个有符号数。

SMSUBL 指令举例：

```
 /* SMSUBL有符号数 长乘-减指令 */
SMSUBL X1, W2, W1, X0        /* X1 = X0 - W2 × W1 */
```

(7) SMNEGL 指令。

SMNEGL (Signed Multiply Negate Long) 指令用于进行 64 位有符号数的长乘-取反运算，并将结果保存到一个 64 位寄存器中，源操作数被看作一个有符号数。

SMNEGL 指令举例：

```
/* SMNEGL有符号数长乘-取反指令 */
SMNEGL X1, W2, W1        /* X1 = -(W2 × W1) */
```

(8) SMULL 指令。

SMULL (Signed Multiply Long) 指令用于进行两个 32 位数长乘运算，并将结果保存到一个 64 位寄存器中，源操作数被看作一个有符号数。

SMULL 指令举例：

```
/* SMULL有符号长乘指令 */
SMULL X1, W2, W1        /* X1 = W2 × W1 */
```

（9）SMULH 指令。

SMULH（Signed Multiply High）指令用于进行两个 64 位数相乘运算，结果的高 64 位放到一个 64 位寄存器中，结果的低 64 位被舍弃，源操作数被看作一个有符号数。

SMULH 指令举例：

```
/* SMULH有符号乘指令，取高64位 */
SMULH X1, X2, X0          /* X1 = -(X2 × X0) */
```

（10）UMADDL 指令。

UMADDL（Unsigned Multiply Add Long）指令用于进行无符号数长乘-加运算，并将结果保存到一个 64 位寄存器中，源操作数被看作一个无符号数。

UMADDL 指令举例：

```
/* UMADDL无符号长乘-加指令 */
UMADDL X1, W1, W0, X0          /* X1 = X0 + (W1 × W0) */
```

（11）UMSUBL 指令。

UMSUBL（Unsigned Multiply Sub Long）指令用于进行无符号数长乘-减运算，并将结果保存到一个 64 位寄存器中，源操作数被看作一个无符号数。

UMSUBL 指令举例：

```
/* UMSUBL无符号长乘-减指令 */
UMSUBL X1, W1, W0, X0          /* X1 = X0 - (W1 × W0) */
```

（12）UMNEGL 指令。

UMNEGL（Unsigned Multiply Negate Long）指令用于进行两个 32 位无符号数相乘结果取反运算，并将结果保存到一个 64 位寄存器中，源操作数被看作一个无符号数。

UMNEGL 指令举例：

```
/* UMNEGL无符号长乘-取反指令 */
UMNEGL X1, W2, W1          /* X1 = -(W2 × W1) */
```

（13）UMULL 指令。

UMULL（Unsigned Multiply Long）指令用于进行两个 32 位无符号数相乘运算，并将结果保存到一个 64 位寄存器中，源操作数被看作一个无符号数。

UMULL 指令举例：

```
/* UMULL无符号长乘指令 */
UMULL X1, W2, W1          /* X1 = W2 × W1 */
```

（14）UMULH 指令。

UMULH（Unsigned Multiply High）指令用于进行两个 64 位无符号数相乘运算，结果的高 64 位保存到一个 64 位寄存器中，低 64 位被舍弃，源操作数被看作一个无符号数。

UMLLH 指令举例：

```
/* UMULH无符号乘指令，取高64位 */
UMULH X1, X2, X0          /* X1 = X2 × X0 */
```

7．整数除法指令

整数除法指令用于计算两个数相除，并对商进行四舍五入取整数。余数可以通过 MSUB 指令“分子 -（商×分母）”计算得到。表 5-11 所示为各种形式的除法指令。

注意，除法指令在除以 0 时不会产生错误，而会将 0 写入目标寄存器。

表 5-11　各种形式的除法指令

指令格式	指令含义
SDIV Wd,Wn,Wm	32 位有符号除法：Wd=Wn÷Wm 源操作数为有符号数
SDIV Xd,Xn,Xm	64 位有符号除法：Xd=Xn÷Xm 源操作数为有符号数
UDIV Wd,Wn,Wm	32 位无符号除法：Wd=Wn÷Wm 源操作数为无符号数
UDIV Xd,Xn,Xm	64 位有符号除法：Xd=Xn÷Xm 源操作数为无符号数

（1）SDIV 指令。

SDIV（Signed Divide）指令用于进行两个 32 位有符号数相除运算，也可以进行两个 64 位有符号数相除运算，源操作数被看作一个有符号数。

SDIV 指令举例：

```
    /* SDIV有符号除法指令 */
   SDIV W0, W1, W2       /* W0 = W1 / W2 */
   SDIV X1, X2, X0       /* X1 = X2 / X0 */
```

（2）UDIV 指令。

UDIV（Unsigned Divide）指令用于进行两个 32 位无符号数相除运算，也可以进行两个 64 位无符号数相除运算，源操作数被看作一个无符号数。

UDIV 指令举例：

```
    /* UDIV无符号除法指令 */
   UDIV W0, W1, W2       /* W0 = W1 / W2 */
   UDIV X1, X2, X0       /* X1 = X2 / X0 */
```

5.3.2　Load/Store 指令

Load/Store 内存访问指令用于在 ARM 寄存器和存储器之间传输数据。

除了特有和明确的 Load/Store 指令，地址可能具有任意对齐方式，除非启用了严格的对齐方式检查（SCTLR.A == 1）。但是，如果将 SP 用作基址寄存器，则在添加任何偏移量之前，当前堆栈指针的值必须四字对齐（16 字节），否则将产生堆栈对齐异常。

1. 单寄存器的 Load/Store 指令（对齐）

V5-14　单寄存器的 Load/Store 指令（对齐）

单寄存器的 Load/Store 指令支持的寻址模式如下。

① 基址加立即数偏移（对齐 12-bit 无符号数，未对齐 9-bit 有符号数）。

② 基址加 64-bit 寄存器偏移（可选扩展）。

③ 基址加 32-bit 扩展寄存器偏移（可选扩展）。

④ 通过立即数偏移的前索引（9-bit 有符号未对齐）。

⑤ 通过立即数偏移的后索引（9-bit 有符号未对齐）。

⑥ PC 相对寻址，根据 Load 指令的不同地址的偏移不同。

如果 Load 指令指定了回写并且正在加载的寄存器也是基址寄存器，则可能会发生以下现象之一。

① 指令未分配。

② 指令被视为 NOP。

③ 该指令使用指定的寻址模式执行加载，并且基址寄存器变为未知。另外，如果在这样的指令执行期间发生异常，则基地址可能被破坏，使得该指令不能被重复。

如果 Store 指令执行回写操作并且正在存储的寄存器也是基址寄存器，则可能发生以下现象之一。

① 指令未分配。

② 指令被视为 NOP。

③ 该指令执行使用指定寻址模式指定的寄存器的存储，但存储的值未知。

表 5-12 所示为部分单寄存器的 Load/Store 指令。

表 5-12　部分单寄存器的 Load/Store 指令

指令格式	指令含义
LDR Wt,addr	从内存的 addr 地址中加载一个字到 Wt 寄存器中
LDR Xt,addr	从内存的 addr 地址中加载一个双字到 Xt 寄存器中
LDRB Wt,addr	从内存的 addr 地址中加载一个字节到 Wt 寄存器中
LDRH Wt,addr	从内存的 addr 地址中加载一个半字到 Wt 寄存器中
STR Wt,addr	存储字从 Wt 到内存的 addr 地址中
STR Xt,addr	存储双字从 Xt 到内存的 addr 地址中
STRB Wt,addr	存储字节从 Wt 到内存的 addr 地址中
STRH Wt,addr	存储半字从 Wt 到内存的 addr 地址中

（1）LDR 指令。

LDR（Load Register）指令用于将内存中的数据读到目标寄存器中。

LDR 指令举例：

```
LDR X0, =0x20008000
LDR X1, [X0]          /* 将X0地址处的64-bit数据读到X1寄存器中 */
LDR X2, [X0, #4]      /* 将X0+4地址处的64-bit数据读到X2寄存器中 */
LDR X3, [X0], #4      /* 将X0地址处的64-bit数据读到X3寄存器中，同时更新X0的地址X0=X0+4*/
LDR X4, [X0, #4]!     /* 将X0+4地址处的64-bit数据读到X4寄存器中，同时更新X0的地址X0=X0+4*/

LDR W1, [X0]          /* 将X0地址处的32-bit数据读到W1寄存器中 */
LDR W2, [X0, #4]      /* 将X0+4地址处的32-bit数据读到W2寄存器中 */
LDR W3, [X0], #4      /* 将X0地址处的32-bit数据读到W3寄存器中，同时更新X0的地址X0=X0+4*/
LDR W4, [X0, #4]!     /* 将X0+4地址处的32-bit数据读到W4寄存器中，同时更新X0的地址X0=X0+4*/
```

（2）STR 指令。

STR（Store Register）指令用于将数据写入指定的内存单元。

STR 指令举例：

```
STR X1, [X0]          /* 将X1寄存器中的数据写到X0地址中 */
STR X2, [X0, #4]      /* 将X2寄存器中的数据写到X0+4地址中 */
STR X3, [X0], #4      /* 将X3寄存器中的数据写到X0地址中，同时更新X0的地址X0=X0+4*/
STR X4, [X0, #4]!     /* 将X4寄存器中的数据写到X0+4地址中，同时更新X0的地址X0=X0+4*/

STR W1, [X0]          /* 将W1寄存器中的数据写到X0地址中 */
STR W2, [X0, #4]      /* 将W2寄存器中的数据写到X0+4地址中 */
STR W3, [X0], #4      /* 将W3寄存器中的数据写到X0地址中，同时更新X0的地址X0=X0+4*/
```

```
STR W4, [X0, #4]!  /* 将W4寄存器中的数据写到X0+4地址中，同时更新X0的地址X0=X0+4*/
```

注意：

① LDRB/STRB 是对一个字节进行读写操作的指令，跟 LDR/STR 指令用法一致。

② LDRH/STRH 是对一个半字进行读写操作的指令，跟 LDR/STR 指令用法一致。

③ “!”的作用是根据偏移量更新基地址。

④ 操作数 2 必须是一个 64 位的整数或 SP 寄存器，即必须使用 64 位寄存器存放内存地址。

2. 单寄存器的 Load/Store 指令（未对齐偏移）

单寄存器的 Load/Store 指令支持的寻址模式为基址加立即数偏移(未对齐 9-bit 有符号数)。

V5-15 单寄存器的 Load/Store 指令(未对齐偏移)

当字节偏移值也可以由使用 12 位无符号直接偏移形式的指令表示时，这些助记符区分使用这种偏移形式的指令。

当直接偏移量是明确的（即负的或未对齐的）时，程序员友好的汇编程序也应该生成这些指令来响应标准的 LDR/STR 助记符。当编码的直接代码没有歧义时，反汇编程序还可以使用标准的 LDR/STR 助记符显示这些指令，但这不是体系结构汇编语言所要求的。

表 5-13 所示为部分单寄存器的 Load/Store 指令（未对齐偏移）。

表 5-13 部分单寄存器的 Load/Store 指令（未对齐偏移）

指令格式	指令含义
LDUR Wt,[base,#simm9]	从内存的 base+simm9 地址中加载一个字到 Wt 寄存器中
LDUR Xt,[base,#simm9]	从内存的 base+simm9 地址中加载一个双字到 Xt 寄存器中
LDURB Wt,[base,#simm9]	从内存的 base+simm9 地址中加载一个字节到 Wt 寄存器中
LDURH Wt,[base,#simm9]	从内存的 base+simm9 地址中加载一个半字到 Wt 寄存器中
STUR Wt,[base,#simm9]	存储字从 Wt 到内存的 base+simm9 地址中
STUR Xt,[base,#simm9]	存储双字从 Xt 到内存的 base+simm9 地址中
STURB Wt,[base,#simm9]	存储字节从 Wt 到内存的 base+simm9 地址中
STURH Wt,[base,#simm9]	存储半字从 Wt 到内存的 base+simm9 地址中

（1）LDUR 指令。

LDUR（Load Unscaled Register）指令用于将内存中的数据读到目标寄存器中。

LDUR 指令举例：

```
LDUR X1, [X0]        /* 将X0地址处的64-bit数据读到X1寄存器中 */
LDUR X2, [X0, #4]    /* 将X0+4地址处的64-bit数据读到X2寄存器中 */
LDUR W1, [X0]        /* 将X0地址处的32-bit数据读到W1寄存器中 */
LDUR W2, [X0, #4]    /* 将X0+4地址处的32-bit数据读到W2寄存器中 */
```

（2）STUR 指令。

STUR（Store Unscaled Register）指令用于将数据写入指定的内存单元。

STUR 指令举例：

```
STUR X1, [X0]        /* 将X1寄存器中的数据写到X0地址中 */
STUR X2, [X0, #4]    /* 将X2寄存器中的数据写到X0+4地址中 */
```

```
STUR W1, [X0]        /* 将W1寄存器中的数据写到X0地址中 */
STUR W2, [X0, #4]   /* 将W2寄存器中的数据写到X0+4地址中 */
```

注意：

① LDURB/STURB 是对一个字节进行读写操作的指令，跟 LDUR/STUR 指令用法一致。

② LDURH/STURH 是对一个半字进行读写操作的指令，跟 LDUR/STUR 指令用法一致。

③ 操作数 2 必须是一个 64 位的整数或 SP 寄存器，即必须使用 64 位寄存器存放内存地址。

3. Load/Store Pair 指令（对齐）

V5-16 Load/Store Pair 指令（对齐）

Load/Store Pair 指令支持的寻址模式如下。

① 基址加立即数偏移（7-bit 有符号对齐）。

② 通过立即数偏移的前索引（7-bit 有符号对齐）。

③ 通过立即数偏移的后索引（7-bit 有符号对齐）。

如果 Load Pair 指令为要加载的两个寄存器指向了相同的寄存器，则可能会发生以下现象之一。

① 该指令未分配。

② 该指令被视为 NOP。

③ 该指令使用指定的寻址模式执行所有加载，加载的寄存器接收一个未知值。

如果 Load Pair 指令指定了回写，并且正在加载的一个寄存器也是基址寄存器，则可能会发生以下现象之一。

① 该指令未分配。

② 该指令被视为 NOP。

③ 该指令使用指定的寻址模式执行所有加载，基址寄存器变为未知。此外，如果在这样的指令期间发生异常，则基地址可能已损坏，因此无法重复该指令。

如果 Store Pair 指令执行回写，并且正在存储的寄存器之一也是基址寄存器，则可能会发生以下现象之一。

① 该指令未分配。

② 该指令被视为 NOP。

③ 该指令执行使用指定寻址模式指定的寄存器的所有存储，但基址寄存器存储的值未知。

表 5-14 所示为部分 Load/Store Pair 指令。

表 5-14　部分 Load/Store Pair 指令

指令格式	指令含义
LDP Wt1,Wt2,addr	从内存的 addr 地址中加载两个字分别到 Wt1 和 Wt2 寄存器中
LDP Xt1,Xt2,addr	从内存的 addr 地址中加载两个双字分别到 Xt1 和 Xt2 寄存器中
STP Wt1,Wt2,addr	存储 Wt1 和 Wt2 寄存器中的两个字到内存的 addr 地址中
STP Xt1,Xt2,addr	存储 Xt1 和 Xt2 寄存器中的两个双字到内存的 addr 地址中

（1）LDP 指令。

LDP（Load Pair）指令用于将指定的内存地址中的连续的数据读到两个指定的寄存器中。

LDP 指令举例：

```
LDR X0, =0x20008000
LDP X1, X2, [X0]        /* 将X0地址处的128-bit数据读到X1和X2寄存器中 */
LDP X3, X4, [X0, #8]   /* 将X0+8地址处的128-bit数据读到X3和X4寄存器中 */
LDP X5, X6, [X0], #8    /* 将X0地址处的128-bit数据读到X5和X6寄存器中，同时更新X0的地址X0=X0+8 */
```

```
LDP X7, X8, [X0, #8]!    /* 将X0+8地址处的128-bit数据读到X7和X8寄存器中，同时更新X0的地址X0=X0+8 */
LDP W1, W2, [X0]         /* 将X0地址处的64-bit数据读到W1和W2寄存器中 */
LDP W3, W4, [X0, #8]     /* 将X0+8地址处的32-bit数据读到W3和W4寄存器中 */
LDP W5, W6, [X0], #8     /* 将X0地址处的32-bit数据读到W5和W6寄存器中，同时更新X0的地址X0=X0+8 */
LDP W7, W8, [X0, #8]!    /* 将X0+8地址处的32-bit数据读到W7和W8寄存器中，同时更新X0的地址X0=X0+8 */
```

（2）STP 指令。

STP（Store Pair）指令用于将两个指定的寄存器中的数据写到指定的内存地址的连续空间中。

STP 指令举例：

```
STP X1, X2, [X0]         /* 将X1和X2寄存器中的数据写到X0地址中 */
STP X3, X4, [X0, #8]     /* 将X3和X4寄存器中的数据写到X0+8地址中 */
STP X5, X6, [X0], #8     /* 将X5和X6寄存器中的数据写到X0地址中，同时更新X0的地址X0=X0+8 */
STP X7, X8, [X0, #8]!    /* 将X7和X8寄存器中的数据写到X0+8地址中，同时更新X0的地址X0=X0+8 */

STP W1, W2, [X0]         /* 将W1和W2寄存器中的数据写到X0地址中 */
STP W3, W4, [X0, #8]     /* 将W3和W4寄存器中的数据写到X0+8地址中 */
STP W5, W6, [X0], #8     /* 将W5和W6寄存器中的数据写到X0地址中，同时更新X0的地址X0=X0+8 */
STP W7, W8, [X0, #8]!    /* 将W7和W8寄存器中的数据写到X0+8地址中，同时更新X0的地址X0=X0+8 */
```

注意：

① 在 AArch64 位指令集中取消了多寄存器操作指令，如取消了 LDM/STM 指令而使用 LDP/STP 指令替代。

② 第三个操作数中的偏移地址立即数必须是 8 的整数倍。

4. Load/Store Non-temporal（非暂存）Pair（对）指令

Load/Store Non-temporal Pair 指令支持的地址寻址模式如下。

基址加立即数偏移（7-bit 有符号对齐）。

V5-17 Load/Store Non-temporal（非暂存）Pair（对）指令

Load/Store Non-temporal Pair 指令用于确定知道该地址只加载一次的情况，此时不需要触发缓存，避免数据被刷新，可以优化性能，其他指令都默认会写 Cache。Load/Store Non-temporal Pair 指令不支持 pre-index/post-index 操作。

如果 Load/Store Non-temporal Pair 指令为要加载的两个寄存器指向了相同的寄存器，则可能会发生以下现象之一。

① 该指令未分配。

② 该指令被视为 NOP。

③ 该指令使用指定的寻址模式执行所有加载，加载的寄存器接收一个未知值。

表 5-15 所示为部分 Load/Store Non-temporal Pair 指令。

表 5-15 部分 Load/Store Non-temporal Pair 指令

指令格式	指令含义
LDNP Wt1,Wt2,[base,#imm]	从内存的 base+imm 地址中加载两个字分别到 Wt1 和 Wt2 寄存器中
LDNP Xt1,Xt2,[base,#imm]	从内存的 base+imm 地址中加载两个双字分别到 Xt1 和 Xt2 寄存器中
STNP Wt1,Wt2,[base,#imm]	存储 Wt1 和 Wt2 寄存器中的两个字到内存的 base+imm 地址中
STNP Xt1,Xt2,[base,#imm]	存储 Xt1 和 Xt2 寄存器中的两个双字到内存的 base+imm 地址中

（1）LDNP 指令。

LDNP（Load Non-temporal Pair）指令用于将指定的内存地址中的连续的数据读到两个指定的寄存器中。

LDNP 指令举例：

```
LDR X0, =0x20008000
LDNP X1, X2, [X0]        /* 将X0地址处的128-bit数据读到X1和X2寄存器中 */
LDNP X3, X4, [X0, #8]    /* 将X0+8地址处的128-bit数据读到X3和X4寄存器中 */

LDNP W1, W2, [X0]        /* 将X0地址处的64-bit数据读到W1和W2寄存器中 */
LDNP W3, W4, [X0, #8]    /* 将X0+8地址处的32-bit数据读到W3和W4寄存器中 */
```

（2）STNP 指令。

STNP（Store Non-temporal Pair）指令用于将两个指定的寄存器中的数据写到指定的内存地址的连续空间中。

STNP 指令举例：

```
STNP X1, X2, [X0]        /* 将X1和X2寄存器中的数据写到X0地址中 */
STNP X3, X4, [X0, #8]    /* 将X3和X4寄存器中的数据写到X0+8地址中 */

STNP W1, W2, [X0]        /* 将W1和W2寄存器中的数据写到X0地址中 */
STNP W3, W4, [X0, #8]    /* 将W3和W4寄存器中的数据写到X0+8地址中 */
```

注意：

① 第三个操作数中的偏移地址立即数必须是 8 的整数倍。

② LDNP/STNP 指令不支持 pre-index/post-index 寻址方式。

5. Load/Store Unprivileged（排特权）指令

V5-18 Load/Store Unprivileged（排特权）指令

Load/Store Unprivileged 指令支持的寻址模式如下。

基址加立即数偏移（9-bit 有符号未对齐）。

当处理器处于 EL1 异常级别时，可以使用 Load/Store Unprivileged 指令来执行存储器访问，就好像它处于 EL0（无特权）异常级别一样。如果处理器处于任何其他异常级别，则将执行该级别的常规内存访问。

表 5-16 所示为部分 Load/Store Unprivileged 指令。

表 5-16 部分 Load/Store Unprivileged 指令

指令格式	指令含义
LDTR Wt,[base,#simm9]	从内存的 base+simm9 地址中加载字到 Wt 寄存器中，在 EL1 时使用 EL0 特权
LDTR Xt,[base,#simm9]	从内存的 base+simm9 地址中加载双字到 Xt 寄存器中，在 EL1 时使用 EL0 特权
LDTRB Wt,[base,#simm9]	从内存的 base+simm9 地址中加载字节到 Wt 寄存器中，在 EL1 时使用 EL0 特权
LDTRH Wt,[base,#simm9]	从内存的 base+simm9 地址中加载半字到 Wt 寄存器中，在 EL1 时使用 EL0 特权
STTR Wt,[base,#simm9]	存储 Wt 寄存器中的字到内存的 base+simm9 地址中，在 EL1 时使用 EL0 特权
STTR Xt,[base,#simm9]	存储 Xt 寄存器中的双字到内存的 base+simm9 地址中，在 EL1 时使用 EL0 特权
STTRB Wt,[base,#simm9]	存储 Wt 寄存器中的字节到内存的 base+simm9 地址中，在 EL1 时使用 EL0 特权
STTRH Wt,[base,#simm9]	存储 Wt 寄存器中的半字到内存的 base+simm9 地址中，在 EL1 时使用 EL0 特权

（1）LDTR 指令。

LDTR（Load Unprivileged Register）指令用于将内存中的数据读到目标寄存器中。

LDTR 指令举例：

```
LDR X0, =0x20008000
LDTR X1, [X0]        /* 将X0地址处的64-bit数据读到X1寄存器中 */
LDTR X2, [X0, #4]   /* 将X0+4地址处的64-bit数据读到X2寄存器中 */

LDTR W1, [X0]        /* 将X0地址处的32-bit数据读到W1寄存器中 */
LDTR W2, [X0, #4]   /* 将X0+4地址处的32-bit数据读到W2寄存器中 */
```

（2）STTR 指令。

STTR（Store Unprivileged Register）指令用于将数据写入指定的内存单元。

STTR 指令举例：

```
STTR X1, [X0]        /* 将X1寄存器中的数据写到X0地址中 */
STTR X2, [X0, #4]   /* 将X2寄存器中的数据写到X0+4地址中 */

STTR W1, [X0]        /* 将W1寄存器中的数据写到X0地址中 */
STTR W2, [X0, #4]   /* 将W2寄存器中的数据写到X0+4地址中 */
```

注意：

① LDTRB/STTRB 是对一个字节进行读写操作的指令，跟 LDTR/STTR 指令用法一致。

② LDTRH/STTRH 是对一个半字进行读写操作的指令，跟 LDTR/STTR 指令用法一致。

③ LDTR/STTR 指令不支持 pre-index/post-index 寻址方式。

6. Load/Store Exclusive 指令

V5-19　Load/Store Exclusive 指令

Load/Store Exclusive 指令支持的寻址模式如下。

基址寄存器（无偏移）。

在多核 CPU 下，对一个地址的访问可能引起冲突，这个指令解决了冲突，保证了原子性（所谓原子操作简单来说就是不能被中断的操作），是解决多个 CPU 访问同一内存地址导致冲突的一种机制，通常用于锁。Load/Store Exclusive 指令不支持 pre-index/post-index 操作。

表 5-17 所示为部分 Load/Store Exclusive 指令。

表 5-17　部分 Load/Store Exclusive 指令

指令格式	指令含义
LDXR Wt,[base{,#0}]	从内存的 base 地址中加载字到 Wt 寄存器中，将物理地址记录为独占访问
LDXR Xt,[base{,#0}]	从内存的 base 地址中加载双字到 Wt 寄存器中，将物理地址记录为独占访问
LDXRB Wt,[base{,#0}]	从内存的 base 地址中加载字节到 Wt 寄存器中，将物理地址记录为独占访问
LDXRH Wt,[base{,#0}]	从内存的 base 地址中加载半字到 Wt 寄存器中，将物理地址记录为独占访问
LDXP Wt1,Wt2,[base{,#0}]	从内存的 base 地址中加载字到 Wt1 和 Wt2 寄存器中，将物理地址记录为独占访问
LDXP Xt1,Xt2,[base{,#0}]	从内存的 base 地址中加载双字到 Xt1 和 Xt2 寄存器中，将物理地址记录为独占访问

续表

指令格式	指令含义
STXR Ws, Wt, [base{,#0}]	存储 Wt 寄存器中的字到内存的 base 地址中，并将 Ws 设置为返回的独占访问状态
STXR Ws, Xt, [base{,#0}]	存储 Xt 寄存器中的双字到内存的 base 地址中，并将 Ws 设置为返回的独占访问状态
STXRB Ws, Wt, [base{,#0}]	存储 Wt 寄存器中的字节到内存的 base 地址中，并将 Ws 设置为返回的独占访问状态
STXRH Ws, Wt, [base{,#0}]	存储 Wt 寄存器中的半字到内存的 base 地址中，并将 Ws 设置为返回的独占访问状态
STXP Ws, Wt1, Wt2, [base{,#0}]	存储 Wt1 和 Wt2 寄存器中的字到内存的 base 地址中，并将 Ws 设置为返回的独占访问状态
STXP Ws, Xt1, Xt2, [base{,#0}]	存储 Xt1 和 Xt2 寄存器中的双字到内存的 base 地址中,并将 Ws 设置为返回的独占访问状态

（1）LDXR 指令和 LDXP 指令。

LDXR（Load Exclusive Register）指令用于将内存中的数据读到目标寄存器中。LDXP（Load Exclusive Pair）指令用于读数据到一对寄存器中。

LDXR 指令和 LDXP 指令举例：

```
LDR X0, =0x20008000
LDXR X1, [X0]             /* 将X0地址处的64-bit数据读到X1寄存器中 */
LDXR W1, [X0]             /* 将X0地址处的32-bit数据读到W1寄存器中 */
LDXP X3, X4, [X0, #8]     /* 将X0地址处的128-bit数据读到X3和X4寄存器中 */
LDXP W3, W4, [X0, #8]     /* 将X0地址处的64-bit数据读到W3和W4寄存器中 */
```

（2）STXR 指令和 STXP 指令。

STXR（Store Exclusive Register）指令用于将数据写入指定的内存单元。STXP（Store Exclusive Pair）指令用于写两个寄存器的数据到内存中。

STXR 指令和 STXP 指令举例：

```
STXR W4, X1, [X0]        /* 将X1寄存器中的数据写到X0地址中，并将W4设置为返回的独占访问状态*/
STXR W4, W1, [X0]        /* 将W1寄存器中的数据写到X0地址中，并将W4设置为返回的独占访问状态*/
STXP W4, X1, X2, [X0]    /* 将X1和X2寄存器中的数据写到X0地址中，并将W4设置为返回的独占访问状态*/
STXP W4, W1, W2, [X0]    /* 将W1和W2寄存器中的数据写到X0地址中，并将W4设置为返回的独占访问状态*/
```

注意：

① LDXRB/STXRB 是对一个字节进行读写操作的指令，跟 LDXR/STXR 指令用法一致；

② LDXRH/STXRH 是对一个半字进行读写操作的指令，跟 LDXR/STXR 指令用法一致；

③ LDXR/STXR 指令不支持基址加偏移量的寻址方式，所以偏移地址 0 可以省略不写。

5.3.3 跳转指令

跳转指令是改变指令执行顺序的标准方式。ARM 一般按照字地址顺序执行指令，需要时使用条件执行跳过某段指令。只要程序必须偏离顺序执行，就要使用控制流指令来修改程序计数寄存器（PC）。尽管在特定情况下还有其他几种方式实现这个目的，但跳转指令是标准的方式。跳转指令改变程序的执行流程或者调用子程序。这种指令使得一个程序可以调用子程序、if-then-else 结构及循环。执行流程的改变迫使程序计数寄存器指向一个新的地址。

V5-20 条件分支指令

1. 条件分支指令

除非特殊说明，否则条件分支相对于程序计数寄存器位置偏移 ± 1MB。ARMv8 架构支持的条件分支指令如表 5-18 所示。

表 5-18 ARMv8 架构支持的条件分支指令

指令格式	指令含义
B.cond label	分支：如果条件成立，则有条件地跳转到对应的程序标签处
CBNZ Wn, label	比较和分支不为零(32 位)：如果 Wn 不等于零，则有条件地跳转到对应的程序标签
CBNZ Xn, label	比较和分支不为零(64 位)：如果 Xn 不等于零，则有条件地跳转到对应的程序标签
CBZ Wn, label	比较和分支为零(32 位)：如果 Wn 等于零，则有条件地跳转到对应的程序标签
CBZ Xn, label	比较和分支为零(64 位)：如果 Xn 等于零，则有条件地跳转到对应的程序标签
TBNZ Xn|Wn, #uimm6, label	测试和分支不为零：如果寄存器 Xn 中的 uimm6 位不为零，则有条件地跳转到对应的程序标签。该位数表示寄存器的宽度，可以写入，并且如果 uimm6 小于 32，则应将其反汇编为 Wn。分支偏移范围限制为 ± 32KB
TBZ Xn|Wn, #uimm6, label	测试和分支为零：如果寄存器 Xn 中的 uimm6 位为零，则有条件地跳转到对应的程序标签。该位数表示寄存器的宽度，可以写入，并且如果 uimm6 小于 32，则应将其反汇编为 Wn。分支偏移范围限制为 ± 32KB

（1）B.cond 条件分支指令。

B（Branch）.cond 条件分支指令根据条件码判断对应的 NZCV 标志位实现是否跳转到对应的分支执行。

B.cond 指令举例：

```
/*求两个数的最大公约数*/
MOV X0, #15
MOV X1, #9
1:
CMP X0, X1
B.HI sub_func1
B.CC sub_func2

sub_func1:
    SUB X0, X0, X1
    b 1b     /* b: 向前跳转f: 向后跳转*/
sub_func2:
    SUB X1, X1, X0
    b 1b
```

（2）CBNZ 条件分支指令。

CBNZ（Compare and Branch Not Zero）条件分支指令可以用于判断某个寄存器是否不为 0，实现分支的处理。

CBNZ 指令举例：

```
/*使用CBNZ指令实现for循环*/
MOV X1, #6
1:
CBNZ X1, func
b loop
func:
    SUB X1, X1, #1
    /* for循环体代码 */
    ......
    b 1b

loop:    /*while(1)死循环*/
    b loop
```

（3）CBZ 条件分支指令。

CBZ（Compare and Branch Zero）条件分支指令跟 CBNZ 条件分支指令作用相反，但用法基本一致。

CBZ 指令举例：

```
/*使用CBZ指令实现if-else-条件分支判断X0是否为0*/
MOV X1, #0
1:
CBZ X1, func1
CBNZ X1, func2
func1:
    /* if循环体 */
    ADD X2, X3, #2
func2:
    SUB X2, X3, #4
```

（4）TBNZ 条件分支指令。

TBNZ（Test and Branch Not Zero）条件分支指令用于测试寄存器 Xn 或 Wn 某一位是否不为 0，实现指令的条件执行。

TBNZ 指令举例：

```
/*测试X1的第3位是否不为0*/
MOV X1, #0x1 << 3
TBNZ X1, #0x8, func1
```

```
func1:
    ADD X2, X3, #2
```

（5）TBZ 条件分支指令。

TBZ（Test and Branch Zero）条件分支指令用于测试寄存器 Xn 或 Wn 某一位是否为 0，实现指令的条件执行。

TBZ 指令举例：

```
/*测试X1的第2位是否为0*/
MOV X1, #0x1 << 3
TBZ X1, #0x4, func2
func2:
    ADD X2, X3, #2
```

V5-21 无条件分支指令

2. 无条件分支指令

无条件分支指令支持的立即数分支偏移范围为 ±128MB。ARMv8 架构支持的无条件分支指令（立即数）如表 5-19 所示。

表 5-19 ARMv8 架构支持的无条件分支指令（立即数）

指令格式	指令含义
B label	分支：无条件跳转到 PC 相对标签
BL label	分支和链接：无条件跳转到 PC 相对标签，写跳转指令的下一条指令的地址到 X30 寄存器中
BR Xm	分支寄存器：无条件跳转到 Xm 寄存器地址处，并提示 CPU 这不是子例程返回
BLR Xm	分支和链接寄存器：无条件地跳转到 Xm 寄存器地址处，写跳转指令的下一条指令的地址到 X30 寄存器中
RET{Xm}	返回：跳转到 Xm 寄存器地址处，并提示 CPU 这是一个子例程返回。如果省略 Xm，则汇编程序默认返回 X30 寄存器对应的地址中

跳转指令 B 使程序跳转到指定的地址运行程序。带连接的跳转指令 BL 将下一条指令的地址复制到 X30（即返回地址连接寄存器 LR）寄存器中，然后跳转到指定地址运行程序。需要注意的是，这两条指令和目标地址处的指令都要属于 ARM 指令集。两条指令都可以根据 PSTATE.NZCV 中的条件标志位的值决定指令是否执行。

BL 指令用于实现子程序调用。子程序的返回可以通过将 LR 寄存器的值复制到 PC 寄存器实现。

程序举例：

```
    // 程序跳转到LABEL标签处
    B  LABLE;
    ADD  X1,X2,#4
    ADD  X3,X2,#8
    SUB  X3,X3,X1
LABLE:
    SUB  X1,X2,#8
```

跳转到子程序 add_func 处执行，同时将当前返回地址保存到 LR 寄存器中：

```
MOV X0, #3
MOV X1, #4
BL   add_func
b loop
add_func:
    ADD X2, X1, X0
    RET        /* 返回 */
loop:
    B loop
```

5.3.4 程序状态寄存器访问指令

V5-22 程序状态寄存器访问指令

体系结构上定义的系统寄存器是通过它们的符号名来引用的，例如“SCTLR EL2”。对于非体系结构定义的实现保留的区域之外的寄存器编码没有名称。对于实现保留的区域内的寄存器编码，有如下介绍。

① 表单的合成名称为“S<op0> <opl> <Cn> <Cm><op2>”，例如“S3_4 c11_c9 7”，且必须支持汇编程序和反汇编程序。

② 汇编程序和反汇编程序不支持这些编码实现定义的符号名，而可以使用一些特定于应用程序的机制来定义符号名，如头文件，它定义了从实现定义的名称到其合成名称的映射。ARM 将根据请求为其架构伙伴分配一个名称空间，以避免实现定义之间的名称冲突。

系统寄存器访问指令如表 5-20 所示。

表 5-20 系统寄存器访问指令

指令格式	指令含义
MRS Xt, <system_register>	将<system_register>移动到 xt，其中<system_register>是如上所述的系统寄存器名
MSR <system_register>, Xt	将 Xt 移动到<system_register>，其中<system_register>是如上所述的系统寄存器名
MSR DAIFClr, #uimm4	使用 uimm4 作为位掩码选择清除一个或多个 DAIF 异常掩码：位 3 选择 D 掩码，位 2 选择 A 掩码，位 1 选择 I 掩码，位 0 选择 F 掩码
MSR DAIFSet, #uimm4	使用 uimm4 作为位掩码来选择一个或多个 DAIF 异常掩码的设置：位 3 选择 D 掩码，位 2 选择 A 掩码，位 1 选择 I 掩码，位 0 选择 F 掩码
MSR SPSel, #uimm4	使用 uimm4 作为控制值来选择当前栈指针：如果第 0 位被设置，则选择当前异常级别的栈指针；如果第 0 位被清除，则选择共享的 EL0 栈指针。uimm4 的 1～3 位是保留的，应该是 0

在 ARM 微处理器中，MRS 指令可以将系统寄存器中的数据读到通用寄存器中，MSR 指令可以将通用寄存器中的数据写到系统寄存器中。

MSR 指令举例：

```
adr x0, vectors          /* vectors是异常向量表的入口地址 */
msr vbar_el3, x0
```

```
mrs x0, scr_el3
orr x0, x0, #0xf              /* SCR_EL3.NS|IRQ|FIQ|EA */
msr scr_el3, x0
msr cptr_el3, xzr             /* Enable FP/SIMD */
```

MRS 指令举例：

```
mrs x0, S3_1_c15_c2_0    /* cpuactlr_el1 */
/* Disable non-allocate hint of w-b-n-a memory type */
orr x0, x0, #1 << 49
/* Disable write streaming no L1-allocate threshold */
orr x0, x0, #3 << 25
/* Disable write streaming no-allocate threshold */
orr x0, x0, #3 << 27
msr S3_1_c15_c2_0, x0    /* cpuactlr_el1 */
```

5.3.5 异常产生指令

V5-23 异常产生指令

ARM 指令集中提供异常产生的指令，通过这些指令可以用软件的方法实现异常，表 5-21 所示为 ARM 异常产生指令。

表 5-21 ARM 异常产生指令

指令格式	指令含义
SVC #uimm16	生成针对异常级别 1(system)的异常，在 uimm16 中使用 16 位有效载荷
HVC #uimm16	生成针对异常级别 2(hypervisor)的异常，在 uimm16 中使用 16 位有效负载
SMC #uimm16	生成针对异常级别 3(secure monitor)的异常，在 uimm16 中使用 16 位有效负载
ERET	异常返回：从当前异常级别的 SPSR_ELn 寄存器重新构造处理器状态，并分支到 ELR_ELn 中的地址

5.4 ARM 伪指令

V5-24 ARM 伪指令

ARM 汇编器支持 ARM 伪指令，这些伪指令在汇编阶段被编译成 ARM 或 Thumb（或 Thumb-2）指令（或指令序列），即伪指令是在汇编阶段编译器对其进行了替换的指令。ARM 伪指令包含 ADR、LDR 等。

1. ADR 伪指令

ADR 伪指令的功能是把标签所在的地址加载到寄存器中。这个指令将基于 PC 相对偏移的地址值或基于寄存器相对偏移的地址值读取到寄存器中。当地址值是字节对齐时，取值范围为-255～255B；当地址值是字对齐时，取值范围为-1020～1020B。当地址值是 16 字节对齐时，其取值范围更大。这条指令等价于 add <register>,pc,offset。其中 offset 是当前指令和标号的偏移量。

（1）指令的语法格式：

```
ADR <register> <label>
```

register：要装载的寄存器编号。

label：基于 PC 或具体寄存器的表达式。

（2）ADR 伪指令举例：

```
Start:
MOV X0, #10          @ PC的值是当前指令的地址加8
ADR X4, Start
```

2. LDR 伪指令

LDR 伪指令用于装载一个 64 位的常数或一个地址到寄存器中。

（1）指令的语法格式：

```
LDR register, =expr
```

register：目标寄存器。

expr：64 位常量表达式。

汇编器根据 expr 的取值情况，对 LDR 伪指令做如下处理：当 expr 表示的值可以作为 MOV 和 MVN 指令中的立即数时，汇编器用 MOV 和 MVN 指令代替 LDR 指令；当 expr 表示的值不能作为 MOV 和 MVN 指令中的立即数时，汇编器将 expr 表示的值放到内存空间当中，然后再用 LDR 内存读取指令读取该常数到寄存器中。

（2）LDR 伪指令举例：

```
LDR X3, =0xff0
```

该指令编译后生成以下指令：

```
MOV X3, #0xff0
```

（3）将常数 0xfff 读到 X1 中：

```
LDR X1, =0xfff
```

该指令编译后生成以下指令：

```
LDR X1, [pc, offset_to_litpool]
...
litpool DCD 0xfff
```

（4）将 place 标号地址读入 X2 中：

```
LDR X2, =place
```

该指令编译后生成以下指令：

```
LDR X2, [pc, offset_to_litpool]
...
litpool DCD place
```

5.5 小结

本章介绍了 ARM 指令的寻址方式、ARM 指令集，以及 ARM 伪指令。ARM 指令的寻址方式包括数据处理指令寻址方式和内存访问指令寻址方式；ARM 指令集包括数据处理指令、Load/Store 指令、跳转指令、程序状态寄存器访问指令、异常产生指令。

5.6 练习题

1. 用 ARM 汇编程序实现下面列出的操作。

X0=15

X0=X1/16（有符号数）

X1=X2*3

X0=-X0

2. BIC 指令的作用是什么？

3. B 和 BL 指令的区别有哪些？

4. 写一个程序，如果 X0 的值大于 0x50，则将 X1 的值减去 0x10，并把结果赋值给 X0。

5. 编写一段 ARM 汇编程序，实现数据块复制，将 X0 指向的 8 个字的连续数据保存到 X1 指向的一段连续的内存单元中。

CHAPTER06

第6章

ARM汇编语言程序设计

重点知识

- GNU汇编器支持的ARM伪指令
- 汇编语言的程序结构
- 汇编语言与C语言的混合编程

■ 本章主要介绍 GNU 下的 ARM 伪指令集。伪指令集是为编译器服务的，不同的编译器有不同的伪指令集，如 ARM C 编译器有一套伪指令集，GNU 也有一套伪指令集。鉴于 GNU 的开源和使用广泛，本章对 GNU 伪指令集进行讲解。

6.1 GNU 汇编器支持的 ARM 伪指令

所谓伪指令就是没有对应的机器码的指令，它用于告诉汇编程序如何进行汇编。它既不控制机器的操作，也不被汇编成机器代码，只能为汇编程序所识别，并指导汇编程序如何运行。所有汇编伪指令的名称都是以“.”开始，余下的是字母，通常使用小写字母。伪指令按照不同的功能可以分为符号定义伪指令、数据定义伪指令、汇编控制伪指令和杂项伪指令。

6.1.1 符号定义伪指令

本小节主要介绍符号相关的伪指令，符号定义伪指令主要用于变量的声明、变量的赋值，以及宏定义。常见的符号定义伪指令有.global、.globl、.local、.set、.equ。符号定义伪指令介绍如下。

V6-1 符号定义伪指令

1. 全局标号定义伪指令.global 和.globl

.global 用于声明一个 ARM 程序中的全局变量，使得被声明的符号对连接器（LD）可见，变为整个工程都可使用的全局变量。

两个拼写（.globl 和.global）都可以，两种形式是为了兼容其他的汇编器。以上两条伪指令用于定义全局变量，因此在整个程序范围内变量名必须唯一。

（1）.global 伪指令和.globl 伪指令的语法格式：

```
.global_symbol
.globl_symbol
```

（2）.global 伪指令举例：

```
.global_start                /* 定义一个全局的符号_start */
```

2. 局部标号定义伪指令.local

.local 伪指令用于声明一个 ARM 程序中的局部变量，这样它对外部就是不可见的，作用域在本文件内。

（1）.local 伪指令的语法格式：

```
.local_symbol
```

（2）.local 伪指令举例：

```
.local_loop
```

3. 变量赋值伪指令.set

伪指令.set 用于给一个全局变量或局部变量赋值。

（1）.set 伪指令的语法格式：

```
.set_symbol, expr
```

（2）.set 伪指令举例：

```
.set_variable, 0x40
.set_variable, 0x50
mov_x1, #variable
```

最后的 x1 的值为 0x50，由此可知.set 类似 C 语言的赋值语句。

4. 宏替换伪指令.equ

伪指令.equ 用于把常量值设置为可以在文本段中使用的符号。

（1）.equ 伪指令的语法格式：

```
.equ_Symbol，expr
```

（2）.equ 伪指令举例：

```
.equ_INTER，0x40
.equ_INTER，0x50
mov_x1， #INTER
```

最后的 x1 的值为 0x50，.equ 类似于 C 语言中的宏定义。

6.1.2 数据定义伪指令

V6-2 数据定义伪指令

数据定义伪指令一般用于为特定的数据分配存储单元，同时对该存储单元中的数据进行初始化。常见的数据定义伪指令有.byte、.short、.word、.long、.quad、.float、.space、.slgp、.string、.asciz、.ascii 和.rept。数据定义伪指令介绍如下。

1. .byte

.byte 伪指令的功能是在存储器中分配一个字节的存储单元，用指定的数据对该存储单元进行初始化。

（1）.byte 伪指令的语法格式

```
label：_.byte_expr
```

label：程序标号。

expr：可以是-128～127 的数字，也可以是字符。

（2）.byte 伪指令举例：

```
ldr x1, a            /* 将内存中数组0x0F读到x1寄存器中 */
a:
    .byte 0x0F
.align 4            /* 对齐 */
```

在当前地址分配一个字节的存储单元并将其初始化为 1，类似于 C 语言的 char a = 0x0F，要实现的功能一样。

2. .short

.short 伪指令的功能是在存储器中分配两个字节的存储单元，并用指定的数据对该存储单元进行初始化。

（1）.short 伪指令的语法格式：

```
label： _.short_expr
```

label：程序标号。

expr：可以是-32768～32767 的数字。

（2）.short 伪指令举例：

```
ldr x1, c    /* 将内存中的数据读到x1寄存器中 */
c:
    .short 0x1234
.align 4      /* 对齐 */
```

在当前地址分配两个字节的存储单元并将其初始化为 0x1234，类似于 C 语言的 short a = 0x1234，要实现的功能一样。

3. .word

.word 伪指令的功能是在存储器中分配 4 个字节的存储单元，并用指定的数据对该存储单元进行初始化。

（1）.word 伪指令的语法格式：

```
label: _.word_expr
```

label：程序标号。

expr：可以是-2^{31}～$2^{31}-1$ 之间的数值。

（2）.word 伪指令举例：

```
ldr x1, d          /* 将内存中的数据读到x1寄存器中 */
d:
    .word 0x12345678
.align 4       /* 对齐 */
```

在当前地址分配 4 个字节的存储单元，并将其初始化为 0x12345678，类似于 C 语言的 int a =0x12345678，要实现的功能一样。

4. .long

.long 伪指令的功能等价于.word，用法完全一致，可以参考.word 伪指令的用法。

5. .quad

.quad 伪指令的功能是在存储器中分配 8 个字节的存储单元，并用指定的数据对该存储单元进行初始化。

（1）.quad 伪指令的语法格式：

```
label: _.quad_expr
```

label：程序标号。

expr：可以是-2^{32}～2^{64} 之间的数值。

（2）.quad 伪指令举例：

```
ldr x1, f              /* 将内存中的数据读到x1，x2寄存器中 */
ldr x2, f+4
f:
    .quad 0x12345678abcdef
.align 4      /* 对齐 */
```

在当前地址分配 8 个字节的存储单元，并将其初始化为 0x123456789abcd。与 C 语言中的 long a = 0x123456789abcd 要实现的功能一样。

6. .float

.float 伪指令的功能是在存储器中分配 4 个字节的存储单元，并用指定的浮点数据对存储单元进行初始化。

（1）.float 伪指令的语法格式：

```
label: _.float_expr
```

label：程序标号。

expr：可以是 4 字节之内的浮点数值。

（2）.float 伪指令举例：

```
ldr x1, g       /* 将内存中的数据读到x1寄存器中 */
g:
    .float 3.14
.align 4      /* 对齐 */
```

在当前地址分配 4 个字节的存储单元，并将其初始化为 3.14，类似于 C 语言的 float a = 3.14。

7. .space

.space 伪指令用于分配一片连续的存储区域，并将其初始化为指定的值。如果后面的填充值省略不写，则默认在后面填充 0。

（1）.space 伪指令的语法格式：

```
label: .space size, expr
```

label：程序标号。

size：分配内存的大小，以字节为单位。

expr：要将该内存区域初始化成的值，数值范围为-128～127。

（2）.space 伪指令举例：

```
a: .space 8, 0x1
```

在当前内存空间申请了 8 个字节的空间，并将其全部初始化为 0x1。

8. .skip

该伪指令的功能等价于.space。具体用法可以参考.space 伪指令。

9. .string/.ascii/.asciz

这 3 条伪指令要实现的功能都是定义一个字符串，但是它们也有一些区别。

（1）.string/.ascii/.asciz 伪指令的语法格式：

```
label: .string"str"
label: .ascii"str"
label: .asciz"str"
```

label：程序标号。

str：是一个字符串。

（2）.string/.ascii/.asciz 伪指令举例：

```
str:
    .string "abcd"
    .ascii "efgh"
    .asciz "xyz"
```

10. .rept

.rept 伪指令的功能是重复执行后面的指令，以.rept 开始，并以.endr 结束。

（1）.rept 伪指令的语法格式：

```
.rept count
…
.endr
```

count：程序后面的指令要执行的次数。

（2）.rept 伪指令举例：

```
.rept  3
    mov  x0, #1
.endr
```

展开后的伪代码如下。

```
mov x0, #1
mov x0, #1
```

```
mov x0, #1
```

相当于将“mov R0，#1”这条指令执行 3 次。

6.1.3 汇编控制伪指令

V6-3 汇编控制伪指令

汇编控制伪指令用于控制汇编程序的编译，常用的汇编控制伪指令包括以下几条。

① .if、.else 和.endif。

② .macro、.endm 和.exitm。

1. .if/.else/.endif

.if、.else、.elseif、.endif 伪指令能根据条件的成立与否决定是否编译某个程序段。当.if 后面的逻辑表达式为真，则编译.if 后的指令序列，否则编译.else 后的指令序列。其中.else 及其后指令序列可以没有，此时，当.if 后面的逻辑表达式为真，则编译.if 后的指令序列，否则不编译。使用.endif 控制语句结束。.if、.else 和.endif 伪指令可以嵌套使用。

（1）伪指令的语法格式：

```
.if_logical-expression
…
.else
…
.endif
```

logical-expression：用于决定伪指令编译流程的逻辑表达式。

（2）使用说明。

当程序中有一段指令需要在满足一定条件时编译，可使用该伪指令。

该伪指令还有另一种形式：

```
.if   logical-expression
      Instruction
.elseif logical-expression2
      Instructions
.elseif logical-expression3
      Instructions
.endif
```

使用.elseif 的形式避免了 if-else 形式的嵌套，使程序结构更加清晰、易读。

2. .macro/.endm/.exitm

.macro 和.endm 伪指令可以将一段代码定义为一个整体，然后就可以在程序中通过宏调用来实现多次调用该段代码的操作，而.exitm 伪指令用来退出当前的宏指令。

宏指令可以使用一个或多个参数，当宏指令被展开时，这些参数被相应的值替换。宏指令的使用方式和功能与子程序有些相似，子程序可以提供模块化的程序设计、节省存储空间并提高运行速度。但在使用子程序时需要保护现场，这就增加了系统的开销，因此，在代码较短且需要传递的参数较多时，可以使用宏指令代替子程序。

包含在.macro 和.endm 之间的指令序列称为宏定义体。在宏定义体的第一行应声明宏的原型（包含宏名、所需的参数），然后就可以在汇编程序中通过宏名来调用该指令序列。在源程序被编译时，汇编器将调用的宏指令展开，用宏定义中的指令序列代替程序中调用的宏指令，并将实际参数的值传递给宏定义中的形式参数。

（1）伪指令的语法格式：

```
.macro_macroname_macargs ...
...
.endm
```

macroname：所定义的宏的名称。

macargs：宏指令的参数。当宏指令被展开时将被替换成相应的值，类似于函数传参。

（2）使用说明：

```
.macro_sum_from=0, to=5
.long_\from
.if_\to -\from
sum(\from+1),\to
.endif
.endm
```

在程序中使用"sum 0，5"进行宏的调用，上面的案例要实现的功能是：

```
.long 0
.long 1
.long 2
.long 3
.long 4
.long 5
```

注意，"\"在宏指令被展开时，用来取变量的值。

6.1.4 杂项伪指令

V6-4 杂项伪指令

GNU 汇编中还有一些其他的伪指令，在汇编程序中经常会被使用，包括下面这些。

① .align 用于使程序当前位置满足一定的对齐方式。

② .section 用来定义一个段的伪指令。

③ .data 用于定义一个数据段。

④ .text 用于定义一个代码段。

⑤ .include 用于包含一个头文件。

⑥ .extern 用于声明一个符号是引用的外部的符号，常被省略。

⑦ .weak 用来声明一个符号是弱符号，如果这个符号没有定义，编译就忽略，而不会报错。

⑧ .end 代表汇编程序的结束。

1. .align

.align 伪指令可通过添加填充字节的方式，使当前位置满足一定的对齐方式。

（1）.align 伪指令的语法格式：

```
.align   abs-expr
```

abs-expr：对齐表达式。表达式的值用于指定对齐方式，可能的取值为 2 的 n 次方，如 1、2、4、8、16 等。若未指定表达式，则将当前位置对齐到下一个字的位置。

（2）.align 伪指令举例：

```
.align_2
.string_"abcde"
```

声明后面的字符串的对齐方式为 4（2 的 2 次方）字节对齐，这个字符串会占用 8 字节的存储空间。

2. .section

.section 伪指令用于定义一个段。一个 GNU 的源程序至少需要一个代码段，大的程序可以包含多个代码段和数据段。关于“段”更详细的描述，可以参考相关文档。

.section 伪指令的语法格式：

```
.section_sectionname
```

sectionname：所定义段的段名。

3. .data

.data 伪指令用于定义一个数据段。

.data 伪指令的语法格式：

```
.data_subsectionname
```

subsectionname：指所定义数据段的段名。

4. .text

.text 伪指令用于定义一个指令段。

.text 伪指令的语法格式：

```
.text_subsection
```

subsection：所定义指令段的段名。

5. .include

.include 伪指令用于包含一个头文件。

.include 伪指令的语法格式：

```
.include_ "macro.h"
```

.include：用来添加头文件，类似于 C 语言中#include 的功能。

6. .extern

.extern 伪指令用于声明一个外部符号，即告诉编译器当前符号不是在本源文件中定义的。用于引用其他汇编文件中的符号，在 GNU 编译器中一般被省略。

.extern 伪指令的语法格式：

```
.extern_symbol
```

symbol：要引用的符号名称，注意该名称区分大小写。

7. .weak

.weak 伪指令用来声明一个符号是弱符号，如果这个符号没有定义，编译就会忽略，而不会报错。

.weak 伪指令的语法格式：

```
.weak_symbol
```

symbol：要声明的符号名称，如果在后面使用了 symbol 符号而在前面却没有定义，编译器不会报错。

8. .end

.end 伪指令代表汇编程序的结束。

.end 指令的语法格式：

```
.end
```

常用来表示汇编程序的结束。

6.2 汇编语言的语句格式

V6-5 汇编语言的语句格式

在 ARM（Thumb）汇编语言程序中可以使用.section 来进行分段，其中每一个段用段名或文件结尾为结束。这些段使用默认的标志，如 a 为允许段，w 为可写段，x 为执行段。在一个段中，可以定义下列的子段。

```
.text
.data
.bss
.sdata
.sbss
```

由此可知，段可以分为代码段、数据段及其他存储用的段，.text（正文段）包含程序的指令代码；.data（数据段）包含固定的数据，如常量、字符串；.bss（未初始化数据段）包含未初始化的变量、数组等。当程序较长时，可以分割为多个代码段和数据段，多个段在程序编译、链接时最终形成一个可执行的映像文件。

汇编语言程序的语句格式举例如下。

```
.section_.data
< initialized data here>
.section_.bss
< uninitialized data here>
.section_.text
.globl _start
_start:
<instruction code goes here>
```

6.3 汇编语言的程序结构

V6-6 过程调用标准 AAPCS64

ARM 微处理器支持 C 语言和汇编语言混合编程。本节介绍 ARM 微处理器混合编程的一些基本用法，如汇编调用 C、C 调用汇编或内联汇编。

1. 过程调用标准 AAPCS64

为了让使用不同编译器编译的程序之间能够相互调用，必须为子程序间的调用制定一定的规则。ARM64 架构过程调用标准（Procedure Call Standard for the ARM 64-bit Architecture，AAPCS64）就是这样一个标准。

AAPCS64 中定义的 ARM 寄存器使用规则如下。

AArch64 指令集有 31 个 64 位通用（整数）寄存器，这些通用寄存器被标记为 X0～X30。在 AArch32 指令集中，这些通用寄存器被标记为 W0～W30。另外，堆栈指针寄存器 SP 可以与数量有限的指令一起使用。在汇编语言中，寄存器名可以是大写或小写。在 AAPCS64 规范中，当寄存器在此过程调用标准中具有固定角色时，使用大写。表 6-1 所示为 AAPCS64 规范中通用寄存器的使用方法。除了通用寄存器之外，还有一个状态寄存器（PSTATE.NZCV），可以通过代码进行设置和读取。

表6-1　AAPCS64 规范中通用寄存器的使用方法

寄存器	别名	程序调用标准中的功能
SP		栈指针寄存器
X30	LR	链接寄存器
X29	FP	帧指针寄存器
X19～X28		调用保存寄存器
X18		如果需要，作为平台寄存器，否则作为临时寄存器
X17	IP1	第二个程序内调用临时寄存器（可用于调用 veneers 和 PLT 代码）；在其他时候可作为临时寄存器
X16	IP0	第一个程序内调用擦除寄存器（可用于调用 veneers 和 PLT 代码）；在其他时候可作为临时寄存器
X9～X15		暂存寄存器
X8		间接结果位置寄存器
X0～X7		参数/结果寄存器

前8个寄存器（X0～X7）用于向子程序传递参数值并从函数返回结果值，它们也可以用来保存程序中的中间值，但是通常只在子程序调用之间使用。

寄存器 X16（IP0）和 X17（IP1）可以被链接寄存器用作例程和它调用的任何子程序之间的擦除寄存器，它们还可以在例程中用于保存子程序调用之间的中间值。

子程序调用必须保留寄存器 X19～X29 和 SP 的内容。存储在 X19～X29 中的每个值的所有 64 位都必须保留，即使在使用 ILP32 数据模型时也是如此。

2. 汇编语言的子程序调用

V6-7　汇编语言的子程序调用

在 ARM 汇编语言程序中，子程序的调用一般是通过 BL 指令来实现的。在程序中，使用指令“BL 子程序名”即可完成子程序的调用。

执行该指令时，将子程序的返回地址存放在链接寄存器（LR）中，同时将 PC 指向子程序的入口地址。当子程序执行完毕需要返回调用处时，在 AArch64 指令集中使用汇编指令.ret，可以将存放在 LR 中的返回地址重新复制到 PC 中。

以下是使用 BL 指令调用子程序的汇编语言源程序的基本结构。

```
.text
.global _start
_start:
    mov x0, #3
    mov x1, #4
    bl add_func
    b loop

add_func:
    add x2, x0, x1
    ret
loop:
```

```
    b loop
.end
```

3. 汇编语言与 C 语言的混合编程

V6-8 汇编语言与 C 语言的混合编程

在实际开发过程中，大多数时候采用 C 语言与汇编语言混合编程的形式。在 C 语言代码中插入汇编语言的方法有内联汇编和内嵌汇编两种，通过插入汇编可以在 C 语言程序中实现 C 语言不能完成的一些工作。例如，在 C 语言程序中完成对程序状态寄存器的操作时，必须使用内联汇编或内嵌汇编。

（1）GNU 内联汇编。

GNU 风格的 ARM 内联汇编语言的格式如下。

```
asm volatile(
    "asm code"
    :output
    :input
    :changed
);
```

① 内联汇编语言必须以“;”结尾，内联汇编不管有多长，对 C 语言来说都只是一条语句。

② volatile：告诉编译器不要优化内嵌汇编，如果想优化可以不加。

③ 如果后面部分没有内容，“:”可以省略，前面或中间的不能省略。

④ 没有 asm code 也不可以省略双引号（“”）。

汇编代码必须放在一个字符串内，但是字符串中间不能直接按回车键换行。可以写成多个字符串，只要字符串之间不加任何符号，编译完后就会变成一个字符串，例如：

```
"mov x0, x0\n\t"    //指令之间必须要换行，\t可以不加，只是为了在汇编文件中的指令格式对齐
"mov x1, x1\n\t"
"mov x2, x2"
```

字符串内不是只能放指令，也可以放一些标签、变量、循环、宏等，还可以把内嵌汇编放在 C 语言函数的外面，用内嵌汇编定义函数、变量、段等，总之就跟直接写汇编文件一样。

编译器不检查 asm code 的内容是否合法，直接交给汇编器。

output（ASM→C）和 input（C→ASM）举例如下。

① 指定输出值：

```
asm_volatile(
    "asm code"
    :"constraint"(variable)
);
```

constraint 定义 variable 的存放位置：

```
r——使用任何可用的通用寄存器；
m——使用变量的内存地址。
```

output 修饰符：

```
+——可读可写；
=——只写；
&——该输出操作数不能使用输入部分使用过的寄存器，只能通过“+&”或“=&”的方式使用。
```

② 指定输入值：

```
asm_volatile(
    "asm code"
    :
    : "constraint"(variable)
);
```

constraint 定义 variable/immediate 的存放位置：

```
r——使用任何可用的通用寄存器（变量和立即数都可以）；
m——使用变量的内存地址（不能用立即数）；
I——使用立即数（不能用变量）；
```

③ 使用占位符：

```
int a = 100, b = 200;
int result;
asm_volatile(
"mov %0, %3\n\t"  //mov x3, #123 %0代表result, %3代表123（编译器会自动加“#”）
"ldr x0, %1\n\t"   //ldr x0, [fp, #-12] %1代表a的地址
"ldr x1, %2\n\t"   //ldr x1, [fp, #-16] %2代表b的地址
"str x0, %2\n\t"   //str x0, [fp, #-16]因为%1和%2是地址，所以只能用ldr或str指令
"str x1, %1\n\t"   //str x1, [fp, #-12]如果用错指令，编译时不会报错，要到汇编时才会报错
: "=r" (result), "+m" (a), "+m" (b)      //out1是%0, out2是%1, ..., outN是%N-1
: "i" (123)             //in1是%N, in2是%N+1, ...
);
```

④ 引用占位符：

```
int num = 100;
asm_volatile(
"add %0, %1, #100\n\t"
:"=r"(a)
0(a)     //"0"是零，即%0，引用时不可以加 %，只能input引用output
);    //引用是为了更能分清输出、输入部分
```

⑤ &修饰符：

```
int num;
asm_volatile(
"mov %0,   %1\n\t"
:"=r"(num)
:"x"(123)
);
int num;
```

```
asm_volatile(
//mov x3, #123
"mov %0, %1\n\t"
:"=&r"(num)
:"r"(123)
);
```

下面通过一个例子进一步地了解内联汇编的语法。该例子实现了位交换，代码如下。

```
unsigned long_ByteSwap (unsigned long val)
{
    int ret;
    asm volatile(
    "eor x3, %1, %1, ror #16\n\t"
    "bic x3, x3, #0x00ff0000\n\t"
    "mov %0, %1, ror #8\n\t"
    "eor %0, %0, x3, lsr #8"
    :"=r" (ret)
    :"0"(val)
    :"x3"
    );
    return ret;
}
int main(void)
{
    unsigned long test = 0x1234,result;
    result = ByteSwap(test);
    return 0;
}
```

（2）C 语言程序调用汇编程序。

C 语言程序调用汇编程序时，要特别注意遵守相应的 AAPCS64 规范。下面例子具体说明了在 C 语言程序调用汇编中应注意遵守的 AAPCS64 规范。

下面通过案例掌握 C 语言程序调用汇编程序的使用，本案例主要功能是将一个字符串赋值给另一个字符串。

C 语言程序的实现：

```
extern void strcopy(char *d, const char *s);
int main(void)
{
    const char *srcstr = "First string - source ";
    char dststr[] = "Second string - destination ";
```

```
    /* 下面将dststr作为数组进行操作 */
    strcopy(dststr, srcstr);
    return(0);
}
```

汇编程序的实现：

```
.global strcopy
strcopy:                    // x0指向目的字符串
                            // x1指向源字符串
ldrb x2, [x1], #1           // 加载字节并更新源字符串指针地址
strb x2, [x0], #1           // 存储字节并更新目的字符串指针地址
cmp x2, #0                  // 判断是否为字符串结尾
bne_strcopy                 // 如果不是，程序跳转到strcopy继续复制
ret                         // 程序返回
```

（3）汇编程序调用 C 语言程序。

汇编程序调用 C 语言程序时，要特别注意遵守相应的 AAPCS64 规范。下面的例子具体说明了在汇编程序调用 C 语言程序中应注意遵守的 AAPCS64 规范。

下面通过案例掌握汇编程序调用 C 语言程序的使用，本案例的主要功能是实现几个数的相加并将结果返回。

C 语言程序的实现：

```
int_add(int a, int b, int c, int d, int e)
{
    return a + b + c + d + e;
}
```

汇编程序的实现：

```
.text
.global _start
start:
  mov x0, #3                // 传递第一个参数
  mov x1, #4                // 传递第二个参数
  mov x2, #5                // 传递第三个参数
  mov x3, #6                // 传递第四个参数
  bl add                    // 调用C程序
.end
```

6.4 小结

本章介绍了 ARM 程序设计的相关知识，包括 GNU 汇编器支持的 ARM 伪指令、汇编语言的程序结构、汇编语言与 C 语言的混合编程等内容。这些内容是嵌入式编程的基础，希望读者掌握。

6.5 练习题

1. 在 ARM 汇编中如何定义一个全局变量?
2. AAPCS64 规范中规定的 ARM 寄存器的使用规则是什么?
3. 什么是内联汇编?
4. 在汇编程序中如何调用 C 语言程序中定义的函数?

CHAPTER07

第7章 ARMv8异常处理

重点知识

- ARMv8异常概述
- ARMv8异常种类
- ARMv8异常优先级
- ARMv8异常响应过程

■ 异常是系统在运行过程中的突发事件，异常处理是否高效将直接影响整个系统的工作效率。为了确保嵌入式系统高效、安全地运行，对处理器非正常模式下的高效异常处理机制的研究具有重要意义。想要熟练使用一款处理器，其重点就是学习处理器的异常处理。

7.1 ARMv8 异常概述

V7-1 ARMv8 异常概述

嵌入式系统中的异常是指由处理器内部或外部源产生并引起系统处理的事件。根据事件源的不同将异常分为异常和中断两种：异常指由处理器内部源所引起的事件，如非法指令执行异常、地址访问异常等；中断指由处理器外部中断源引起的事件。嵌入式处理器外部中断源一般由中断控制器进行统一管理并上报处理器。对于嵌入式系统，异常和中断均会导致处理器打断正常的程序执行流程，进入特定模式进行相应的异常处理，因此对异常和中断一般不作严格区分。

作为嵌入式处理器，为了确保系统的实时性和程序执行的稳定性，ARM 微处理器支持完整的异常处理机制。

7.2 ARMv8 异常种类

V7-2 ARMv8 异常种类

由于 ARMv8 架构的处理器支持两种执行状态：AArch32 和 AArch64，所以 ARMv8 系列的处理器在不同的执行状态下使用不同的异常处理系统。AArch32 执行状态的主要目的是向下兼容 ARMv7 架构。

在 AArch32 执行状态下，处理器工作模式可以在特权软件控制下更改，也可以在发生异常时自动更改。当发生异常时，内核保存当前执行状态和返回地址，进入对应的异常模式，并且可以禁用硬件中断。

表 7-1 所示为 AArch32 处理器工作模式，应用程序在最低级别的特权（PL0，无特权模式）下运行。操作系统运行在 PL1，系统管理程序在 System 上运行，虚拟化扩展在 PL2 上运行。安全监视器作为在安全与非安全（正常）之间切换的网关，也作用于 PL1。

注意，PL 即 Privilege Level。

表 7-1　AArch32 处理器工作模式

模式	功能	安全状态	特权级别
USR	大多数应用程序运行的非特权模式	安全/非安全	PL0
FIQ	进入 FIQ 中断异常	安全/非安全	PL1
IRQ	进入 IRQ 中断异常	安全/非安全	PL1
SVC	在复位或软中断指令进入 SVC 模式	安全/非安全	PL1
MON	当执行 SMC 指令（安全监视器调用）或处理器发生异常时输入，可以将其配置为安全处理。支持在安全状态和非安全状态之间进行切换	安全	PL1
ABT	进入内存访问异常	安全/非安全	PL1
UND	在执行未定义的指令时进入	安全/非安全	PL1
SYS	特权模式，与用户模式共享寄存器	安全/非安全	PL1
HYP	由 Hypervisor 调用和 Hyp Trap 异常输入	非安全	PL2

AArch32 特权级别如图 7-1 所示。

在 AArch64 中，处理器模式映射到异常级别，如图 7-2 所示。与 ARMv7 一样，当发生异常时，处理器将更改为支持异常处理的异常级别（模式）。

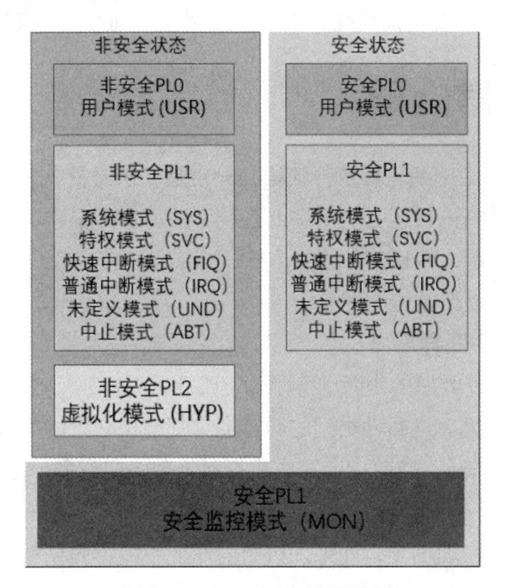

图 7-1　AArch32 特权级别

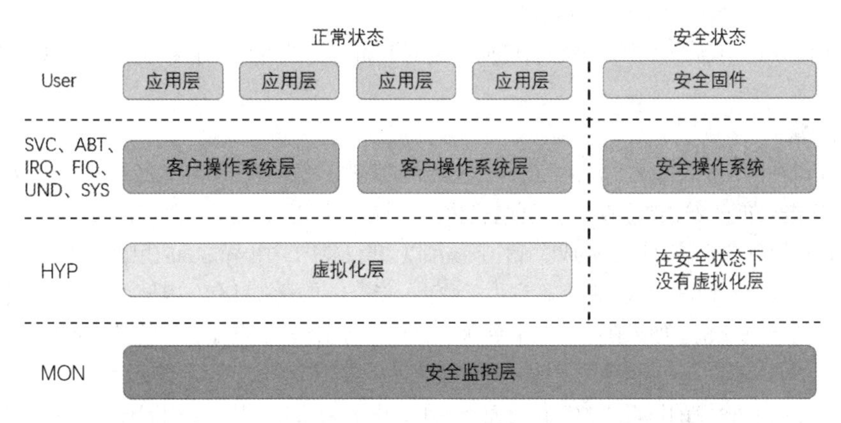

图 7-2　AArch64 异常级别

异常级别之间的运转遵循以下规则。

① 切换到更高的异常级别，例如从 EL0 切换到 EL1，表示增加了软件执行特权。

② 不能将异常切换到较低的异常级别。

③ 在 EL0 级别没有异常处理，必须在更高的异常级别进行处理异常。

④ 异常会导致程序流的更改，根据异常向量表，进入高于 EL0 的异常级别，执行异常处理程序。以下特殊情况除外。

- 中断（例如 IRQ 和 FIQ）。
- 内存系统中止。
- 未定义指令。
- 系统调用。允许非特权软件对操作系统进行系统调用。
- 保护监视程序或管理程序陷阱。

⑤ 异常处理结束并返回之前的异常级别是通过执行异常返回指令（Exception Return，ERET）指令来实现的。

⑥ 从异常返回可以保持在相同的异常级别，也可以进入更低的异常级别，但不能进入更高的异常级别。

⑦ 安全状态会随着异常级别的变化而变化，但从 EL3 恢复到非安全状态时除外。

7.3 ARMv8 异常处理

V7-3 ARMv8 异常处理

中断指中断软件执行流程，异常是要求特权软件（异常处理程序）采取某些措施以确保系统正常运行的条件或系统事件。每个异常类型都对应一个异常处理程序。处理完异常后，特权软件将为内核做好准备工作，以恢复发生异常之前的所有操作。

存在以下类型的异常。

1. 中断异常

有两种类型的中断，分别为 FIQ 和 IRQ。

FIQ 比 IRQ 具有更高的优先级。这两种类型的异常通常都与核心上的输入引脚相关联。假设没有禁用中断，外部硬件资源中断请求发送排队，当前指令完成执行时（有些加载多个值的指令可以被中断），将引发相应的异常类型。

FIQ 和 IRQ 都是发给内核的物理信号，如果内核当前使能中断，内核就会接收相应的异常。几乎在所有系统上都使用中断控制器连接各种中断源。中断控制器对中断进行仲裁并确定优先级，然后提供串行的单个信号，再将其连接到内核的 FIQ 或 IRQ 接口。

由于 FIQ 和 IRQ 中断的发生与核心在任何给定时间执行的软件没有直接关系，所以它们被归类为异步异常。

2. 中止异常

中止异常可以在指令提取失败（指令中止）或数据访问失败（数据中止）时生成。它们可以来自外部存储器系统，从而在存储器访问时给出错误响应（可能表明指定的地址不对应于系统中的实际存储器）。另外，中止异常可以由内核的内存管理单元（MMU）生成。操作系统可以使用 MMU 中止异常为应用程序动态分配内存。

提取一条指令时，可以在管道中将其标记为已中止。指令中止异常只有在内核尝试执行指令时才会发生，而异常发生在指令执行之前。如果在中止的指令到达管道的执行阶段之前刷新了管道，则不会发生中止异常。数据中止异常是由于加载或存储指令引发的，并且被认为是在尝试读取或写入数据之后发生的。

如果中止是由于指令流的执行或尝试执行而产生的，并且返回地址提供了引起该中止的指令的详细信息，那么该中止被描述为同步。

执行指令不会生成异步中止，而返回地址可能并不总是提供导致中止的原因的详细信息。在 ARMv8-A 架构中，指令和数据中止是同步的。异步异常是 IRQ、FIQ 和系统错误（SError）。

3. 复位异常

复位被视为实现最高异常级别的特殊向量。这是引发异常时 ARM 微处理器跳转到的指定指令的位置，该向量用于执行固定地址。RVBAR_ELn 包含此复位向量地址，其中 n 是已实现的最高异常级别的编号。

所有内核都有一个复位输入，并在复位后立即执行复位异常。它是最高优先级的异常，无法屏蔽。上电后，此异常用于在内核上执行代码以对其进行初始化。

4. 异常产生指令

某些指令的执行会产生异常。通常会执行以下指令，以从运行于更高特权级别的软件中请求服务。

① 管理调用（SVC）指令，使用户模式程序可以请求操作系统服务。

② 系统管理程序调用（HVC）指令，使客户操作系统可以请求系统管理程序服务。

③ 安全监视调用（SMC）指令，使正常状态可以请求安全状态服务。

在本书 7.2 节中，可以看到 ARMv8-A 架构有 4 个异常级别。处理器执行只能通过接收或返回异常来在异常级别之间进行切换，当处理器从更高的异常级别切换到更低的异常级别时，执行状态可以保持不变。

图 7-3 所示为运行应用程序时发生异常后的处理流程，处理器分支到一个向量表，该表包含每种异常类型的条目。向量表包含一个分派代码，该代码通常标识异常的原因，并选择性调用适当的函数来处理它。此代码完成执行，然后返回到高级处理程序，该处理程序再执行 ERET 指令以返回应用程序。

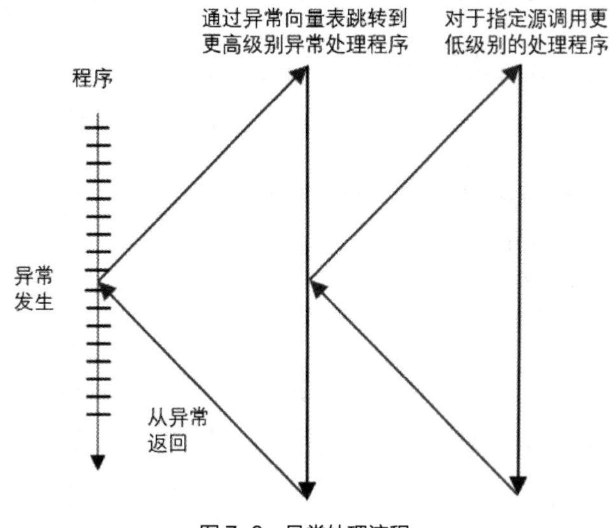

图 7-3　异常处理流程

7.3.1 异常处理寄存器

如果发生异常，PSTATE 信息将被保存到保存程序状态寄存器（SPSR_ELn）中，该寄存器以 SPSR_EL3、SPSR_EL2 和 SPSR_EL1 的形式存在。

图 7-4 和图 7-5 所示分别为 AArch32 和 AArch64 执行状态下的 SPSR_ELn。

31	30	29	28	27–22	21	20	19–10	9	8	7	6	5	4	3–0
N	Z	C	V		SS	IL		D	A	I	F		M	M [3:0]

图 7-4　AArch32 对应的 SPSR_ELn

31	30	29	28	27	26–25	24	23–21	20	19–16	15–10	9	8	7	6	5	4	3–0
N	Z	C	V	Q	IT	J		IL	GE	IT [7:2]	E	A	I	F	T	M	M [3:0]

图 7-5　AArch64 对应的 SPSR_ELn

SPSR.M 字段（第四位）用于记录执行状态（0 表示 AArch64，1 表示 AArch32）。PSTATE 各个字段的作用如表 7-2 所示。

表 7-2　PSTATE 各个字段功能描述

PSTATE 字段	描述
NZCV	状态标志
Q	累计饱和位
DAIF	异常屏蔽位
SPSel	SP 选择（EL0 或 ELn）没有应用层 EL0
E	数据字节序（只有 AArch32）
IL	非法标志
SS	软件步进位

① 异常屏蔽位（DAIF）允许屏蔽异常事件，当这些位被设置将不处理异常事件。

② D：调试异常屏蔽位。

③ A：SError 中断程序状态屏蔽位，例如异步外部中止。

④ I：IRQ 中断程序状态屏蔽位。

⑤ F：FIQ 中断程序状态屏蔽位。

SPSel 字段选择是否应使用当前的异常级别堆栈指针或 SP_EL0，可以在除 EL0 之外的任何异常级别上完成。

设置了 IL 字段后，将导致执行下一条指令以触发异常。IL 用于非法执行返回，例如当为 AArch32 配置了它时，尝试返回到 EL2 作为 AArch64。

这些单独的字段（CurrentEL、DAIF、NZCV 等）中的一些在接收异常（以及返回）时被保存到 SPSR_ELn 中。

当导致异常的事件发生时，处理器硬件自动执行某些操作。更新 SPSR_ELn（其中 n 是发生异常的异常级别），以存储在异常结束时正确返回所需的 PSTATE 信息。PSTATE 被更新，从而使处理器进入新的状态（这可能意味着异常级别被提高，或者可能保持不变）。在异常结束时，使用的返回地址存储在 ELR_ELn 中。

寄存器名称的“_ELn”后缀表示存在不同异常级别的这些寄存器的多个副本。例如，SPSR_EL1 是与 SPSR_EL2 不同的物理寄存器。

必须通过软件告知处理器何时从异常返回，这里通过执行 ERET 指令来完成。这将从 SPSR_ELn 恢复异常前的 PSTATE，并通过从 ELR_ELn 恢复 PC 将程序执行返回到原始位置。

正如在 AArch64 指令集中看到的那样，寄存器 X30 用于（与 RET 指令一起）从子程序返回。每当使用链接指令（BL 或 BLR）执行分支时，其值就会用返回的指令地址进行更新。

ELR_ELn 用于存储异常的返回地址。该寄存器中的值在进入异常时自动写入，从异常返回是执行 ERET 指令时，ELR_ELn 中的值被写回到 PC 中。

注意，从异常返回时，如果 SPSR 中的值与系统寄存器中的设置冲突，就会产生一个错误。

ELR_ELn 包含返回地址，该返回地址是特定异常类型的首选。对于某些异常，返回地址是产生异常的那条指令之后的下一条指令的地址。例如，当执行 SVC（系统调用）指令时，用户只希望返回到应用程序 SVC 指令的下一条指令，可以直接将 ELR_ENn 中的值返回给 PC 寄存器。在其他情况下，用户可能希望重新执行生成异常的指令。

对于异步异常，ELR_ELn 指向由于发生中断而尚未执行或未完全执行的第一条指令的地址。例如，如果在中止同步异常后有必要返回到指令，则允许处理程序代码修改 ELR_En，从某些异常类型返回时，有必要从链接寄存器值中减去 4 或 8。

除了 SPSR 和 ELR，每个异常级别都有自己的专用堆栈指针寄存器，它们被命名为 SP_EL0、SP_EL1、SP_EL2 和 SP_EL3。这些寄存器用于指向专用堆栈地址，例如，这些堆栈可用于存储被异常处理程序破坏的寄存器，以便可以在返回原始代码之前将其恢复为原始值。

处理程序代码可能会从使用 SP_ELn 切换到使用 SP_EL0。例如，SP_EL1 可能指向一块内存，该内存拥有一个内核可以保证始终有效的堆栈。SP_EL0 可能指向更大的内核任务堆栈，但不能保证不会溢出。通过写入“SPSel”位来控制此切换，如以下代码所示。

```
MSR SPSel, #0      // switch to SP_EL0
MSR SPSel, #1      // switch to SP_ELn
```

7.3.2 同步和异步异常

V7-5 同步和异步异常

在 AArch64 中，异常可以是同步的，也可以是异步的。

如果异常是在执行或尝试执行指令流时生成的，并且返回地址提供了导致异常的指令的详细信息，则将其描述为同步异常。

异步异常不是由执行指令生成的，而返回地址可能并不总是提供导致异常的详细信息。

异步异常的来源有 IRQ（外部中断）、FIQ（快速中断）或 SError（系统错误）。

系统错误有许多可能的原因，最常见的是异步数据中止，例如，将无效数据从高速缓存写到外部存储器中所触发的中止。

有许多同步异常的来源，如下所示。

① 指令从 MMU 中止，例如，通过从标记为“从不执行”的存储器位置开始读取指令。

② MMU 中的数据中止，例如，权限失败或对齐检查。

③ SP 和 PC 对齐检查。

④ 同步外部中止。

⑤ 未分配的指令。

⑥ 调试异常。

1. 同步中止

同步异常可能发生的原因有很多。

① 从 MMU 中止，例如，权限失败或标记为访问标志错误的内存区域。

② SP 和 PC 对齐检查。

③ 未分配的指令。

④ 系统调用（SVC、SMC 和 HVC）。

这些异常可能是操作系统正常操作的一部分。例如，在 Linux 中，当一个任务请求分配一个新的内存页时，可以通过 MMU 中止机制来处理。

在 ARMv7-A 架构中，预取异常、数据异常和未定义异常是单独的项；在 AArch64 中，所有这些事件都会生成一个同步中止。然后异常处理程序可能读取异常并发寄存器，以获得必要的信息来区分它们。

2. 处理同步异常

提供寄存器是为了向异常处理程序提供关于同步异常原因的信息。异常并发寄存器（ESR_ELn）提供关于异常原因的信息。故障地址寄存器（FAR_ELn）保存所有同步指令和数据中止，以及对齐故障的故障虚拟地址。

异常链接寄存器（ELR_ELn）保存导致中止数据访问的指令的地址（用于数据中止），这通常在内存错误之后更新。

对于实现 EL2（系统管理程序）或 EL3（安全内核）的系统，通常在当前或更高的异常级别中采用同步异常。可以将异步异常路由到更高的异常级别，从而由 Hypervisor 或 Secure 内核处理。SCR_EL3 指定将哪些异常路由到 EL3，类似地，HCR_EL2 指定将哪些异常路由到 EL2。有单独的位允许单独控制 IRQ、FIQ 和 SError 的路由。

3．系统调用

某些指令或系统功能只能在特定的异常级别执行。如果运行在较低异常级别的代码需要完成特权操作，例如，当应用程序代码从内核请求服务时，可以使用 SVC 指令。

4．未分配的指令

未分配的指令会导致 AArch64 中的同步中止。这个异常类型是在处理器执行下列操作时产生的。

① 未分配的指令操作码。

② 要求比当前异常级别更高的特权级别的指令。

③ 已禁用的指令。

④ 当 PSTATE.IL 字段被设置，所有指令都会导致未分配指令异常。

7.3.3 由异常引起的执行状态和异常级别的改变

V7-6 由异常引起的执行状态和异常级别的改变

当发生异常时，处理器可能会更改执行状态（从 AArch64 更改为 AArch32）或保持相同的执行状态。例如，外部源可能在执行以 AArch32 模式运行的应用程序时生成 IRQ 中断异常，然后在 AArch64 模式下执行内核中的 IRQ 异常处理程序。

SPSR 包含要返回的执行状态和异常级别。当出现异常时，处理器会自动设置这个值。每个异常级别的异常执行状态控制如下。

① 最高异常级别（不一定是 EL3）的重置执行状态通常由硬件配置输入确定。但这不是固定的，因为有 RMR_ELn 可以在运行时（导致软复位）更改最高异常级别的执行状态（寄存器宽度）。

② EL3 与安全监视器代码关联。监视器是一小段受信任的代码，始终在特定状态下运行。

③ 对于 EL2 和 EL1，执行状态由 SCR_EL3.RW 和 HCR_EL2.RW 位控制。SCR_EL3.RW 位在 EL3（安全监视）中进行了编程，并设置了下一个较低级别（EL2）的状态。HCR_EL2.RW 位可以在 EL2 或 EL3 中编程，并设置 EL1/0 的状态。

④ 在 EL0 中从不使用异常（EL0 是用于应用程序代码的最低优先级）。

考虑在 EL0 中运行的应用程序，该应用程序被 IRQ 中断，如图 7-6 所示，内核 IRQ 处理程序在 EL1 上运行。处理器在接收 IRQ 异常时确定要设置的执行状态，它通过查看控制寄存器的 RW 位以查看异常所在级别之上的异常级别来完成此操作。因此，在案例中，EL1 获取了异常的地方是 HCR_EL2.RW，它控制着处理程序的执行状态。

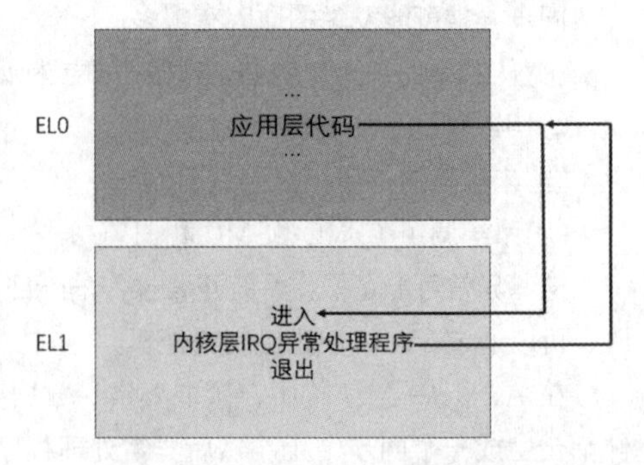

图 7-6 EL0 和 EL1 异常切换

现在，用户必须考虑在哪个异常级别进行异常处理。同样，当发生异常时，异常级别可以保持不变，也可以更高。正如本案例中已经看到的，永远不会将异常带到 EL0。

7.3.4 AArch64 异常表

发生异常时，处理器必须执行与异常对应的处理程序代码。处理程序在内存中的存储位置称为异常向量。

V7-7 AArch64 异常表

在 ARM 体系结构中，异常向量存储在异常向量表中。每个异常级别都有自己的向量表，即 EL3、EL2 和 EL1 都有一个。该表包含要执行的指令，而不是一组地址。个别异常的向量位于从表开始的固定偏移量处。每个表基虚拟地址由基于向量的地址寄存器 VBAR_EL3、VBAR_EL2 和 VBAR_EL1 来设置。

向量表中的每个条目有 16 条指令。与 ARMv7 相比，这本身就是一个重大的变化。其中每个条目是 4 字节。ARMv7 向量表的这种间隔意味着每个条目几乎都是内存中实际异常处理程序的某种形式的分支。在 AArch64 中，向量的间隔更宽，因此顶级处理程序可以直接写在向量表中。

表 7-3 所示为其中一个向量表。基地址由 VBAR_ELn 提供，然后每个条目从这个基地址定义一个偏移量。每个表有 16 个条目，每个条目的大小为 128 字节（32 条指令）。其中条目的使用取决于以下因素。

① 异常的类型（SError、FIQ、IRQ 或 Synchronous）。

② 如果在相同的异常级别执行异常，则使用堆栈指针（SP0 或 SPx）。

③ 如果在较低的异常级别执行异常，则进入下一个较低的异常级别（AArch64 或 AArch32）状态。

表 7-3 向量表的偏移量和向量表的基地址

地址	异常类型	描述
VBAR_ELn+0x000	同步异常	当前异常等级用 SP0
VBAR_ELn+0x080	IRQ/vIRQ	
VBAR_ELn+0x100	FIQ/vFIQ	
VBAR_ELn+0x180	SError/vSError	
VBAR_ELn+0x200	同步异常	当前异常等级用 SPx
VBAR_ELn+0x280	IRQ/vIRQ	
VBAR_ELn+0x300	FIQ/vFIQ	
VBAR_ELn+0x380	SError/vSError	
VBAR_ELn+0x400	同步异常	AArch64 使用低的异常等级
VBAR_ELn+0x480	IRQ/vIRQ	
VBAR_ELn+0x500	FIQ/vFIQ	
VBAR_ELn+0x580	SError/vSError	
VBAR_ELn+0x600	同步异常	AArch32 使用低的异常等级
VBAR_ELn+0x680	IRQ/vIRQ	
VBAR_ELn+0x780	FIQ/vFIQ	
VBAR_ELn+0x800	SError/vSError	

如果在 EL1 上执行内核代码并发出 IRQ 中断信号，则会发生 IRQ 异常。此特定中断与虚拟机管理程序和安全监控无关，也在 SP_EL1 的内核内进行处理并将 SPSel 位置 1，以此表明正在使用 SP_EL1，且执行是从地址 VBAR_EL1 + 0x280 开始的。

7.3.5 中断处理

V7-8 中断处理

ARM 通常使用中断来表示中断信号。在 Cortex-A 系列和 Cortex-R 系列处理器上，这意味着一个外部的 IRQ 或 FIQ 中断信号。体系结构没有指定如何使用这些信号。FIQ 通常用于安全中断源。在早些时候的架构版本中，FIQ 和 IRQ 被用来表示高优先级中断和普通优先级中断，但是在 ARMv8-A 架构中不是这样的。

当处理器在 AArch64 执行状态采取异常处理时，将自动设置所有 PSTATE 中断掩码。这意味着将禁用其他异常。例如，如果软件要支持嵌套异常，以允许较高优先级的中断打断较低优先级中断源的处理，则需要通过软件显式使能启用中断。

对于以下说明。

```
MSR_DAIFCLr,  #imm
```

这个立即数实际上是一个 4 位的字段，因为也有屏蔽位。举例如下。

```
PSTATE.A（SError屏蔽位）
PSTATE.D（Debug屏蔽位）
```

图 7-7 所示为 ARM 微处理器 IRQ 中断处理过程。

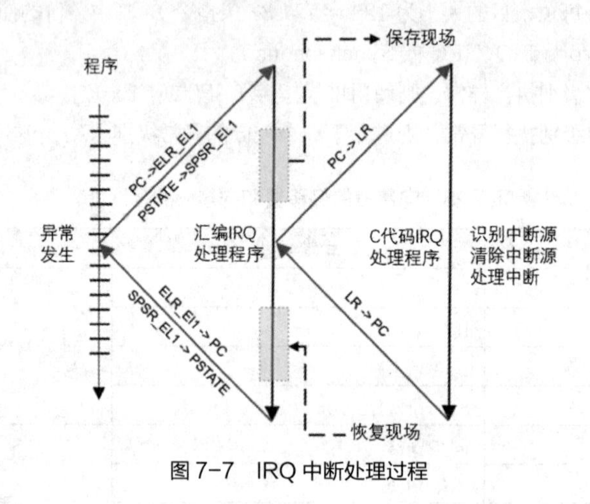

图 7-7 IRQ 中断处理过程

汇编语言的 IRQ 处理程序，代码如下。

```
IRQ_Handler
   // 压栈保存现场
   STP X0, X1, [SP, #-16]!            // SP = SP -16
   ...
   STP X2, X3, [SP, #-16]!            // SP = SP - 16
                              // 不像ARMv7架构，没有STM指令，所以可能需要几条STP指令
   BL read_irq_source         // 获取对应的中断源
                              // 清除中断请求
   BL C_irq_handler           // 跳转到C代码的中断处理程序
   // 出栈恢复现场
   LDP X2, X3, [SP], #16      // S = SP + 16
   LDP X0, X1, [SP], #16      // S = SP + 16
   ...
   ERET
```

从性能的角度来看，以下顺序可能更好。

```
IRQ_Handler
    SUB SP, SP, #<frame_size>    // SP = SP - <frame_size>
```

```
STP X0, X1, [SP]
STP X2, X3, [SP]
...                // 更多寄存器存储
...
//中断处理
BL read_irq_source        // 获取对应的中断源
// 清除中断请求
BL C_irq_handler          // 跳转到C代码的中断处理程序
// 出栈恢复现场
LDP X0, X1, [SP]
LDP X2, X3, [SP]
...      // 更多寄存器加载
ADD SP, SP, #<frame_size>    // 恢复SP的原始值
...
ERET
```

嵌套处理程序需要一些额外的代码。它必须在堆栈上保存 SPSR_EL1 和 ELR_EL1 的内容，而且还必须在新的中断到来之前重新使能 IRQ 中断。但是（与 ARMv7-A 架构不同），由于用于子例程调用的链接寄存器与用于异常的链接寄存器不同，因此避免了对 LR 或模式进行任何特殊处理。嵌套中断处理过程如图 7-8 所示。

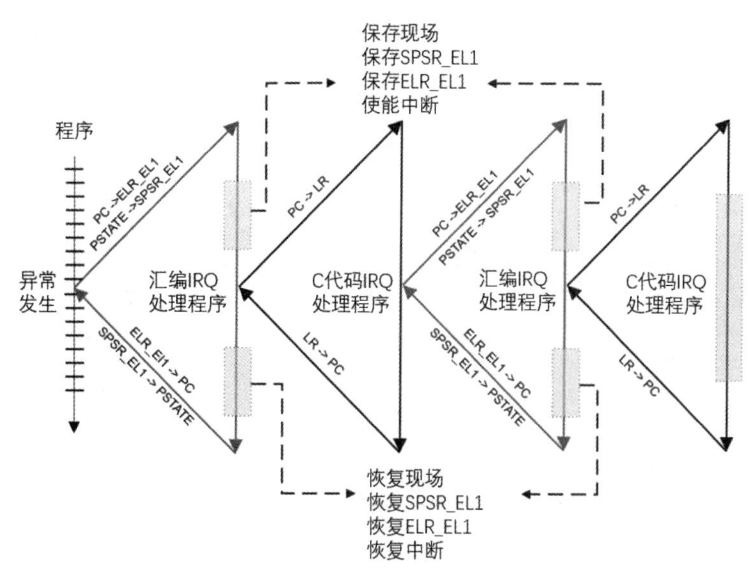

图 7-8 嵌套中断处理过程

7.4 小结

本章讲解了 ARM 微处理器的异常原理，各种异常的工作模式，以及异常的处理过程，读者应重点掌握 ARM 系列处理器的异常处理过程。

7.5 练习题

1. 简述 ARMv8 架构异常种类。
2. 什么类型的异常优先级最高?
3. 什么指令可以放在异常向量表中?

CHAPTER08

第8章

通用I/O接口

重点知识

GPIO功能介绍 ■
S5P6818处理器GPIO控制器详解 ■
GPIO接口电路与程序设计 ■

■ GPIO 控制技术是接口技术中最简单的一种。本章通过介绍 S5P6818 芯片的 GPIO 控制方法，让读者初步掌握控制硬件接口的方法。

8.1 GPIO 功能介绍

V8-1 GPIO 功能介绍

通用的输入输出引脚（General Purpose Input Output ports，GPIO）在嵌入式系统中常常数量众多，但是连接它们的外部设备和电路往往结构都比较简单。对这些设备和电路，有的需要 CPU 为之提供控制手段，有的则需要被 CPU 用作输入信号。而且，许多这样的设备和电路只要求一位，即只要有开/关两种状态就够了。例如，控制某个 LED 灯亮与灭，或者通过获取某个引脚的电平属性来判断外围设备的状态。对这些设备和电路的控制，使用传统的串行接口或并行接口都不合适，所以在微控制器芯片上一般都会提供一些 GPIO 接口。接口至少有两个寄存器，即“通用 I/O 控制寄存器”与“通用 I/O 数据寄存器”。数据寄存器的各位都直接引到芯片外部，而对这种寄存器中每一位的作用，即每一位的信号流通方向，则可以通过控制寄存器中对应位独立地加以设置。例如，可以设置某个引脚的属性为输入、输出或其他特殊功能。

在实际的 MCU 中，GPIO 是有多种形式的。例如，有的数据寄存器可以按位寻址，有些却不能按位寻址，这在编程时就要区分了。如传统的 8051 系列，就区分成可按位寻址和不可按位寻址两种寄存器。另外，为了使用的方便，很多 MCU 的 GPIO 接口除必须具备两个标准寄存器外，还提供上拉寄存器，可以设置 I/O 的输出模式是高阻，还是带上拉或不带上拉的电平输出。这样一来，在电路设计中，外围电路就可以简化不少。

8.2 S5P6818 处理器 GPIO 控制器

V8-2 S5P6818处理器 GPIO 控制器

GPIO 控制器是学习通用 I/O 接口必须要掌握的，S5P6818 芯片使用 GPIO 控制器管理所有的通用输入输出引脚。本节对 GPIO 控制器进行详细分析。

8.2.1 GPIO 功能描述

GPIO 功能框图如图 8-1 所示。

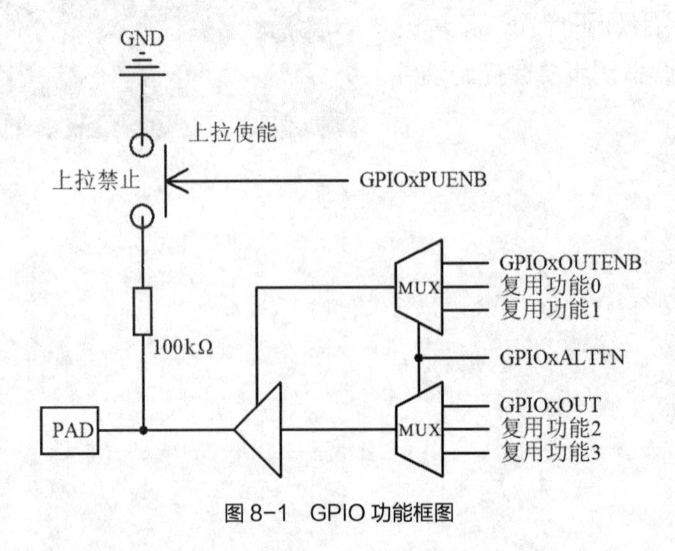

图 8-1 GPIO 功能框图

S5P6818 芯片 GPIO 引脚上有一个内部的上拉电阻，为 100kΩ。

表 8-1 所示为该上拉电阻上流过的电流（当 VDD = 3.3V）。

表 8-1　上拉电阻上流过的电流

上拉电阻	最小值	典型值	最大值	单位
使能上拉电阻	10	33	72	μA
禁止上拉电阻	–	–	0.1	μA

大多数 S5P6818 芯片 GPIO 引脚都是多功能引脚。所有 GPIO 接口都可以被设置为 GPIO 功能或用户使用的其他功能，并且可以熟练使用 GPIO 配置相关寄存器来对 GPIO 引脚进行配置。

8.2.2　GPIO 特性

S5P6818 芯片的 GPIO 引脚具有以下特性。

① 可编程上拉控制。

② 边沿/电平检测。

③ 支持可编程的上拉电阻。

④ 支持 4 种事件检测。

- 上升沿检测。
- 下降沿检测。
- 低电平检测。
- 高电平检测。

⑤ GPIO 引脚数目为 160。

8.2.3　GPIO 分组

S5P6818 处理器总共有 160 个通用的 GPIO 引脚，这 160 个 GPIO 引脚平均分配成了 5 组，每组包含 32 个 GPIO 引脚，分别为 GPIOA、GPIOB、GPIOC、GPIOD、GPIOE。

8.2.4　GPIO 常用寄存器分类

V8-3　GPIO 常用寄存器分类

特殊功能寄存器（Special Function Register，SFR）是芯片功能实现的载体，可以理解为芯片厂商留给嵌入式开发人员的控制接口，用于控制片内外设，例如 GPIO、UART、ADC、I2C 等。每个片内外设都有对应的特殊寄存器，用于存放相应功能部件的控制命令、数据或状态。对于特殊功能寄存器的封装是每个嵌入式工程师都应该掌握的。

查看 S5P6818 芯片手册的 15.3.3 小节的地址映射表，如图 8-2 所示。从中可以看到 S5P6818 的特殊功能寄存器绝大部分都放到了 0xC000_0000 到 0xE000_0000 的地址空间内。

1. GPIOxOUT（x = A~E）

在 GPIO 引脚被设置为输出模式的时候，寄存器 GPIO 引脚对应的位写 1 则输出高电平，写 0 则输出低电平。

2. GPIOxOUTEND（x = A~E）

设置 GPIO 引脚为输入或输出模式，注意输入和输出模式只能二选一。

3. GPIOxDETMODE[0:1]（x = A~E）

设置 GPIO 引脚为中断模式，3 位管理一个 GPIO 引脚，其中 2 位在 GPIOxDETMODE0 和

GPIOxDETMODE1 寄存器中，剩余的 1 位在 PIOxDETMODEEX 寄存器中。

4. GPIOxINTENB（x = A~E）

当 GPIO 引脚作为中断功能时，用于设置引脚中断使能的寄存器。

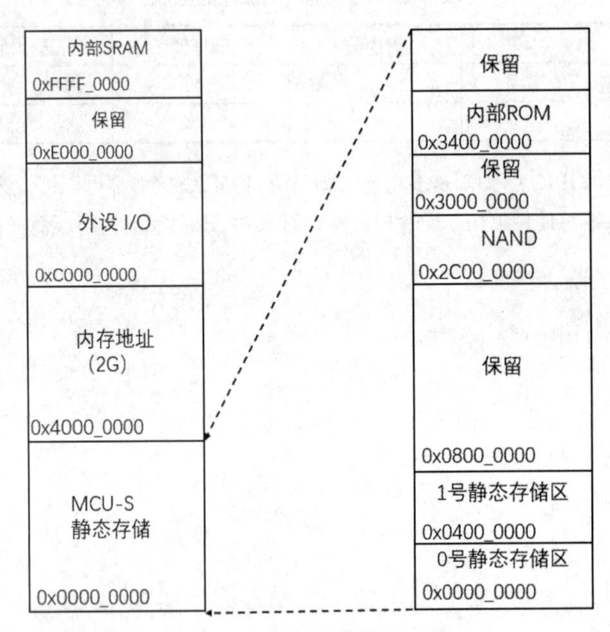

图 8-2 S5P6818 地址映射表

5. GPIOxDET（x = A~E）

当中断触发之后，会在 GPIO 控制器上有中断挂起的标志位，此寄存器可以用于清除中断挂起标志位。

6. GPIOxPAD（x = A~E）

在 GPIO 引脚被设置为输入模式的时候，读取这个寄存器所得的值就是对应 GPIO 输入的电平值。

7. GPIOxALTFN[0:1]（x = A~E）

用于设置 GPIO 引脚功能，GPIO 引脚多功能配置寄存器。

8. GPIOxDETMODEEX（x = A~E）

用于设置中断触发模式，结合 GPIOxDETMODE[0:1]寄存器来设置中断的触发方式。

9. GPIOxDETENB（x = A~E）

在输入模式下，此寄存器用于设置中断信号检测使能。

8.2.5 GPIO 寄存器详解

V8-4 GPIO 寄存器详解

对于 GPIO 引脚相关寄存器，考虑到 GPIO 控制器的寄存器很多，这里只列出与后面 GPIO 应用案例有关的寄存器，其他寄存器后边用到时再详细解释。

1. GPIO 引脚功能控制寄存器——GPIOxALTFN0（x = A~E）

GPIOxALTFN0 地址如下。

① 基地址：0xC001_A000h（GPIOA）。

② 基地址：0xC001_B000h（GPIOB）。

③ 基地址：0xC001_C000h（GPIOC）。

④ 基地址：0xC001_D000h（GPIOD）。

⑤ 基地址：0xC001_E000h（GPIOE）。

地址 = 基地址 + 0020h，0020h，0020h，0020h，0020h，复位值 = 0x0000_0000。

GPIOxALTFN0 功能介绍如表 8-2 所示。

表 8-2　GPIOxALTFN0 功能介绍

名字	位	类型	描述	复位值
GPIOxALTFN0_n (n=0～15)	[2n+1：2n]	RW	GPIOx[n]：选择 GPIOxn 引脚的功能 00 = 复用功能 0 01 = 复用功能 1 10 = 复用功能 2 11 = 复用功能 3	2'b0

2. GPIO 引脚功能控制寄存器——GPIOxALTFN1（x = A～E）

GPIOxALTFN1 地址如下。

地址 = 基地址 + 0024h，0024h，0024h，0024h，0024h， 复位值 = 0x0000_0000。

GPIOxALTFN1 功能介绍如表 8-3 所示。

表 8-3　GPIOxALTFN1 功能介绍

名字	位	类型	描述	复位值
GPIOxALTFN1_n (n=16～31)	[2×(n−16)+1：2×(n−16)]	RW	GPIOx[n]：选择 GPIOxn 引脚的功能 00 = 复用功能 0 01 = 复用功能 1 10 = 复用功能 2 11 = 复用功能 3	2'b0

配置 GPIO 引脚具体是哪个复用功能需要查看 S5P6818 芯片手册的 2.3 节 I/O Function Description。由于 GPIO 引脚较多，此处就不将所有的 GPIO 引脚的复用功能全部列出，只列出几个，如表 8-4 所示。

表 8-4　GPIO 引脚复用功能选择

引脚	名字	类型	输入/输出	上拉/下拉	复用功能 0	复用功能 1	复用功能 2	复用功能 3
U21	VICLK1	S	I/O	N	GPIOA28	VICLK1	I2SMCLK2	I2SMCLK1
E14	VIHSYNC1	S	I/O	N	GPIOE13	GMAC_COL	VIHSYNC1	-
W24	ALE0	S	I/O	N	ALE0	ALE1	GPIOB12	-

3. GPIO 引脚输入/输出使能寄存器——GPIOxOUTENB（x = A～E）

GPIOxOUTENB 地址如下。

地址 = 基地址 + 0004h，0004h，0004h，0004h，0004h，复位值 = 0x0000_0000。

GPIOxOUTENB 功能介绍如表 8-5 所示。

表 8-5　GPIOxOUTENB 功能介绍

名字	位	类型	描述	复位值
GPIOxOUTENB	[31：0]	RW	GPIOx[31：0]：指定 GPIOx 输入/输出模式 0 = 输入模式 1 = 输出模式	32'h0

4. GPIO 引脚输出电平寄存器——GPIOxOUT（x = A~E）

GPIOxOUT 地址如下。

地址 = 基地址 + 0000h，0000h，0000h，0000h，0000h，复位值 = 0x0000_0000。

GPIOxOUT 功能介绍如表 8-6 所示。

表 8-6　GPIOxOUT 功能介绍

名字	位	类型	描述	复位值
GPIOxOUT	[31：0]	RW	GPIOx[31：0]：在输出模式下，指定 GPIOx 输出值 0 = 低电平 1 = 高电平	32'h0

8.3　GPIO 接口电路与程序设计

下面利用 S5P6818 芯片的 GPIOA28 引脚控制 RGB 三色 LED 灯的红色灯，使其有规律地闪烁。

8.3.1　电路连接

将 RGB 三色 LED 灯的红色灯与 S5P6818 芯片的 GPIOA28 引脚相连，编程控制 GPIOA28 引脚输出高/低电平来控制三极管的导通性，从而控制 RGB 三色 LED 灯的亮灭，电路图如图 8-3 所示。

V8-5　电路连接

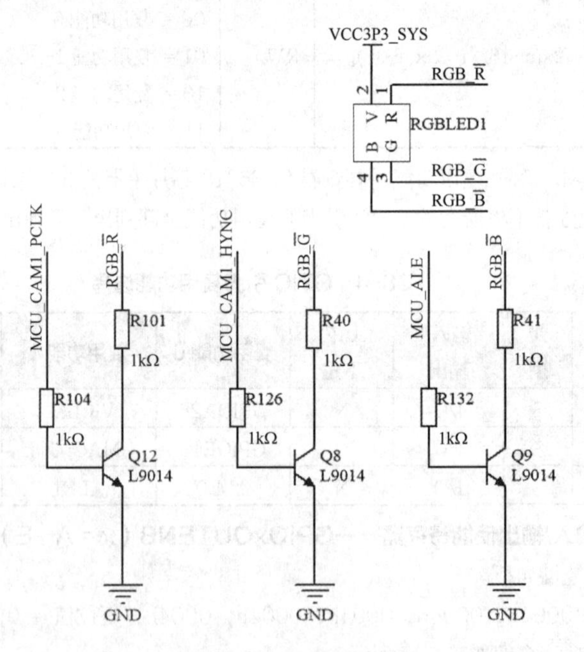

图 8-3　LED 灯电路图

V8-6　寄存器设置

通过分析电路图可知，当 GPIOA28 引脚输出高电平时，RGB 三色 LED 灯的红色灯点亮；反之，RGB 三色 LED 灯的红色灯熄灭。

8.3.2　寄存器设置

如果要将 GPIO 引脚设置为输出功能，可以通过设置 GPIOx 的相关寄存器来选择

GPIO 功能。GPIOx 复用功能选择寄存器应该设置为 00，配置 GPIO 引脚为 GPIO 功能。此外，还需要将 GPIOx 输出使能寄存器设置为 1，设置 GPIOx 引脚为输出模式。

如果让 GPIOx 引脚输出高电平，需要配置 GPIOx 输出寄存器相应的位为 1；如果让 GPIOx 引脚输出低电平，需要配置 GPIOx 输出寄存器相应的位为 0。

1. 配置 GPIOxALTFN1 寄存器

配置 GPIOA28 引脚为 GPIO 功能，如表 8-7 所示。

表 8-7　GPIOxALTFN1 寄存器（x = A~E）

名字	位	类型	描述	复位值
GPIOxALTFN1_28	[25：24]	RW	GPIOx[28]：选择 GPIOx28 引脚的功能 00 = 复用功能 0 01 = 复用功能 1 10 = 复用功能 2 11 = 复用功能 3	2'b0

根据 S5P6818 芯片手册的 2.3 节可知 GPIOA28 引脚 GPIO 功能，如表 8-8 所示。

表 8-8　引脚功能配置表

引脚	名字	类型	输入/输出	上拉/下拉	复用功能 0	复用功能 1	复用功能 2	复用功能 3
U21	VICLK1	S	I/O	N	GPIOA28	VICLK1	I2SMCLK2	I2SMCLK1

通过以上分析，只需要把 GPIOxALTFN1（地址 = 0xC001A024）寄存器的[25:24]位设置为 0b00，此时 GPIOA28 引脚就是 GPIO 功能。

2. 配置 GPIOxOUTENB 寄存器

配置 GPIOA28 引脚为输出功能，如表 8-9 所示。

表 8-9　GPIOxOUTENB 寄存器（x = A~E）

名字	位	类型	描述	复位值
GPIOxOUTENB	[31：0]	RW	GPIOx[31：0]：指定 GPIOx 输入/输出模式 0 = 输入模式 1 = 输出模式	32'h0

通过以上分析，只需要把 GPIOAOUTENB（地址 = 0xC001A004）寄存器的[28]位设置为 0b1，此时 GPIOA28 引脚就是输出功能。

3. 配置 GPIOxOUT 寄存器

配置 GPIOA28 引脚输出高低电平，如表 8-10 所示。

表 8-10　GPIOxOUT 寄存器（x = A~E）

名字	位	类型	描述	复位值
GPIOxOUT	[31：0]	RW	GPIOx[31：0]：在输出模式下，指定 GPIOx 输出值 0 = 低电平 1 = 高电平	32'h0

V8-7 程序的编写

通过以上分析，只需要把 GPIOAOUT（地址 = 0xC001A000）寄存器的[28]位设置为 0b1，GPIOA28 引脚就会输出高电平；相反设置为 0b0，GPIOA28 引脚就会输出低电平。

8.3.3 程序的编写

GPIO 引脚驱动 RGB 三色 LED 灯的相关代码实现如下。

1. GPIO 控制器相关寄存器封装在 led.h 文件中实现

```
#ifndef __LED_H__
#define __LED_H__
/*********************************
* 寄存器封装
*********************************/
#define    GPIOAOUT           (*(volatile unsigned int *)0xC001A000)
#define    GPIOAOUTENB        (*(volatile unsigned int *)0xC001A004)
#define    GPIOAALTFN1        (*(volatile unsigned int *)0xC001A024)


void hal_led_init(void);
void hal_led_flash(void);


#endif
```

2. LED 灯驱动代码在 led.c 文件中实现

```
#include  "led.h"
void delay_ms(unsigned int ms);
/*********************************
* 函数功能：led灯初始化
*********************************/
void hal_led_init(void)
{
     GPIOAALTFN1 = GPIOAALTFN1 & (~(0x3 << 24));   // 设置GPIOA28引脚为GPIO功能
     GPIOAOUTENB = GPIOAOUTENB | (1 << 28);         // 设置GPIOA28引脚为输出功能
}
/*********************************
* 函数功能：led闪烁
*********************************/
void hal_led_flash(void)
{
     GPIOAOUT = GPIOAOUT | (1 << 28);         // 点亮LED灯
     delay_ms(500);                           // 延时500ms
     GPIOAOUT = GPIOAOUT & (~(1 << 28));      // 熄灭LED灯
     delay_ms(500);                           // 延时500ms
}
```

3. 主函数在 main.c 文件中实现

```
#include "led.h"
/**********************************
* 函数功能：延时函数
* 函数参数：延时时间，单位毫秒
**********************************/
void delay_ms(unsigned int ms)
{
    unsigned int i,j;
    for(i = 0; i < ms; i++)
        for(j = 0; j < 1800; j++);
}
/**********************************
* 主函数：main函数
**********************************/
int main()
{
    hal_led_init();        // LED灯初始化
    while(1)
    {
        hal_led_flash();    // LED灯闪烁
    }
    return 0;
}
```

8.3.4 调试与运行结果

用 FS-JTAG 仿真器下载并仿真程序，可以看到 RGB 三色 LED 灯中的红色灯每隔 500 毫秒（ms）亮灭一次。

8.4 小结

通过本章学习，需要理解 GPIO 的概念，掌握 S5P6818 芯片上的 GPIO 控制器编程控制方法。

8.5 练习题

1. 什么是 GPIO？
2. S5P6818 芯片将 GPIO 引脚分成几组？分别是什么？
3. 编程实现利用 S5P6818 的 GPIO 引脚控制 RGB 三色 LED 灯循环闪烁。

CHAPTER09

第9章

ARM外部中断

重点知识

ARM中断控制器简介 ■
S5P6818通用中断控制器 ■
GIC功能介绍 ■
寄存器设置 ■

■ 几乎每种处理器都支持特定异常处理，中断也是异常中的一种。了解处理器的异常处理相关知识，是学习使用处理器的重要环节。

9.1 ARM 中断控制器简介

ARM 内核只有两个外部中断输入信号，即 FIQ 和 IRQ。但对于一个系统来说，中断源可能多达几十个。为此，在系统集成时，一般都会有一个中断控制器来处理异常信号，如图 9-1 所示。

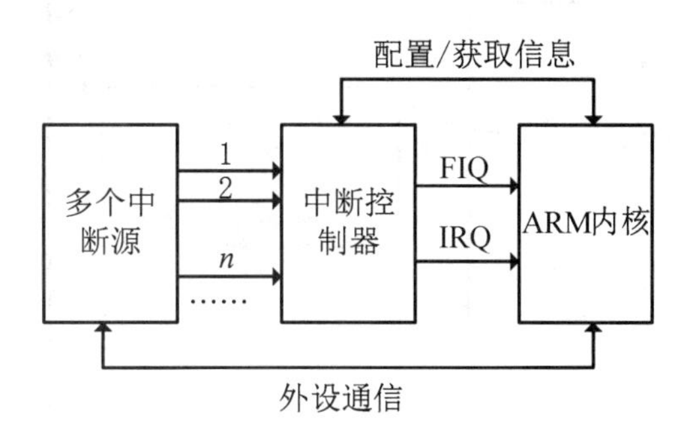

图 9-1 中断系统

这时候用户程序可能存在多个 IRQ 或 FIQ 的中断处理函数，为了使从向量表开始的跳转始终能找到正确的处理函数入口，需要设置处理机制和方法。不同的中断控制器，处理方法也不同。

9.1.1 中断软件分支处理

在非向量中断控制器（Nested Vectored Interrupt Controller，NVIC）和通用中断控制器（Generic Interrupt Controller，GIC）中采用的是使用软件来处理异常分支，因为软件可以通过读取中断控制器来获得中断源的信息，从而达到中断分支的目的，如图 9-2 所示。

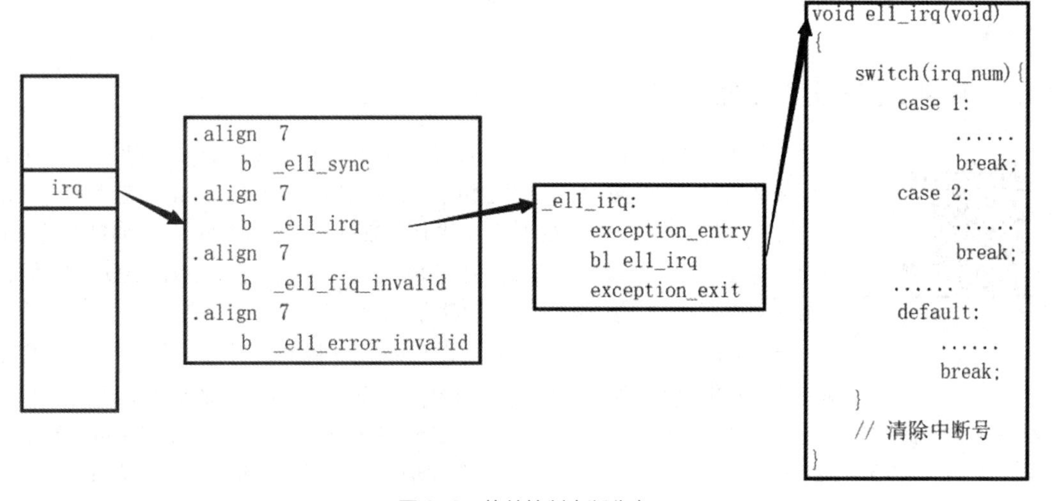

图 9-2 软件控制中断分支

因为软件的灵活性，可以设计出比图 9-2 更灵活的流程控制方法，如图 9-3 所示。

Int_vector_table 是用户自己开辟的一块存储器空间，里面按次序存放异常处理函数的地址。el1_irq()

从中断控制器获取中断源信息，然后再从 Int_vector_table 中的对应地址单元得到异常处理函数的入口地址，完成一次异常响应的跳转。这种方法的好处是用户程序在运行过程中，能够很方便地动态改变异常服务内容。

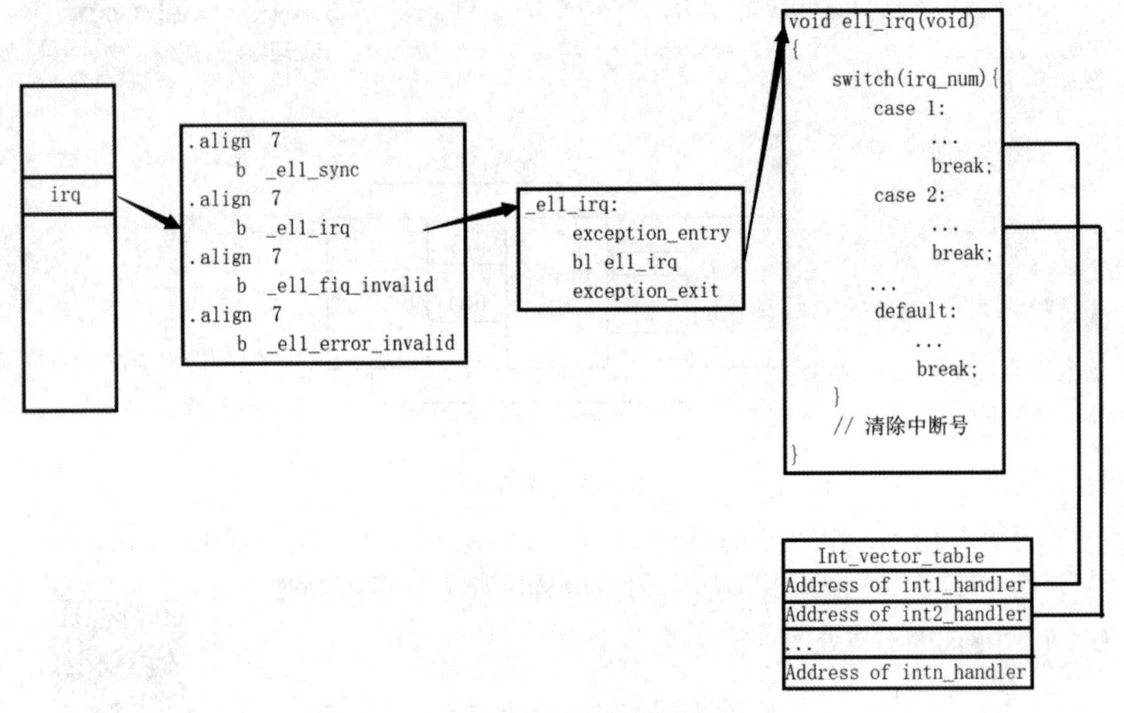

图 9-3 更灵活的软件控制中断分支设计

进入异常处理程序后，用户可以完全按照自己的意愿来进行程序设计，包括调用 Thumb 状态的函数等。但对于绝大多数的系统来说，有两个步骤必须处理：一是现场保护；二是要把中断控制器中对应的中断状态标识清除，表明该中断请求已经得到响应。否则，中断函数退出以后，又会被再一次触发，从而进入周而复始的死循环。

9.1.2 硬件支持的分支处理

V9-3 硬件支持的分支处理

在向量中断控制器分支处理（Vectored Interrupt Controller，VIC）中采用的是使用硬件支持的分支处理，这种类型的中断控制早已出现在了 ARM 芯片中，例如在基于 S5PV210 的 Cortex-A8 中已集成 PL192 向量中断控制器。使用向量中断的优点在于，中断优先级仲裁和中断分支的处理权递交给了控制器，这样从获取中断源，再到中断 ISR 的处理，其性能相对于软件方式的实现有很大的提高。

当 S5PV210 收到来自片内外设和外部中断请求引脚的多个中断请求时，S5PV210 的中断控制器在中断仲裁过程后向 S5PV210 内核请求 FIQ 或 IRQ 中断。中断仲裁过程依靠处理器的硬件优先级逻辑，在处理器这边会跳转到中断异常处理例程中，执行异常处理程序，这个时候 VICADDRESS 寄存器的值就是仲裁后中断源对应的（ISR）中断处理程序的入口地址，如图 9-4 所示。

S5PV210 的中断控制器的任务是在有多个中断发生时，选择其中一个中断通过 IRQ 或 FIQ 向 CPU 内核发出中断请求。实际上，最初 CPU 内核只有 FIQ（快速中断请求）和 IRQ（通用中断请求）两种中断，其他中断都是各个芯片厂家在设计芯片时，通过加入一个中断控制器来扩展定义的，这些中断根据其优先级高低来进行处理，更符合实际应用系统中要求提供多个中断源的需求。除此之外，向量中断控制器比以前的中断方式更加灵活和方便，把判断的任务留给了硬件，使得中断编程更为简洁。

S5PV210 默认情况的中断为非安全中断，整个 S5PV210 的 4 个 VIC 控制器采用 ARM 的菊花链中断控制器。图 9-5 所示为 S5PV210 中的 VIC 中断控制器结构，每个 VIC 中断控制器都有 32 个中断源分别管理着不同的中断。所有的中断源产生的中断最终都由 VIC0 中断控制器提交给 S5PV210 内核。例如，当 VIC3 中断控制器中某一中断源产生 IRQ 中断请求时，会依次通过 VIC2、VIC1、VIC0，最终才会提交给处理器内核，所以在中断服务函数中做清除中断处理时，要将 4 个 VICADDRESS 寄存器做写操作。

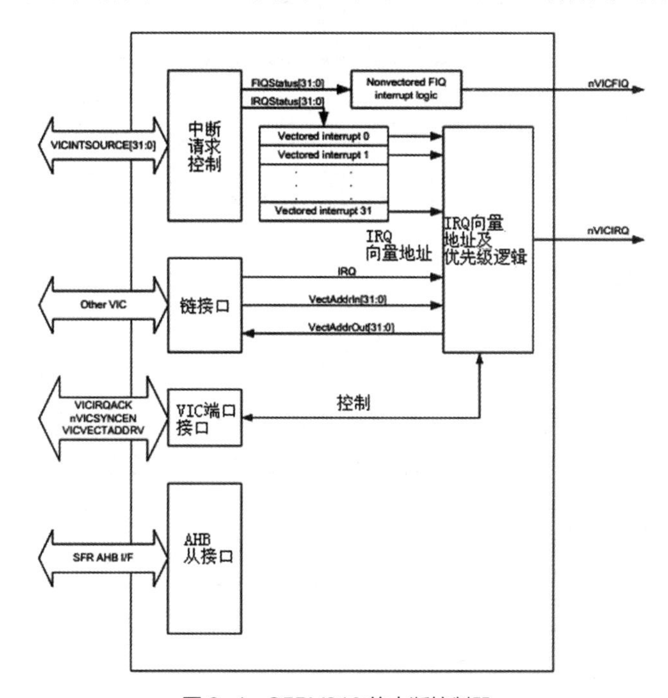

图 9-4　S5PV210 的中断控制器

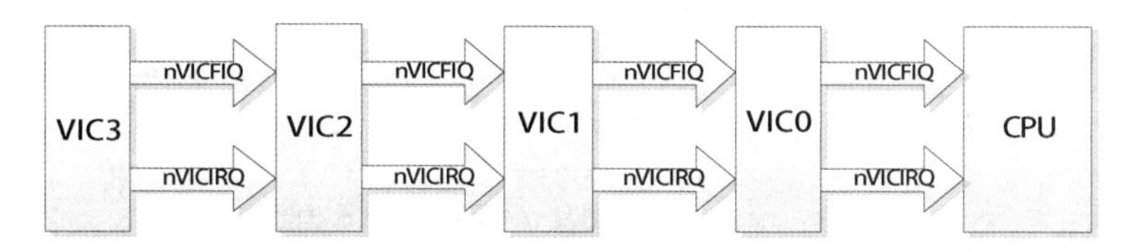

图 9-5　S5PV210 中的 VIC 中断控制器结构

9.2　S5P6818 处理器通用中断控制器

S5P6818 芯片内部集成了通用中断控制器（GIC），采用的是 ARM 公司提供的 GIC-400 版本。GIC 系统框图如图 9-6 所示。

GIC 系统主要包括 AMBA 总线从接口（AMBA slave interface）、分配器（Distributor）、CPU 接口（CPU interface）、虚拟接口控制器（Virtual interface control）、虚拟 CPU 接口（Virtual CPU interface）、时钟和复位（Clock and Reset）。虚拟 CPU 接口只在支持虚拟化扩展的系统存在，不在本书讨论的范围内。

V9-4　S5P6818处理器通用中断控制器

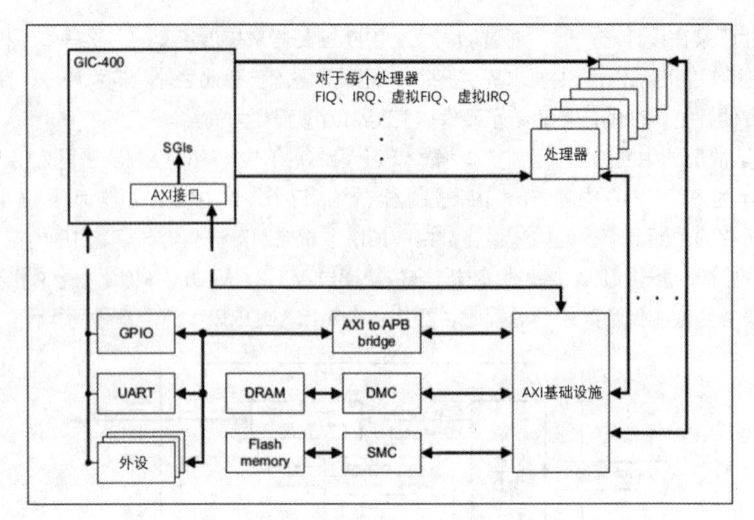

图 9-6　GIC 系统框图

9.2.1　GIC 功能模块

GIC 的两个主要功能模块为分配器层和 CPU 接口层。

1. 分配器

系统中所有的中断源都被分配器（Distributor）控制，分配器有相应的寄存器控制每个中断优先级、状态、安全、路由信息的属性及启用状态。分配器确定哪些中断通过所连接的 CPU 接口转发到核心。GIC 分配器框图如图 9-7 所示。

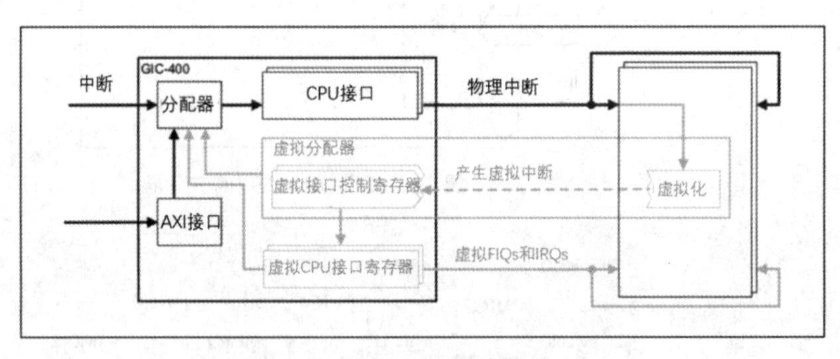

图 9-7　GIC 分配器框图

分配器提供如下功能。

① 使能挂起的中断信号是否发送到 CPU 接口层。

② 使能禁用任意中断信号。

③ 设定任意中断优先级。

④ 设置任意目标处理器。

⑤ 设置中断为电平触发或边沿触发。

⑥ 设置中断为组别。

⑦ 传递任意 SGI 到一个或多个目标处理器。

⑧ 查看任意中断的状态。

⑨ 提供软件方式设置或清除任意中断的挂起状态。

⑩ 中断使用中断号来标识，每个 CPU 接口可以处理多达 1020 个中断。

2. CPU 接口

通过配置 CPU 接口（CPU interface）相关的寄存器屏蔽，可以识别和控制中断并转发到内核。每个内核都有一个单独的 CPU 系统接口。

每个 CPU 接口提供如下功能。

① 使能通知 ARM 核中断请求。

② 应答中断。

③ 指示中断处理完成。

④ 设置处理器的中断优先级屏蔽。

⑤ 定义处理器中断抢占策略。

⑥ 为处理器决定最高优先级的挂起中断。

V9-6　GIC 中断控制器中断类型

9.2.2　GIC 中断控制器中断类型

GIC 中断控制器中断类型分为 3 种。

1. 软件产生中断

软件产生的中断（Software Generated Interrupt，SGI）又称软中断，软中断的产生是通过软件写入一个专门的寄存器——软中断产生中断寄存器（ICDSGIR），它常用于内核间通信。软中断能以所有核为目标或以选定的一组系统中的核心为目标，中断号 0～15 为此保留。

2. 专用外设中断

专用外设中断（Private Peripheral Interrupt，PPI）是由外设产生的专用于特定核心处理的中断。中断号 16～31 为 PPI 保留。这些中断源对核心是私有的，并且独立于其他核上相同的中断源（例如每个核上的定时器中断源）。

3. 共享外设中断

共享外设中断（Shared Peripheral Interrupt，SPI）是由外设产生的可以发送给一个或多个核心处理的中断源。中断号 32～1020 用于共享外设中断。

V9-7　GIC 中断控制器中断状态

9.2.3　GIC 中断控制器中断状态

GIC 中断信号有许多不同的状态。

1. 无效态

无效态（Inactive）表示中断没有发生。

2. 挂起态

挂起态（Pending）表示中断已经发生，但在等待核心来处理。待处理中断都作为通过 CPU 接口发送到核心处理的候选者。

3. 激活态

激活态（Active）表示中断信号发送给了核心，目前正在进行中断处理。

4. 激活挂起态

激活挂起态（Active and Pending）指一个中断源正进行中断处理而 GIC 又接收到来自同一中断源的中断触发信号。

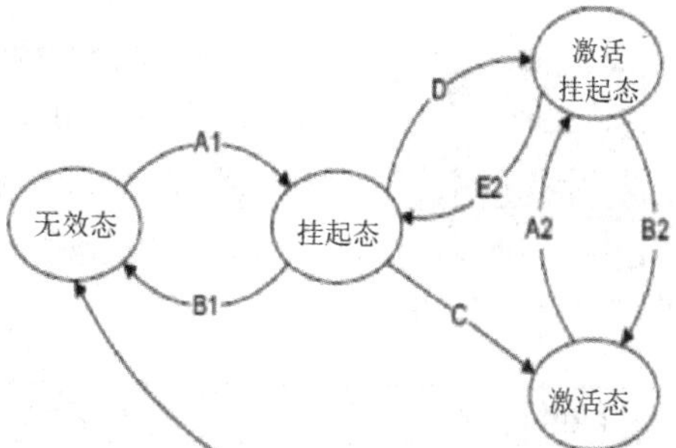

中断状态转移如图 9-8 所示。

图 9-8　中断状态转移

9.2.4 GIC 中断处理流程

V9-8 GIC 中断处理流程

当 ARM 核心接收到中断时，它会跳转到异常向量表中，PC 寄存器获得对应异常向量并开始执行中断处理函数。

在中断处理函数中，先读取 GIC 控制器 CPU 接口模块内的中断响应寄存器（GICC_IAR），一方面获取需要处理的中断 ID 号，进行具体的中断处理，另一方面也作为 ARM 核心对 GIC 发来的中断信号的应答。GIC 接收到应答信号，GIC 分配器会把对应中断源的状态设置为激活态。

当中断处理程序执行结束后，中断处理函数需要写入相同的中断 ID 号到 GIC 控制器 CPU 接口模块内的中断结束寄存器（GICC_EOIR），作为给 GIC 控制器的中断处理结束信号。GIC 分配器会把对应中断源的状态由激活态设置为无效态。同时 GIC 控制器 CPU 接口模块可以继续提交一个优先级最高的、状态为挂起态的中断到 ARM 核心进行中断处理，一次完整的中断处理就此完成。

9.3 中断接口电路与程序设计

下面通过一个简单示例说明 S5P6818 芯片的 GIC 的应用。利用 S5P6818 的 VOL+键连接的 I/O 引脚的中断模式，识别键按下时进入相应的中断处理函数处理相应的中断事件。

9.3.1 电路连接

V9-9 电路连接

本示例电路原理如图 9-9 所示。VOL+键与 GPIOB8 引脚相连，上拉一个 100kΩ的电阻和一个 0.1μF 的滤波电容，在 VOL+键没有按下时，GPIOB8 引脚上一直处于高电平状态；当 VOL+键按下时会产生一个下降沿和低电平；当把 GPIOB8 引脚设为中断模式并为下降沿触发中断时，按下键 VOL+会触发中断进入相应的中断处理函数，处理中断事件，从终端上输出相应的按键信息。其中 VOL+对应的是 GPIOB 中断源，中断号为 SPI54（ID86）。

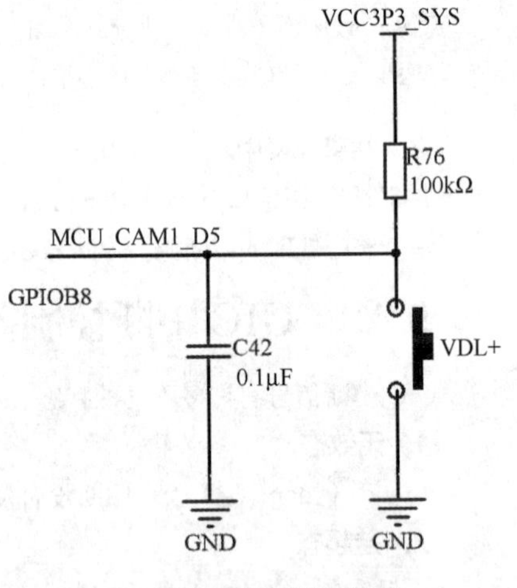

图 9-9 按键硬件连接图

9.3.2 寄存器设置

V9-10 寄存器设置

对应按键中断实验，需要配置的寄存器比较多，主要有两级：第一级为 GPIO 控制器，第二级为 GIC 控制器。

表 9-1 所示为与 GPIO 控制器有关的寄存器（基地址：0xC001_0000h）。

表 9-1 GPIO 寄存器映射表

寄存器名称	偏移地址	描述	复位值
GPIOxOUTENB	A004h、B004h、C004h、D004h、E004h	GPIOx 输出使能寄存器	0x0000_0000
GPIOxDETMODE0	A004h、B004h、C004h、D004h、E004h	GPIOx 事件检测模式寄存器 0	0x0000_0000
GPIOxDETMODE1	A004h、B004h、C004h、D004h、E004h	GPIOx 事件检测模式寄存器 1	0x0000_0000
GPIOxINTENB	A004h、B004h、C004h、D004h、E004h	GPIOx 中断使能寄存器	0x0000_0000
GPIOxDET	A004h、B004h、C004h、D004h、E004h	GPIOx 事件检测寄存器	0x0000_0000

续表

寄存器名称	偏移地址	描述	复位值
GPIOxALTFN0	A004h、B004h、C004h、D004h、E004h	GPIOx 多功能选择寄存器 0	0x0000_0000
GPIOxALTFN1	A004h、B004h、C004h、D004h、E004h	GPIOx 多功能选择寄存器 1	0x0000_0000
GPIOxDETMODEEX	A004h、B004h、C004h、D004h、E004h	GPIOx 事件检测模式扩展寄存器	0x0000_0000
GPIOxDETENB	A004h、B004h、C004h、D004h、E004h	GPIOx 检测使能寄存器	0x0000_0000

1. GPIOx 输出使能寄存器——GPIOxOUTENB（x = A~E）

GPIOx 输出使能寄存器主要用于设置 GPIO 引脚的输入/输出模式使能寄存器。寄存器功能介绍如表 9-2 所示。

表 9-2　GPIOxOUTENB 功能介绍

名字	位	类型	描述	复位值
GPIOxOUTENB	[31：0]	RW	GPIOx[31：0]：设置 GPIOx 引脚输入/输出模式 0 = 输入模式 1 = 输出模式	32'h0

2. GPIOx 事件检测模式寄存器——GPIOxDETMODEn（x = A~E，n = 0、1）

GPIOx 事件检测模式寄存器主要用于设置 GPIO 引脚检查事件触发中断的模式。寄存器功能介绍如表 9-3 所示。

表 9-3　GPIOxDETMODEn 功能介绍

名字	位	类型	描述	复位值
GPIOxDETMODE0_8	[17：16]	RW	指定检测模式，当 GPIOx8 是输入模式时，它通过组合进行配置 GPIOxDET_EX8(1-bit)+ GPIOxDETMODE0_ 8(2-bit)，把 GPIOxDET_EX8 和 GPIOxDETMODE0_8 视为一体 第一位是 GPIOxDET_EX8，第二位和第三位是 GPIOxDETMODE0_8 000 = 低电平 001 = 高电平 010 = 下降沿 011 = 上升沿 100 = 双边沿 101~111 = 保留	2'b0

注意，此寄存器其他的详细说明基本上都是一样的，只是代表的引脚编号不同，此处不再进行详细说明。

3. GPIOx 中断使能寄存器——GPIOxINTENB（x = A~E）

GPIOx 中断使能寄存器主要用于设置 GPIO 引脚中断使能，只有使能对应的引脚中断，中断信号才能向下一级转发。寄存器功能介绍如表 9-4 所示。

V9-11　GPIOx 输出使能寄存器——GPIOxOUTENB（x = A~E）

V9-12　GPIOx 事件检测模式寄存器——GPIOxDETMODEn（x = A~E，n = 0、1）

V9-13　GPIOx 中断使能寄存器——GPIOxINTENB（x = A~E）

表 9-4　GPIOxINTENB 功能介绍

名字	位	类型	描述	复位值
GPIOxINTENB	[31：0]	RW	GPIOx[31：0]：指定使用中断当 GPIOx 事件发生时 0 = 禁止 1 = 使能	32'h0

V9-14　GPIOx 事件检测寄存器——GPIOxDET（x = A~E）

4．GPIOx 事件检测寄存器——GPIOxDET（x = A~E）

GPIOx 事件检测寄存器主要用于检查对应的 GPIO 引脚是否有中断触发，并且可以用于清除中断挂起标志位。寄存器功能介绍如表 9-5 所示。

表 9-5　GPIOxDET 功能介绍

名字	位	类型	描述	复位值
GPIOxDET	[31：0]	RW	GPIOx[31：0]：根据 GPIOx 输入模式下的事件检测模式显示是否检测到事件 设置 1 来清除相关的位。当中断发生时，GPIOx[31：0]用作挂起寄存器 读： 0 = 没有发生中断 1 = 发生中断 写： 0 = 不清除中断标志位 1 = 清除中断标志位	32'h0

V9-15　GPIOx 多功能选择寄存器——GPIOxALTFNn（x = A~E，n = 0、1）

5．GPIOx 多功能选择寄存器——GPIOxALTFNn（x = A~E，n = 0、1）

GPIOx 多功能选择寄存器主要用于设置 GPIO 引脚功能。寄存器功能介绍如表 9-6 所示。

表 9-6　GPIOxALTFNn 功能介绍

名字	位	类型	描述	复位值
GPIOxALTFN1_8	[17：16]	RW	GPIOx[8]：选择 GPIOx8 引脚的功能 00 = 复用功能 0 01 = 复用功能 1 10 = 复用功能 2 11 = 复用功能 3	2'b0

注意，此寄存器其他的详细说明基本上都是一样的，只是代表的引脚编号不同，此处不再进行详细说明。

根据 S5P6818 芯片手册的 2.3 节可知 GPIO 引脚对应的复用功能，如表 9-7 所示。

表 9-7　引脚功能配置表

引脚	名字	类型	输入/输出	上拉/下拉	复用功能 0	复用功能 1	复用功能 2	复用功能 3
V20	VID1_5	S	I/O	N	GPIOB8	VID1_5	SDEX5	I2SDOUT2

通过以上分析，只需要把 GPIOxALTFN0 寄存器的[17:16]位设置为 0b00，此时 GPIOB8 引脚就是 GPIO 功能。

V9-16　GPIOx 事件检测模式扩展寄存器——GPIOxDETMODEEX（x = A~E）

6. GPIOx 事件检测模式扩展寄存器——GPIOxDETMODEEX（x = A~E）

GPIOx 事件检测模式扩展寄存器主要用于设置 GPIO 引脚检查事件触发中断的模式，GPIO 引脚中断触发的模式由 GPIOxDETMODEn 和 GPIOxDETMODEEX 寄存器共同设置。寄存器功能介绍如表 9-8 所示。

表 9-8　GPIOxDETMODEEX 功能介绍

名字	位	类型	描述	复位值
GPIOxDET_EX8	[8]	RW	指定检测模式，当 GPIOx 8 是输入模式时，它通过组合进行配置 GPIOxDET_EX8(1-bit)+GPIOxDETMODE0_ 8(2-bit)，把 GPIOxDET_EX8 和 GPIOxDETMODE0_8 看作一体 第一位是 GPIOxDET_EX8，第二位和第三位是 GPIOx DETMODE0_8 000 = 低电平 001 = 高电平 010 = 下降沿 011 = 上升沿 100 = 双边沿 101~111 = 保留	1'b0

7. GPIOx 检测使能寄存器——GPIOxDETENB（x = A~E）

GPIOx 检测使能寄存器主要用于检测对应的 GPIO 引脚的检测使能和禁止。寄存器功能介绍如表 9-9 所示。

V9-17　GPIOx 检测使能寄存器——GPIOxDETENB（x = A~E）

表 9-9　GPIOxDETENB 功能介绍

名字	位	类型	描述	复位值
GPIOxDETENB	[31：0]	RW	GPIOx[31：0]：判断使用 GPIOx PAD 的检测模式 0 = 禁止 1 = 使能	32'h0

表 9-10 所示为 GIC 控制器相关的寄存器（基地址：0xC000_0000h）。

表 9-10　GIC 寄存器映射表

寄存器名称	偏移地址	描述	复位值
GICD_CTRL	0x9000	分配器控制寄存器	0x0000_0000
GICD_ISENABLERn(n=0-4)	0x9100-0x9110	中断设置使能寄存器	0x0000_0000
GICD_ICPENDERn(n=0-4)	0x9280-0x9290	中断清除挂起寄存器	0x0000_0000
GICD_IPRIORITYRn(n=0-39)	0x9400-0x949C	中断优先级寄存器	0x0000_0000
GICD_ITARGETSRn(n=0-39)	0x9800-0x989C	中断处理器目标寄存器	0x0000_0000
GICC_CTRL	0xA000	CPU 接口控制寄存器	0x0000_0000
GICC_PMR	0xA004	中断优先级屏蔽寄存器	0x0000_0000
GICC_IAR	0xA00C	中断应答寄存器	0x0000_03FF
GICC_EOIR	0xA010	中断结束寄存器	0x0000_0000

V9-18　分配器层控制寄存器——GICD_CTRL

8. 分配器层控制寄存器——GICD_CTRL

GICD_CTRL 是一个全局中断使能寄存器，只有使能之后中断信号才可以向下一级转发。寄存器功能介绍如表 9-11 所示。

表 9-11　GICD_CTRL 功能介绍

名字	位	类型	描述	复位值
保留	[31：2]	–	保留	–
使能组 1	[1]	RW	全局使能转发分组 1 挂起中断从分配器到 CPU 接口 0 = 分组 1 中断不转发 1 = 分组 1 中断转发，服从优先级规则	1'b0
使能组 0	[0]	RW	全局使能转发分组 0 挂起中断从分配器到 CPU 接口 0 = 分组 0 中断不转发 1 = 分组 0 中断转发，服从优先级规则	1'b0

V9-19　分配器层中断使能寄存器——GICD_ISENABLERn（n = 0~4）

9. 分配器层中断使能寄存器——GICD_ISENABLERn（n = 0~4）

GICD_ISENABLERn 是一个中断使能寄存器，只有寄存器对应的位使能之后对应的中断信号才可以向下一级转发。寄存器功能介绍如表 9-12 所示。

表 9-12　GICD_ISENABLERn 功能介绍

名字	位	类型	描述	复位值
设置使能位	[31：0]	RW	对于 SPI 和 PPI，每个位控制将相应中断从分配器转发到 CPU 接口 读： 0 = 禁止转发相应的中断 1 = 使能转发相应的中断 写： 0 = 没有效果 1 = 使能转发相应的中断 在这位写入 1 后，该位的后续读取返回值为 1 对于 SGI，读取和写入位的行为没有实际意义	–

GICD_ISENABLERn 寄存器和中断号对应关系如图 9-10 所示。

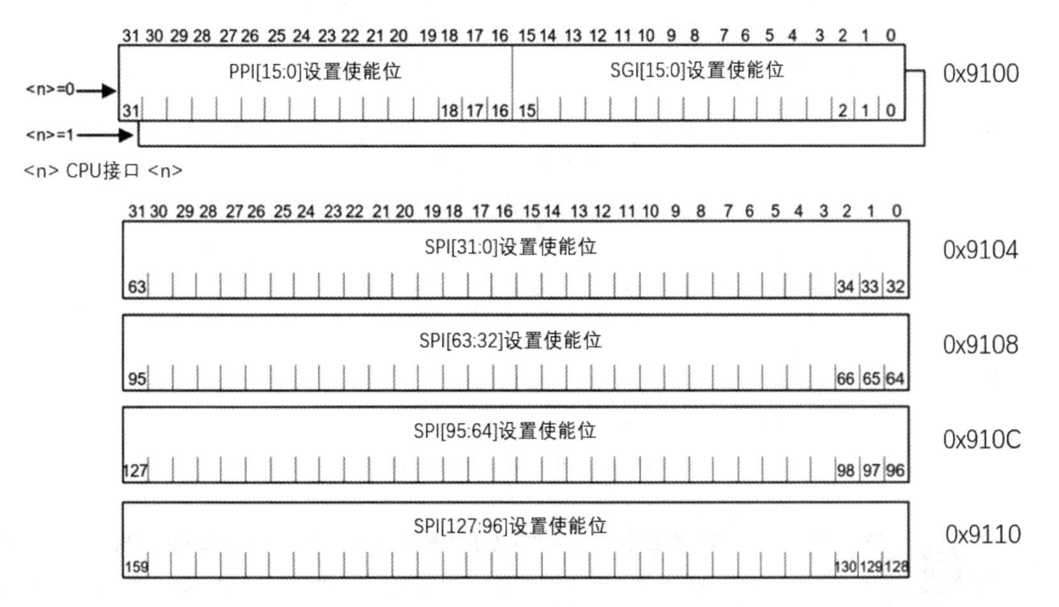

图 9-10　GICD_ISENABLERn 寄存器和中断号对应关系

例如，GIC 中断号为 SPI54 的中断信号，使用 CPU0 处理，根据对应关系图，编程将 GICD_ISENABLE2 对应的 22 位置 1，使能 CPU0 对 SPI54 的中断信号。这样 SPI54 中断申请信号就可以到达 CPU0 了。

V9-20　分配器层清除中断挂起标志寄存器——GICD_ICPENDERn（n = 0~4）

10．分配器层清除中断挂起标志寄存器——GICD_ICPENDERn（n = 0~4）

GICD_ICPENDERn 用于中断程序执行完之后，需要清除中断挂起的标志位。寄存器功能介绍如表 9-13 所示。

表 9-13　GICD_ICPENDERn 功能介绍

名字	位	类型	描述	复位值
清除挂起位	[31：0]	RW	对于每位： 读： 0 = 对应的中断没有在任何处理器上挂起 1 = 为 PPIs 和 SGIs，对应的中断在此处理器上挂起 对于 SPIs 来说，相应的中断至少在一个处理器上挂起 写： 对于 SPIs 和 PPIs： 0 = 没有效果 1 = 效果取决于中断是边沿触发或电平识别	32'h0

GICD_ICPENDERn 和中断号的对应关系如图 9-11 所示。

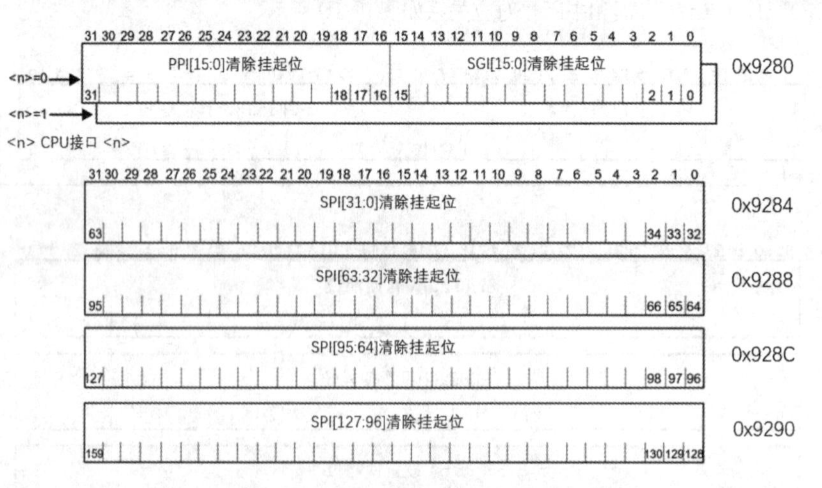

图 9-11　GICD_ICPENDERn 和中断号的对应关系

V9-21　分配器层中断优先级设置寄存器——GICD_IPRIORITYRn（n = 0~39）

11. 分配器层中断优先级设置寄存器——GICD_IPRIORITYRn（n = 0~39）

GICD_IPRIORITYRn 用于设置中断的优先级别，编号越小，优先级越高。寄存器功能介绍如表 9-14 所示。

表 9-14　GICD_IPRIORITYRn 功能介绍

名字	位	类型	描述	复位值
优先级偏移字段 3	[31：24]	RW	从实现定义的范围，每个优先级字段都具有优先级值，值越低，相应中断的优先级越大	8'h0
优先级偏移字段 2	[23：16]	RW		8'h0
优先级偏移字段 1	[15：8]	RW		8'h0
优先级偏移字段 0	[7：0]	RW		8'h0

GICD_IPRIORITYRn 和中断号的对应关系如图 9-12 所示。

例如，GIC 中断号为 SPI54 的中断信号，使用 CPU0 处理，根据对应关系图，编程将 SPI54 号中断的优先级设置为 54。设置 GICD_IPRIORITYR21 寄存器的[23:16]位为 54，此时 SPI54 中断的优先级就是 54 了。

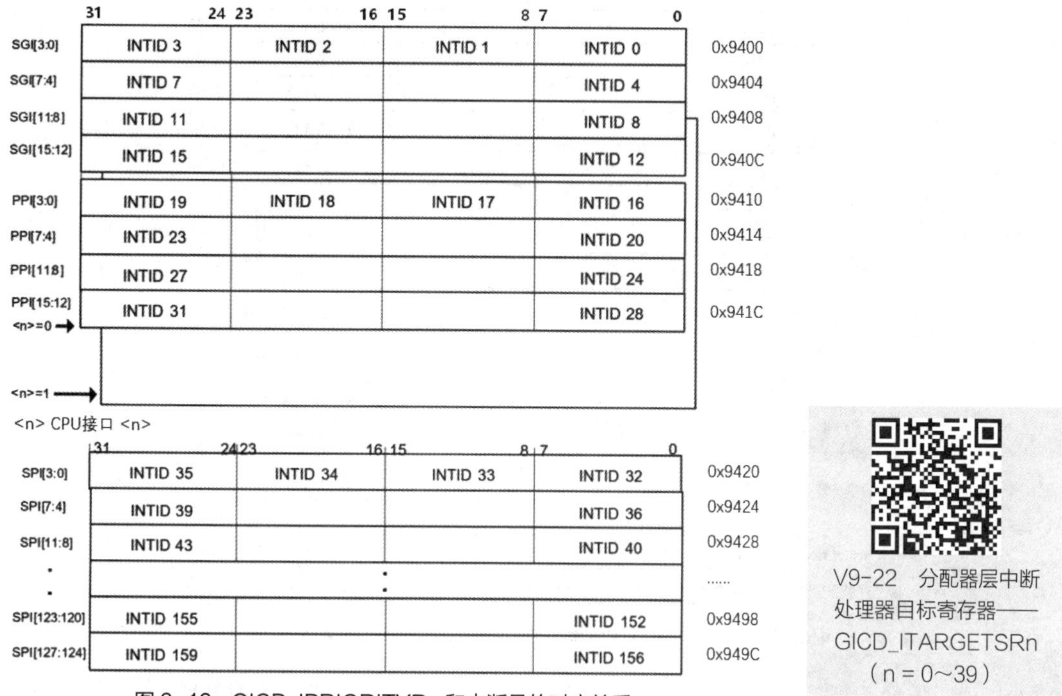

图 9-12 GICD_IPRIORITYRn 和中断号的对应关系

12. 分配器层中断处理器目标寄存器——GICD_ITARGETSRn（n = 0~39）

GICD_ITARGETSRn 用于设置将中断发送给哪个 CPU 进行处理。寄存器功能介绍如表 9-15 所示。

表 9-15 GICD_ITARGETSRn 功能介绍

名字	位	类型	描述	复位值
目标偏移字段 3	[31：24]	RW	系统中处理器的数字为 0，而 CPU 目标字段中的每个位都表示相对应的处理器。例如，0x3 的值意味着等待的中断被发送到处理器 0 和 1	–
目标偏移字段 2	[23：16]	RW		–
目标偏移字段 1	[15：8]	RW		–
目标偏移字段 0	[7：0]	RW		–

该寄存器的每个 CPU 目标位域的设置方法如表 9-16 所示。

表 9-16 目标 CPU 设置方法

CPU 目标字段值	中断目标
0bxxxxxxx1	CPU 接口 0
0bxxxxxx1x	CPU 接口 1
0bxxxxx1xx	CPU 接口 2
0bxxxx1xxx	CPU 接口 3
0bxxx1xxxx	CPU 接口 4
0bxx1xxxxx	CPU 接口 5
0bx1xxxxxx	CPU 接口 6
0b1xxxxxxx	CPU 接口 7

GICD_ITARGETSRn 寄存器和中断号的对应关系如图 9-13 所示。

	31–24	23–16	15–8	7–0	地址
SGI[3:0]	INTID 3	INTID 2	INTID 1	INTID 0	0x9800
SGI[7:4]	INTID 7			INTID 4	0x9804
SGI[11:8]	INTID 11			INTID 8	0x9808
SGI[15:12]	INTID 15			INTID 12	0x980C
PPI[3:0]	INTID 19	INTID 18	INTID 17	INTID 16	0x9810
PPI[7:4]	INTID 23			INTID 20	0x9814
PPI[11:8]	INTID 27			INTID 24	0x9818
PPI[15:12]	INTID 31			INTID 28	0x981C

<n>=0
<n>=1
<n> CPU接口 <n>

	31–24	23–16	15–8	7–0	地址
SPI[3:0]	INTID 35	INTID 34	INTID 33	INTID 32	0x9820
SPI[7:4]	INTID 39			INTID 36	0x9824
SPI[11:8]	INTID 43			INTID 40	0x9828
⋮		⋮			……
SPI[123:120]	INTID 155			INTID 152	0x9898
SPI[127:124]	INTID 159			INTID 156	0x989C

图 9-13　GICD_ITARGETSRn 寄存器和中断号的对应关系

V9-23　CPU 接口层控制寄存器——GICC_CTRL

例如，GIC 中断号为 SPI54 的中断信号，使用 CPU0 处理，根据对应关系图，编程将 SPI54 号中断交给 CPU0 处理。设置 GICD_ITARGETSR21 寄存器的[23:16]位为 0x01，此时 SPI54 中断信号就可以在 CPU0 中进行处理。

13. CPU 接口层控制寄存器——GICC_CTRL

GICC_CTRL 用于设置 CPU 接口层的全局中断使能。寄存器功能介绍如表 9-17 所示。

表 9-17　GICC_CTRL 功能介绍

名字	位	类型	描述	复位值
使能组 1	[1]	RW	启用通过 CPU 接口连接到处理器的 1 组中断信号 0 = 禁止 1 组中断信号 1 = 使能 1 组中断信号	1'b0
使能组 0	[0]	RW	启用通过 CPU 接口连接到处理器的 0 组中断信号 0 = 禁止 0 组中断信号 1 = 使能 0 组中断信号	1'b0

V9-24　CPU 接口层中断优先级屏蔽寄存器——GICC_PMR

14. CPU 接口层中断优先级屏蔽寄存器——GICC_PMR

GICC_PMR 用来对 CPU 的中断屏蔽级别，只有优先级别高于此寄存器设置的屏蔽级别的中断才可以发送到 CPU。优先级值越小，级别越高。寄存器功能介绍如表 9-18 所示。

表 9-18　GICC_PMR 功能介绍

名字	位	类型	描述	复位值
保留	[31 : 8]	_	保留	_
优先级	[7 : 0]	RW	CPU 接口的优先级屏蔽级别。如果中断的优先级高于此字段指示的值，则该接口将中断信号发送给处理器。如果 GIC 支持少于 256 个优先级，则某些位为 RAZ/WI 如下所示： 支持 128 级，[0]位永远为 0 支持 64 级，[1 : 0]位永远为 0 支持 32 级，[2 : 0]位永远为 0 支持 16 级，[3 : 0]位永远为 0	8'b0

15. CPU 接口层中断应答寄存器——GICC_IAR

GICC_IAR 里的低 10 位用来标识需要 CPU 处理的中断 ID 号。中断处理函数通过对中断响应寄存器 GICC_IAR 进行读取，获得中断 ID 号，然后处理相关中断，也作为 ARM 核心对 GIC 发来的中断信号的应答。寄存器功能介绍如表 9-19 所示。

V9-25　CPU 接口层中断应答寄存器——GICC_IAR

表 9-19　GICC_IAR 功能介绍

名字	位	类型	描述	复位值
保留	[31 : 13]	_	保留	_
CPU ID	[12 : 10]	R	对于多处理器实现中的 SGI，此字段标识请求中断的处理器。它返回发出请求的 CPU 接口的编号。例如，值 3 表示通过在 CPU 接口 3 上写入 GICD_SGIR 生成请求	3'b0
INTERRUPT ID	[9 : 0]	R	中断号	10'h3FF

16. CPU 接口层中断结束寄存器——GICC_EOIR

FICC_EOIR 是中断处理结束寄存器，当中断处理程序执行结束后，需要将处理的中断 ID 号写入中断结束寄存器（GICC_EOIR），作为 ARM 核心给 GIC 控制器的中断处理结束信号。寄存器功能介绍如表 9-20 所示。

V9-26　CPU 接口层中断结束寄存器——GICC_EOIR

表 9-20　GICC_EOIR 功能介绍

名字	位	类型	描述	复位值
保留	[31 : 13]	W	保留	_
CPU ID	[12 : 10]	W	在多处理器实现中，如果写入引用 SGI，则此字段包含来自相应 GICC_IAR 访问的 CPU 的 ID 值	_
EOIINTID	[9 : 0]	W	该位域被写入与相应的应答寄存器一致的中断 ID	_

9.3.3 程序的编写

V9-27 程序的编写

S5P6818 按键中断处理程序的参考代码如下。

1. GPIO 控制器相关寄存器的定义在 s5p6818_gpio.h 文件中实现

```
#ifndef __S5P6818_GPIO_H_
#define __S5P6818_GPIO_H_
#include"common.h"
typedef struct{
    uint32 OUT;
    uint32 OUTENB;
    uint32 DETMODE0;
    uint32 DETMODE1;
    uint32 INTENB;
    uint32 DET;
    uint32 PAD;
    uint32 Reserved1;
    uint32 ALTFN0;
    uint32 ALTFN1;
    uint32 DETMODEEX;
    uint32 Reserved[4];
    uint32 DETENB;
} gpio;

#define   GPIOA      (* (volatile gpio *)0xC001A000)
#define   GPIOB      (* (volatile gpio *)0xC001B000)
#define   GPIOC      (* (volatile gpio *)0xC001C000)
#define   GPIOD      (* (volatile gpio *)0xC001D000)
#define   GPIOE      (* (volatile gpio *)0xC001E000)

#endif
```

2. GIC 控制器相关寄存器的定义在 s5p6818_gic.h 文件中实现

由于 GIC 控制器的寄存器太多，此处不再详细列出，只列出几个寄存器以供参考。代码如下。

```
#ifndef    __S5P6818_GIC_H__
#define    __S5P6818_GIC_H__
#include"common.h"

// distributor Control Regist
#define    GICD_CTRL           (*(volatile unsigned int*)0xC0009000)

// Interrupt Set-Enable Register 0x0000_0000
typedef struct {
```

```
    uint32      ISENABLER0;
    uint32      ISENABLER1;
    uint32      ISENABLER2;
    uint32      ISENABLER3;
    uint32      ISENABLER4;
}gicd_isenabler;
#define  GICD_ISENABLER     (*(volatile gicd_isenabler *)0xC0009100)

// Interrupt Clear-Pending Register
typedef struct {
    uint32      ICPENDER0;
    uint32      ICPENDER1;
    uint32      ICPENDER2;
    uint32      ICPENDER3;
    uint32      ICPENDER4;
}gicd_icpender;
#define  GICD_ICPENDER     (*(volatile gicd_icpender *)0xC0009280)

// Interrupt Priority Register
typedef struct {
    uint32      IPRIORITYR[40];
}gicd_iprioriryr;
#define  GICD_IPRIORITYR     (*(volatile gicd_iprioriryr *)0xC0009400)

// Interrupt Processor Target Register
typedef struct {
    uint32      ITARGETSR[40];
}gicd_itargetsr;

#define  GICD_ITARGETSR     (*(volatile gicd_itargetsr *)0xC0009800)
#define  GICC_CTRL  (*(volatile unsigned int*)0xC000A000)   // CPU Interface Control Register
#define  GICC_PMR   (*(volatile unsigned int*)0xC000A004)      // Interrupt Priority Mask Register

#define  GICC_IAR   (*(volatile unsigned int*)0xC000A00C)      // Interrupt Acknowledge Register
#define  GICC_EOIR  (*(volatile unsigned int*)0xC000A010)      // End of Interrupt Register

#endif
```

3. GIC 控制器初始化程序在 key_interrupt.c 文件中实现

```
# include"s5p6818_gic.h"
# include"s5p6818_gp10.h"
void interrupt_gpio_init()
```

```
{
    //1. 设置GPIOB8引脚为GPIO功能ALTFN0[17:16]
    GPIOB.ALTFN0 &= (~(3 << 16));
    //2. 设置GPIOB8引脚为输入功能OUTENB[8]
    GPIOB.OUTENB &= (~(1 << 8));
    //3. 设置GPIOB8引脚的中断触发方式
    //MODEDEX0[17:16] = 0b10   MODEDEXEX[8] = 0b0
    GPIOB.DETMODE0 &= (~(3 << 16));
    GPIOB.DETMODE0 |= (2 << 16);
    GPIOB.DETMODEEX &= (~(1 << 8));
    //4. 设置中断的使能位INTENB[8]
    GPIOB.INTENB |= (1 << 8);
    //5. 设置中断的检测使能DETENB[8]
    GPIOB.DETENB |= (1 << 8);
}
void interrupt_gicd_init()
{
    //1. GICD层中断使能寄存器GICD_ISENABLER2[22]
    GICD_ISENABLER.ISENABLER2 |= (1 << 22);
    //2. 设置中断的优先等级GICD_IPRIORITYR21[23:16]
    GICD_IPRIORITYR.IPRIORITYR[21] &= (~(0xFF << 16));
    GICD_IPRIORITYR.IPRIORITYR[21] |= (86 << 16);
    //3. 设置目标分配寄存器，分配给哪个CPU
    //GICD_ITARGETSR21[23:16] = 0x1
    GICD_ITARGETSR.ITARGETSR[21] &= (~(0xFF << 16));
    GICD_ITARGETSR.ITARGETSR[21] |= (1 << 16);
    //4.设置GICD层全局使能GICD_CTRL[0] = 0x1
    GICD_CTRL |= 1;
}
void interrupt_gicc_init()
{
    //1. 设置中断优先级屏蔽寄存器GICC_PMR[7:0]
    GICC_PMR |= 255;
    //2. 设置GICC层的中断使能位GICC_CTRL[0]
    GICC_CTRL |= 1;
}
```

4．按键中断处理程序在 s5p6818-irq.c 文件中实现

```
#include "s5p6818-irq.h"
#include "s5p6818_gpio.h"
#include "s5p6818_gic.h"
#include "common.h"
```

```
void el1_irq(void)
{
    unsigned int irq_num;
    //获取中断号
    irq_num = GICC_IAR & 0x3FF;
    switch(irq_num){
        case 86:
            if((GPIOB.DET & (1 << 8)) == (1 << 8))
            {
                // LED灯交替闪烁
                GPIOA.OUT ^= (1 << 28);
                printf("VOL+ KEY!\n");
                //6. 清除GPIO中断挂起标志位DET[8]
                GPIOB.DET |= (1 << 8);
            }
            else if((GPIOB.DET & (1 << 16)) == (1 << 16))
            {
                // LED灯交替闪烁
                GPIOE.OUT ^= (1 << 13);
                //6. 清除GPIO中断挂起标志位DET[16]
                GPIOB.DET |= (1 << 16);

            }
            // 5. 清除分配器层中断挂起标志位GICD_ICPENDER2[22]
            GICD_ICPENDER.ICPENDER2 |= (1 << 22);
            break;
        case 87:
            break;
        default:
            break;
    }
    // 清除中断号
    GICC_EOIR = (GICC_EOIR & (~0x3FF)) | irq_num;
}
```

5. 主函数在 main.c 文件中实现

```
#include "key_interrupt.h"
#include "led.h"

void delay_ms(unsigned int ms)
{
    unsigned int i,j;
```

```
    for(i = 0; i < ms; i++)
        for(j = 0; j < 1800; j++);
}
int main()
{
    hal_led_init();
    interrupt_gpio_init();
    interrupt_gicd_init();
    interrupt_gicc_init();

    printf("/******key interrupt test!******/\n");
    while(1)
    {
    }
    return 0;
}
```

注意，以上只展示了部分代码，更加详细的代码可以查看按键中断的源码。

9.3.4 调试与运行结果

当按下 VOL+键的时候，通过串口中断也可以看到对应的输出信息，并且 RGB 三色 LED 灯的状态也会进行切换。具体的输出信息如图 9-14 所示。

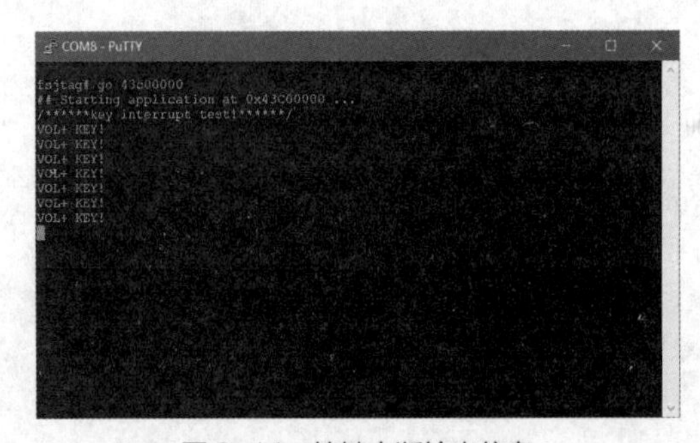

图 9-14 按键中断输出信息

9.4 小结

本章主要讲解了 ARM 微处理器的中断控制器（GIC）的基本工作原理，以及中断的处理流程，另外还讲解了 S5P6818 的中断机制和编程方式。读者需要结合实验来加深对异常处理和向量中断的理解。

9.5 练习题

1. S5P6818 中断类型有哪几种？
2. 简述 S5P6818 中断机制。
3. 编写完成 VOL+和 VOL–按键中断程序。

CHAPTER10

第10章

UART串行通信接口

重点知识

- 串行通信的基本原理
- S5P6818 UART控制器
- UART电路原理
- UART通信协议
- UART相关寄存器的配置

■ 串行通信接口广泛地应用于各种控制设备，是计算机、控制主板与其他设备传输信息的一种标准接口。本章主要介绍串行通信接口的工作原理和编程控制方法。

10.1　串行通信

串行通信作为计算机通信方式之一，主要起到主机与外设以及主机与主机之间的数据传输作用。串行通信具有传输线少、成本低的优点，主要适用于近距离的人机交换、实时监控等系统通信工作，借助于现有的电话网络也能实现远距离传输，因此串行通信接口是计算机系统中的常用接口。

10.1.1　异步串行通信原理

V10-1　异步串行通信原理

异步串行通信是指数据传输以字符为单位，字符与字符间的传输是完全异步的，位与位之间的传输基本上是同步的。

1. 异步串行通信的特点

① 以字符为单位传输信息。

② 相邻两字符间的间隔是任意长。

③ 因为一个字符中的波特位长度有限，所以需要的接收时钟和发送时钟只要相近就可以。

④ 异步方式的特点是字符间异步、字符内部各位同步。

2. 异步串行通信的数据格式

异步串行通信的数据格式如图 10-1 所示，每个字符（一个信息帧）由 4 部分组成。

① 1 位起始位，规定为低电平 0。

② 5～8 位数据位，即要传输的有效信息。

③ 1 位奇偶校验位。

④ 1～2 位停止位，规定为高电平 1。

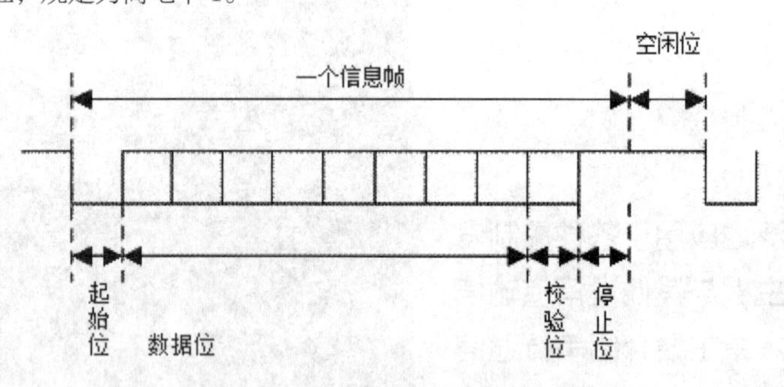

图 10-1　异步串行通信的数据格式

10.1.2　RS-232C 串口规范

V10-2　RS-232C 串口规范

RS-232C 标准（协议）的全称是 EIA-RS-232C 标准，其中 EIA 即美国电子工业协会（Electronic Industry Association），RS 代表推荐标准（Recommended Standard），232 是标识号，C 代表 RS232 的最新一次修改时间为 1969 年。在这之前，有 RS-232B、RS-232A。这些标准规定连接电缆和机械、电气特性、信号功能及传输过程。常用物理标准还有 RS-422A、RS-423A 和 RS-485。这里只介绍 RS-232C（简称 232 或 RS-232）。例如，目前在计算机上的 COM1、COM2 接口，就是 RS-232C 接口。

1. 9 针串口引脚定义

计算机的典型串口是 RS-232C 及其兼容接口，串口引脚有 9 针和 25 针两类。而一般的计算机中使用的都是9针的接口，25针接口具有20mA电流环接口功能，用9针、11针、18针、25针来实现。这里只介绍9针的RS-232C串口引脚定义，如表10-1所示。

表10-1 RS-232C串口引脚定义

引脚	引脚名称	功能说明
1	CD	载波侦测
2	RXD	接收数据
3	TXD	发送数据
4	DTR	数据终端设备
5	GND	地线
6	DSR	数据准备好
7	RTS	请求发送
8	CTS	清除发送
9	RI	振铃指示

2. RS-232C电气特性

RS-232C对电气特性、逻辑电平和各种信号线功能都做了明确规定。

在TXD和RXD引脚上电平定义如下。

① 逻辑1 = -15～-3V。

② 逻辑0 = +3～+15V。

在RTS、CTS、DSR、DTR和DCD等控制线上电平定义如下。

① 信号有效 = +3～+15。

② 信号无效 = -15～-3V。

以上规定说明了RS-232C标准对应逻辑电平的定义。

注意，介于-3～+3V之间的电压处于模糊区电位，此部分电压将使得计算机无法正确判断输出信号的意义，可能得到0，也可能得到1。如此得到的结果是不可信的，在通信时体系会出现大量误码，造成通信失败。因此，实际工作时，应保证传输的电平在+3～+15V或-15～-3V范围内。

3. RS-232C的通信距离和速度

RS-232C规定最大的负载电容为2500pF，这个电容限制了传输距离和传输速率。由于RS-232C的发送器和接收器之间具有公共信号地（GND），属于非平衡电压型传输电路，不使用差分信号传输，因此不具备抗共模干扰的能力，共模噪声会耦合到信号中。在不使用调制解调器（MODEM）时，RS-232C能够可靠进行数据传输的最大通信距离为15m。对于RS-232C远程，必须通过调制解调器进行远程通信连接，或改为RS-485等差分传输方式。

现在个人计算机提供的串行接口终端的传输速率一般都可以达到115200bit/s，甚至更高。标准串口能够提供的传输速度主要有以下波特率：1200bit/s、2400bit/s、4800bit/s、9600bit/s、19200bit/s、38400bit/s、57600bit/s、115200bit/s等。在仪器仪表或工业控制场合，9600bit/s是常见的传输速率，在传输距离较近时，使用最高传输速率也是可以的。传输距离和传输速率成反比，适当地降低传输速率，可以延长RS-232C的传输距离，提高通信的稳定性。

4. RS-232C电平转换芯片及电路

RS-232C规定的逻辑电平与一般微处理器、单片机的逻辑电平是不同的。例如，RS-232C的逻辑1是以-15～-3V来表示的，S5P6818的逻辑1是以3.3V表示的。这样一来就必须把单片机的TTL或CMOS电平转变为RS-232C电平，或者把计算机的RS-232C电平转换成单片机的TTL或CMOS电平，通信时必须对两种电平进行转换。实现电平转换的芯片可以是分立器件，也可以是专用的 RS-232C 电平转换芯片。下面介绍一种在嵌入式系统中应用比较广泛的 SP3232E 芯片。

SP3232E 芯片如图 10-2 所示，其主要特点有以下几点。

① 在 3.0～5.5V 供压下符合真正的 EIA/TIA-232-F 标准。

② 满载时数据传输速率最小为 120kbit/s。

③ 1μA 低功耗关断模式，保持接收器处于活动状态（SP3222E）。

④ 兼容 RS-232 接口，电源电压可低至 2.7V。

⑤ 具有 ESD 增强规格。

- ±15kV 人体放电模式。
- ±15kV IEC 1000-4-2 气隙放电。
- ±8kV IEC 1000-4-2 接触放电。

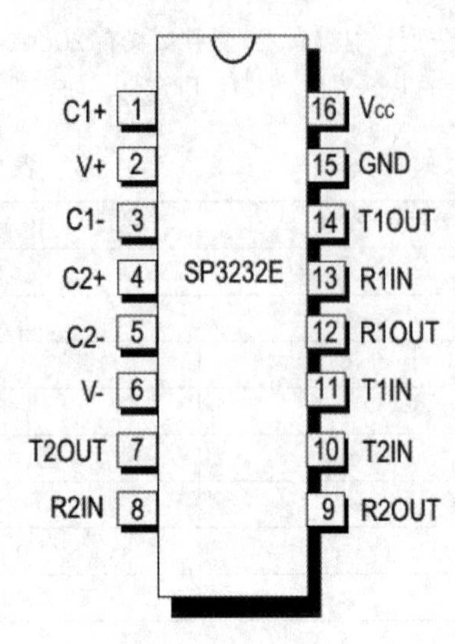

图 10-2　SP3232E 芯片

10.1.3　RS-232C 接线方式

RS-232C 串口的接线方式有全串口连接、3 线连接等方式。本书只介绍最简单、最常用的 3 线连接方法。计算机和计算机或处理器之间的通信，双方都能发送和接收，它们的连接只需要使用 3 根线即可，即 RXD、TXD 和 GND。RS-232C 串口 3 线连接方式如图 10-3 所示。

V10-3　RS-232C 接线方式

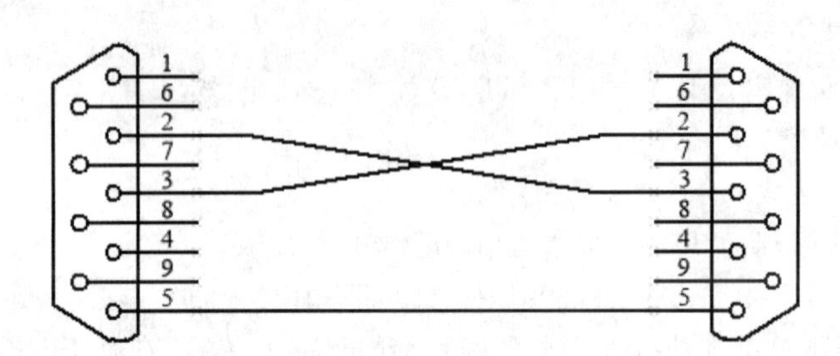

图 10-3　RS-232C 串口 3 线连接方式

10.2　S5P6818 处理器 UART 控制器

V10-4　S5P6818 处理器 UART 控制器

本节主要介绍 S5P6818 处理器中 UART 控制器的使用。UART 即通用异步收发传输器（Universal Asynchronous Receiver/Transmitter），它将要传输的资料在串行通信与并行通信之间加以转换。

1. UART 概述

在 S5P6818 中提供 6 路独立 UART 通道具有通用的异步和串行 I/O 接口（通道 0 到 5），通道 0 和 2 无调制解调器和 DMA，通道 1 带调制解调器和 DMA，通道 3、4、5 无调制解调器和 DMA。所有通道都基于中断或基于 DMA 的模式运行。UART 产生中断或 DMA 请求，使 CPU 与 UART 之间进行数据传输。UART 的波特率最大可达到 4Mbit/s。每个 UART 通道包含两个 64 字节的先进先出缓冲区（First Input First Output，FIFO）来接收和发送数据。

2. UART 特点

① 所有的通道均支持串口中断操作。

② 所有通道（除了 0 通道 ISP-UART）均支持基于 DMA 操作。

③ 所有通道（除了 UART 通道 2）支持 nRTS 和 nCTS 自动流控制。

④ 支持握手发送/接收。

3. UART 控制器框图

每个 UART 控制器包含一个波特率产生器、一个发送缓冲寄存器、一个接收缓冲寄存器和一个控制单元。波特率产生器使用 EXT_UCLK 作为时钟源，时钟频率为 50MHz。发送缓冲寄存器和接收缓冲寄存器包含 FIFO 和数据移位器。发送数据被写到 Tx FIFO 中，并且复制到发送移位器中，发送移位器通过 TXD 引脚将数据发送出去。接收移位器从 RXD 引脚接收数据，并且从接收移位器中将数据复制到 Rx FIFO 中。UART 控制器框图如图 10-4 所示。

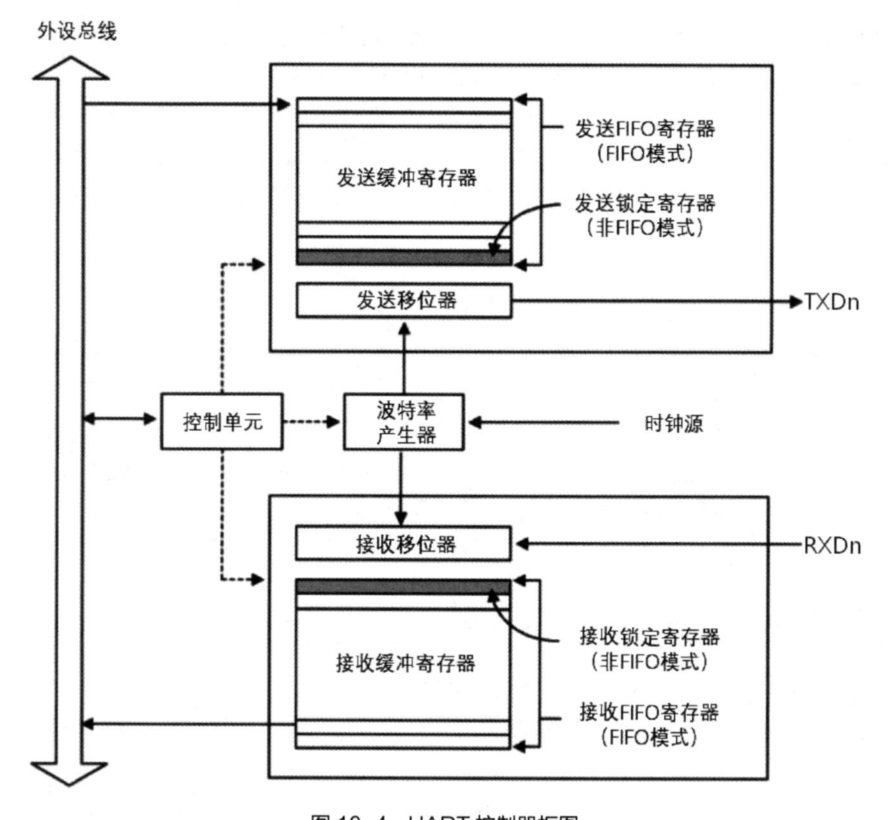

图 10-4 UART 控制器框图

注意，在 FIFO 模式下，所有的缓冲寄存器都用作 FIFO 寄存器。在非 FIFO 模式下，使用一个缓冲寄存器作为 FIFO 寄存器。

下面简要介绍 UART 操作，关于数据发送、数据接收、中断产生、波特率产生、轮询模式、红外模式和自动流控制的详细介绍，请参照相关教材和数据手册。

发送数据帧是可编程的。一个数据帧包含 1 位起始位，5～8 位数据位，1 位可选的奇偶校验位和 1～2 位停止位，停止位通过行控制寄存器 ULCONn 配置。

与发送类似，接收数据帧也是可编程的。接收数据帧包含 1 位起始位，5～8 位数据位，1 位可选的奇偶校验位和 1～2 位停止位，停止位通过行控制寄存器 ULCONn 配置。接收器还可以检测溢出错、奇偶校验错、帧错误和传输中断，每一个错误均可以设置一个错误标志。

① 溢出错（Overrun Error）是指已接收到的数据在读取之前被新接收的数据覆盖。

② 奇偶校验错是指接收器检测到的校验与设置的不符。

③ 帧错误指没有接收到有效的停止位。

④ 传输中断表示接收数据 RxDn 保持逻辑 0 超过一帧的传输时间。

在 FIFO 模式下，如果 Rx FIFO 非空，而在 3 个字的传输时间内没有接收到数据，则产生超时。

10.3 UART 接口电路与程序设计

下面编写程序实现 S5P6818 通过串口与计算机串口工具软件通信，实现数据的收发功能。

10.3.1 电路连接

V10-5 电路连接

从计算机串口工具输入的内容，通过串口传输给 S5P6818 芯片，S5P6818 芯片接收数据后再回传给计算机串口工具软件。

S5P6818 串口 0 的 RXD（MCU_UART0_RX）、TXD（MCU_UART0_TX）、GND 线连接到了 SP3232E 芯片进行电平转换，将 TTL 电平转换为 RS232 电平，最后连接到 DB9 母口接头，通过 USB 转串口线与计算机 USB 接口相连。

S5P6818 串口 0 的电路连接图如图 10-5 所示。

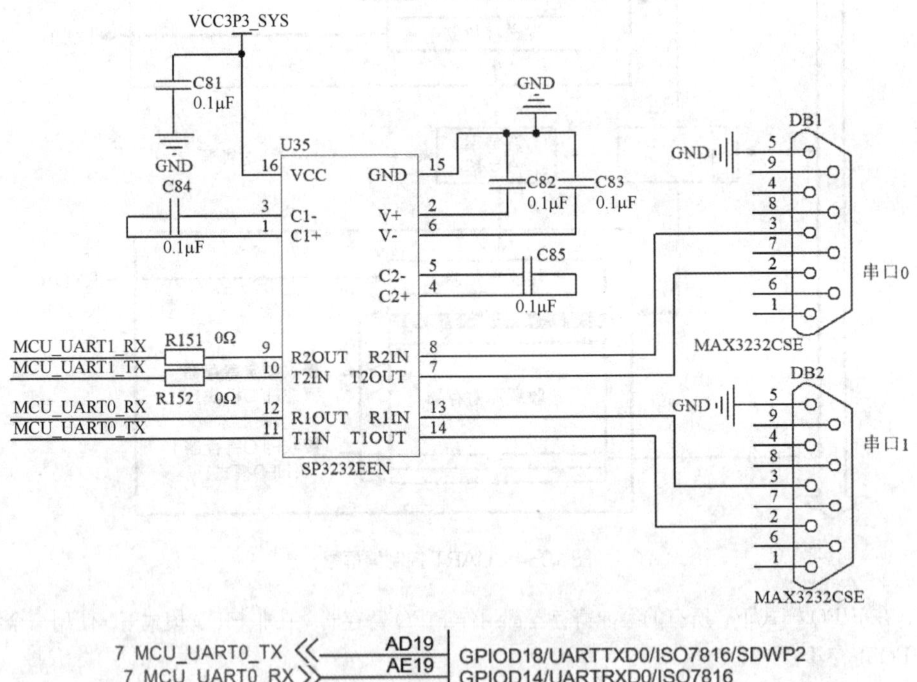

图 10-5 串口连接图

通过电路图分析可知，串口 0 的 MCU_UART0_RX 引脚接到 S5P6818 芯片的 GPIOD14 引脚，MCU_UART0_TX 引脚接到 S5P6818 芯片的 GPIOD18 引脚。

10.3.2 寄存器设置

为了让读者快速掌握串行通信，下面只针对例程中用到的寄存器给予讲解。对于 S5P6818 芯片中提供的更为复杂的控制寄存器将不再展开，感兴趣的读者可作为扩展内容自行学习。

为了实现 S5P6818 通过串口与计算机串口工具软件通信，需要通过配置 GPIODALTFN[0:1]寄存器将

GPIOD14 和 GPIOD18 引脚设置为 UART 模式，通过配置 ULCON0 寄存器设置 UART 的通信格式，通过配置 UCON0 寄存器设置 UART 的通信模式，通过配置 UBRDIV0 与 UFRACAVL0 寄存器设置 UART 的波特率。

1. UART 配置相关寄存器列表

V10-6　UART 配置相关寄存器列表

① 基地址：0xC006_1000（UART0）。
② 基地址：0xC006_0000（UART1）。
③ 基地址：0xC006_2000（UART2）。
④ 基地址：0xC006_3000（UART3）。
⑤ 基地址：0xC006_D000（UART4）。
⑥ 基地址：0xC006_F000（UART5）。
⑦ 地址 ＝ 基地址 ＋ 偏移地址。

相关寄存器列表如表 10-2 所示。

表 10-2　UART 寄存器列表

寄存器名称	偏移地址	描述	复位值
ULCONn	0x000	UART 行控制寄存器	0x0000_0000
UCONn	0x004	UART 控制寄存器	0x0000_3000
UTRSTATn	0x010	UART 状态寄存器	0x0000_0006
UTXHn	0x020	UART 发送寄存器	Undefined
URXHn	0x1024	UART 接收寄存器	0x0000_0000
UBRDIVn	0x1028	波特率整数部分设置寄存器	0x0000_0000
UFRACVALn	0x102C	波特率小数部分设置寄存器	0x0000_0000

2. 配置引脚功能寄存器——GPIOxALTFN[0:1]（x = A～E）

配置 GPIOD14 引脚为 UART 功能，如表 10-3 所示。

表 10-3　GPIOxALTFN0 配置（x = 1～6）

名字	位	类型	描述	复位值
GPIOxALTFN1_14	[29：28]	RW	GPIOx[14]：选择 GPIOx14 引脚的功能 00 = 复用功能 0 01 = 复用功能 1 10 = 复用功能 2 11 = 复用功能 3	2'b0

V10-7　配置引脚功能寄存器——GPIOxALTFN[0:1]（x = A～E）

配置 GPIOD18 引脚为 UART 功能，如表 10-4 所示。

表 10-4　GPIOxALTFN1 配置（x = 1～6）

名字	位	类型	描述	复位值
GPIOxALTFN1_18	[5：4]	RW	GPIOx[18]：选择 GPIOx18 引脚的功能 00 = 复用功能 0 01 = 复用功能 1 10 = 复用功能 2 11 = 复用功能 3	2'b0

根据 S5P6818 芯片手册的 2.3 节可知 GPIO 引脚对应着 UART 功能，如表 10-5 所示。

表 10-5 引脚功能配置表

引脚	名字	类型	输入/输出	上拉/下拉	复用功能 0	复用功能 1	复用功能 2	复用功能 3
AE19	UARTRXD0	S	I/O	N	GPIOD14	UARTRXD0	ISO7813	–
AD19	UARTTXD0	S	I/O	N	GPIOD18	UARTTXD0	ISO7816	SDWP2

3. UART 行控制寄存器——ULCONn（n = 0~6）

ULCONn 功能介绍如表 10-6 所示。

V10-8 UART 行控制寄存器——ULCONn（n = 0~6）

表 10-6 ULCONn 功能介绍

名字	位	类型	描述	复位值
RSVD	[31：7]	–	保留	–
INFRARED MODE	[6]	RW	确定是否使用红外模式 0 = 正常操作模式 1 = 红外 Tx/Rx 模式	1'b0
PARITY MODE	[5：3]	RW	指定 UART 传输和接收操作期间执行和检查奇偶校验的类型 0xx = 无校验 100 = 偶校验 101 = 奇校验 110 = 奇偶校验/校验为 1 111 = 奇偶校验/校验为 0	3'h0
NUMBER OF STOP BIT	[2]	RW	用于指定发送帧结束信号的停止位数 0 = 每帧一个停止位 1 = 每帧两个停止位	1'b0
WORD LENGTH	[1：0]	RW	表示每帧要发送或接收的数据位个数 00=5bit 01=6bit 10=7bit 11=8bit	2'b00

4. UART 控制寄存器——UCONn（n = 0~6）

UCONn 功能介绍如表 10-7 所示。

V10-9 UART 控制寄存器——UCONn（n = 0~6）

表 10-7 UCONn 功能介绍

名字	位	类型	描述	复位值
TRANSMIT MODE	[3：2]	RW	决定使用哪种功能将 Tx 数据写入 UART 发送缓冲区 00 = 禁止 01 = 中断请求或轮询模式 10=DMA 模式 11 = 保留	2'b00
RECEIVE MODE	[1：0]	RW	决定使用哪种功能从 UART 接收缓冲区读取数据 00 = 禁止 01 = 中断请求或轮询模式 10=DMA 模式 11 = 保留	2'b00

5. UART 状态寄存器——UTRSTATn（n = 0~6）

UTRSTATn 功能介绍如表 10-8 所示。

表 10-8 UTRSTATn 功能介绍

名字	位	类型	描述	复位值
TRANSMIT BUFFER EMPTY	[1]	R	当发送缓冲区是空时，该位被自动设置为 1 0 = 缓冲区非空 1 = 缓冲区为空 在非 FIFO 模式下，请求中断或 DMA。 在 FIFO 模式下，请求中断或 DMA，当 Tx FIFO 触发电平设置为 00（空）	1'b1
RECEIVE BUFFER DATA READY	[0]	R	如果接收缓冲区包含通过 RXDn 端口接收的有效数据，则该位自动设置为 1 0 = 缓冲区为空 1 = 缓冲区有接收的数据（在非 FIFO 模式下，请求中断或 DMA）	1'b0

V10-10 UART 状态寄存器——UTRSTATn（n = 0~6）

6. UART 发送数据寄存器——UTXHn（n = 0~6）

UTXHn 功能介绍如表 10-9 所示。

表 10-9 UTXHn 功能介绍

名字	位	类型	描述	复位值
RSVD	[31：8]	–	保留	–
UTXHn	[7：0]	W	串口发送寄存器	–

V10-11 UART 发送数据寄存器——UTXHn（n = 0~6）

7. UART 接收数据寄存器——URXHn（n = 0~6）

URXHn 功能介绍如表 10-10 所示。

V10-12 UART 接收数据寄存器——URXHn（n = 0~6）

表 10-10 URXHn 功能介绍

名字	位	类型	描述	复位值
RSVD	[31：8]	–	保留	–
URXHn	[7：0]	W	串口接收寄存器	–

注意，UTXHn 和 URXHn 存放着发送和接收的数据，在关闭 FIFO 的情况下只有一个字节 8 位数据。同时需要注意的是，在发生溢出错误时，接收的数据必须被读出来，否则会引发下次溢出错误。

8. 波特率整数部分设置寄存器——UBRDIVn（n = 0~6）

UBRDIVn 功能介绍如表 10-11 所示。

V10-13 波特率整数部分设置寄存器——UBRDIVn（n = 0~6）

表 10-11 UBRDIVn 功能介绍

名字	位	类型	描述	复位值
RSVD	[31：16]	–	保留	–
UBRDIVn	[15：0]	RW	波特率分频整数部分 注意，UBRDIV 值必须大于 0	16'h0

9. 波特率小数部分设置寄存器——UFRACVALn（n = 0~6）

UFRACVALn 功能介绍如表 10-12 所示。

V10-14 波特率小数部分设置寄存器——UFRACVALn（n = 0~6）

表 10-12 UFRACVALn 功能介绍

名字	位	类型	描述	复位值
RSVD	[31：4]	–	保留	–
UFRACVALn	[3：0]	RW	确定波特率除数的小数部分	4'h0

UBRDIVn 和 UFRACVALn 中存储的值的计算公式为 DIV_VAL = UBRDIVn + UFRACVALn/16 或 DIV_VAL = (SCLK_UART/(bps × 16)) –1，其中，UFRACVALn 寄存器用于存储波特率分频值的整数部分。使用 UFRACVALn，用户可以更精确地产生波特率。

例如，当波特率是 115200bit/s，并且 SCLK_UART 是 40MHz 时，UBRDIVn 和 UFRACVALn 分别计算如下。

DIV_VAL = (40000000/(115200 × 16)) –1= 21.7–1= 20.7，UBRDIVn = 20 (integer part of DIV_VAL)，UFRACVALn/16 = 0.7，因此，UFRACVALn = 11。

10.3.3 程序的编写

下面的程序旨在完成简单的 UART 驱动，并实现输出字符串到终端。UART 代码如下。

1. UART 控制器相关寄存器封装在 s5p6818_uart.h 文件中实现

```
#ifndef __S5P6818_UART_H__
#define __S5P6818_UART_H__
/**********************************
* 寄存器封装
**********************************/

typedef struct {
unsigned int ULCON;
    unsigned int UCON;
    unsigned int UFCON;
    unsigned int UMCON;
    unsigned int UTRSTAT;
    unsigned int UERSTAT;
    unsigned int UFSTAT;
    unsigned int UMSTAT;
    unsigned int UTXH;
    unsigned int URXH;
    unsigned int UBRDIV;
    unsigned int UFRACVAL;
    unsigned int UINTP;
    unsigned int UINTS;
    unsigned int UINTM;
}uart;
/*************** UART0 ****************/
#define UART0 ( * (volatile uart *)0xC00A1000 )
/*************** UART1 ****************/
#define UART1 ( * (volatile uart *)0xC00A0000 )
/*************** UART2 ****************/
#define UART2 ( * (volatile uart *)0xC00A2000 )
/*************** UART3 ****************/
#define UART3 ( * (volatile uart *)0xC00A3000 )
/*************** UART4 ****************/
#define UART4 ( * (volatile uart *)0xC00AD000 )
/*************** UART5 ****************/
#define UART5 ( * (volatile uart *)0xC00AF000 )
```

```
#endif
```

2. UART 驱动代码在 uart0.c 文件中实现

```
#include "uart0.h"
/*********************************
* 函数功能：串口初始化
*********************************/
void hal_uart_init(void)
{
	// 1. 设置GPIOD14和18为串口功能
	GPIOD.ALTFN0 = GPIOD.ALTFN0 & (~(0x3 << 28));
	GPIOD.ALTFN0 = GPIOD.ALTFN0 | (0x1 << 28);
	GPIOD.ALTFN1 = GPIOD.ALTFN1 & (~( 0x3 << 4));
	GPIOD.ALTFN1 = GPIOD.ALTFN1 | (0x1 << 4);
	// 2. 设置数据帧的格式，正常模式、8位数据位、1位停止位、无奇偶校验位
	UART0.ULCON = UART0.ULCON & (~(0x1 << 6));
	UART0.ULCON = UART0.ULCON & (~(0x7 << 3));
	UART0.ULCON = UART0.ULCON & (~(0x1 << 2));
	UART0.ULCON = UART0.ULCON | (0x3 << 0);
	// 3. 设置串口的波特率为115200
	UART0.UBRDIV = 26;
	UART0.UFRACVAL = 2;
	// 4. 设置串口为轮询模式
	UART0.UCON = UART0.UCON & (~(0xF << 0));
	UART0.UCON = UART0.UCON | (0x5 << 0);
}
/*********************************
* 函数功能：串口输出一个字符
* 函数参数：ch，表示S5P6818通过串口发送一个字符到串口工具
*********************************/
void uart_send(char ch)
{
	while(!(UART0.UTRSTAT & (0x1 << 1)));
	UART0.UTXH = ch;
	if(ch == '\n')
		uart_send('\r');
}
/*********************************
* 函数功能：串口接收一个字符
```

```
* 函数返回值：char，表示S5P6818串口从计算机串口工具收到字符
**********************************/
char uart_recv(void)
{
	char ch;
	while(!(UART0.UTRSTAT & (0x1 << 0)));
	ch = UART0.URXH;
	return ch;
}
/**********************************
* 函数功能：串口输出一个字符串
* 函数参数：ch，表示S5P6818通过串口发送一个字符串到串口工具
**********************************/
void uart_send_str(char *str)
{
	while(*str != '\0')
		uart_send(*str++);
}
```

3. **主函数在 main.c 文件中实现**

```
#include "uart0.h"

/***********************************
* 主函数：main函数
***********************************/
int main()
{
    hal_uart_init();      // 串口初始化
    uart_send_str("/******UART0 TEST!******/\n");   // 发送字符串到串口工具上
    while(1)
    {
        uart_send(uart_recv());        // 接收字符并发送字符
    }
    return 0;
}
```

10.3.4 调试与运行结果

用 FS-JTAG 仿真器仿真程序，查看 PuTTY 串口工具的输出信息，puTTY 上会输出“/******UART0 TEST!******/”字样，并且当用户输入字符“a”，PuTTY 上也会回显 a。UART 运行结果如图 10-6 所示。

V10-15 调试与运行结果

图 10-6 UART 运行结果

10.4 小结

本章重点介绍了串行通信的概念、数据规范、S5P6818 UART 控制器及编程方法。UART 串行通信接口控制器是一个比较典型的控制器，有 FIFO 单元，支持中断、红外和 DMA 控制。如果读者能够掌握 UART 串行通信接口控制器的控制方法，对于其他控制器的学习会非常有益。

10.5 练习题

1. 串行通信与并行通信的概念是什么?
2. 同步通信与异步通信的概念和区别是什么?
3. RS-232C 串行通信接口规范是什么?
4. 在 S5P6818 UART 控制器中，哪个寄存器用来设置串口波特率?

CHAPTER11

第11章

PWM定时器与“看门狗”定时器

重点知识

- PWM定时器
- S5P6818 PWM控制器配置
- “看门狗”定时器工作原理
- “看门狗”定时器应用
- “看门狗”控制器配置

■ 定时器是在使用处理器编程时常用的功能，其基本功能为定时触发、标记事件间隔。定时器除基本功能外，还可以用来输入捕捉、输出比较、输出 PWM 信号等。“看门狗”定时器主要用来将受到外界干扰无法正常运行的芯片重新启动，其在实际项目和产品应用中有重大意义。学会“看门狗”定时器，对提高产品稳定性有很大帮助。

11.1　PWM 定时器

V11-1　PWM 定时器

本节主要介绍定时器和 PWM 的相关概念，使读者可以在后面的学习中更好地理解 PWM 定时器的使用方法。

1. 定时器概述

定时器是处理器编程常用的功能，其基本功能为定时触发、标记事件间隔。定时器除基本功能外，还可以用来输入捕捉、输出比较、输出 PWM 信号等。

定时器的本质就是一个计数器，和计数器其实是同一种物理功能的电子元件。只不过计数器记录的是处理器外部发生的事情（接收的是外部脉冲），而定时器记录时钟脉冲的个数，这个稳定的周期性的时钟脉冲由处理的时钟系统提供。定时器的计数器既可以向上计数，也可以向下计数，当计数溢出时会触发中断，再由 ARM 系统对中断进行处理。

2. PWM 概述

PWM（Pulse Width Modulation，脉冲宽度调制）是利用处理器的数字输出来对模拟电路进行控制的一种非常有效的技术，广泛应用在从测量、通信到功率控制与变换的许多领域中。

PWM 控制技术以其控制简单、灵活和动态响应好的优点而成为在电力电子技术中最广泛应用的控制方式，也是人们研究的热点。由于当今科学技术的发展已经没有了学科之间的明显界限，因此结合现代控制理论思想或实现无谐振波开关技术将会成为 PWM 控制技术发展的主要方向之一。

PWM 的一个优点是从处理器到被控制系统信号都是数字形式的，可将噪声影响降到最低。噪声只有在强到足以将逻辑 1 改变为逻辑 0（或将逻辑 0 改变为逻辑 1）时，才能对数字信号产生影响。

11.2　S5P6818 处理器 PWM 定时器

V11-2　S5P6818 处理器 PWM 定时器

在 S5P6818 芯片中，一共有 5 个 32 位的 PWM 定时器，这些定时器可产生中断信号给 ARM 子系统。另外，定时器 0、1、2、3 包含了 PWM，并可驱动其外部的 I/O 接口。PWM 对定时器 0 有可选的死区功能，以支持大电流设备。要注意的是，定时器 4 是内置定时器，不可接外部引脚。

PWM 定时器使用 APB-PCLK 作为时钟源。定时器 0 与定时器 1 共用一个 8 位预分频器，定时器 2、定时器 3 与定时器 4 共用另一个 8 位预分频器，提供一级分频值；每个定时器都有一个私有时钟分频选择器，提供二级分频。时钟分频选择器有 5 种分频输出：1/1、1/2、1/4、1/8、1/16。

当时钟被使能后，定时器计数缓冲寄存器（Timer Count Buffer Register，TCNTBn）把计数初值加载到递减计数器的定时器计数寄存器（Timer Count Register，TCNT）中。定时器比较缓冲寄存器（Timer Compare Buffer Register，TCMPBn）把其初始值加载到递减计数器的定时器比较寄存器（Timer Compare Register，TCMP）中。这种基于 TCNTBn 和 TCMPBn 的双缓冲特性使定时器在频率和占空比变化时能产生稳定的输出。

每个定时器都有一个由定时器时钟驱动的 32 位递减计数器，每经过一个时钟周期，递减计数器的 TCNT 自动减 1。当递减计数器的 TCNT 的计数值达到 0 时，就会产生定时器中断请求。每个定时器都有自动重载功能，以实现循环周期。当定时器递减计数器达到 0 的时候，相应的 TCNTBn 的值会自动重载到递减计数器的 TCNT 中，开始下一周期的定时工作。

TCMPBn 的值用于脉冲宽度调制功能。PWM 定时器功能开启时，每经过一个时钟周期，TCNT 自动减 1 并和 TCMP 内的值进行比较。如果相等，定时器输出引脚的电平进行翻转。比较寄存器的 TCMP 决定了 PWM 输出的翻转时间。

S5P6818 的 PWM 定时器的系统框图如图 11-1 所示。

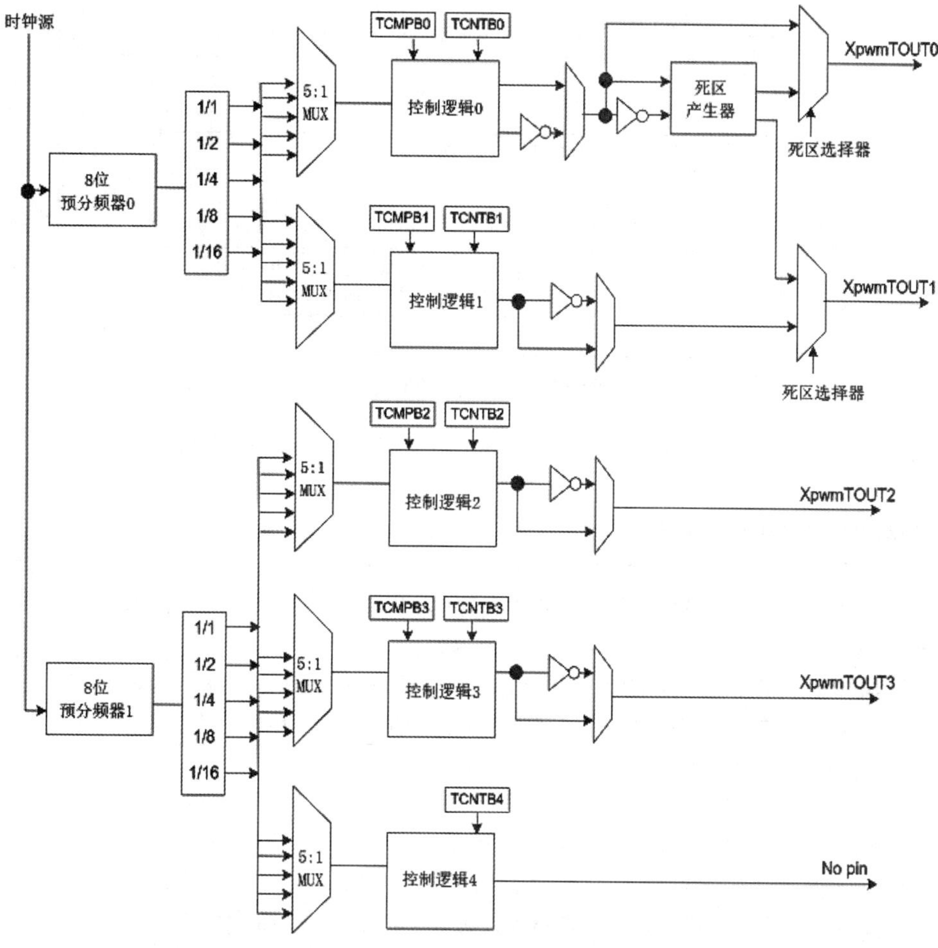

图 11-1　S5P6818 的 PWM 定时器的系统框图

PWM 定时器的特点如下。

① 5 个 32 位定时器。

② 2 个 8 位分频器提供对 PCLK 进行 1 级预分，5 个独立的分频选择器提供对 PCLK 进行 2 级分频。

③ 可编程时钟选择的 PWM 独立通道。

④ 4 个独立的 PWM 通道，可控制极性和占空比。

⑤ 静态配置：PWM 停止。

⑥ 动态配置：PWM 启动。

⑦ 支持自动重载模式和触发脉冲模式。

⑧ PWM0 具有死区产生器。

⑨ 中断发生器。

S5P6818 的 PWM 定时器具有双缓冲功能，如图 11-2 所示，能在不停止当前定时器运行的情况下，重载定时器下次运行的参数。所以有时尽管新的定时器的值被设置好了，但是当前操作仍能成功完成。

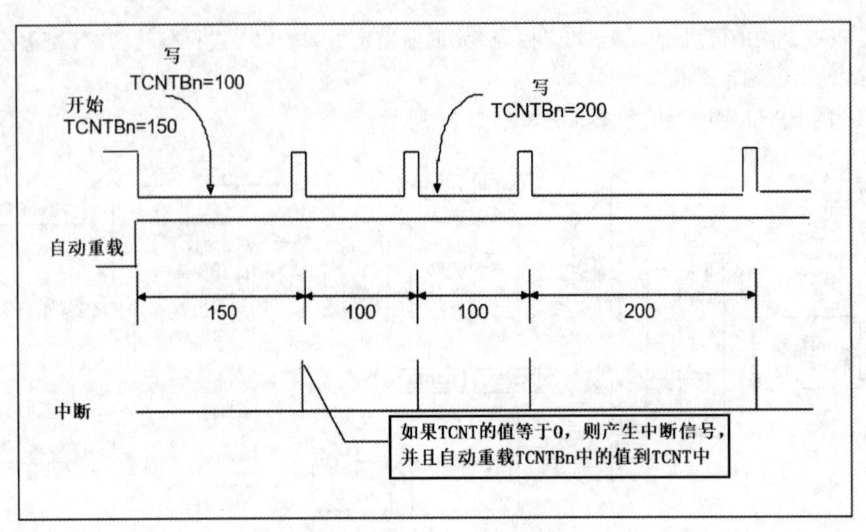

图 11-2　双缓冲功能举例

定时器值可以被写入定时器计数 n 缓冲寄存器（TCNTBn），当前的计数器的值可以从定时器计数观察寄存器（Timer Count Observation register，TCNTOn）读出。读出的 TCNTBn 值并不是当前的计数值，而是下次将重载的计数值。

当 TCNTn 的值等于 0 的时候，自动重载操作把 TCNTBn 的值装入 TCNTn，只有当自动重载功能被使能并且 TCNTn 的值等于 0 的时候才会自动重载。如果 TCNTn 的值等于 0，自动重载控制位为 0，则定时器停止运行。

使用手动更新位（Manual update）和反转位（Inverter）完成定时器的初始化。当递减计数器的值达到 0 时会发生定时器自动重载操作，所以 TCNTn 的初始值必须由用户提前定义好，在这种情况下就需要通过手动更新位重载初始值。启动定时器的步骤如下。

① 向 TCNTBn 和 TCMPBn 写入初始值。

② 置位相应定时器的手动更新位，不管是否使用反转功能，推荐设置反转位。

③ 置位相应定时器的启动位启动定时器，清除手动更新位。

如果定时器被强制停止，则 TCNTn 保持原来的值而不从 TCNTBn 重载值。如果要设置一个新的值，则必须执行手动更新操作。

下面操作 PWM 定时器输出如图 11-3 所示的 PWM 波形。

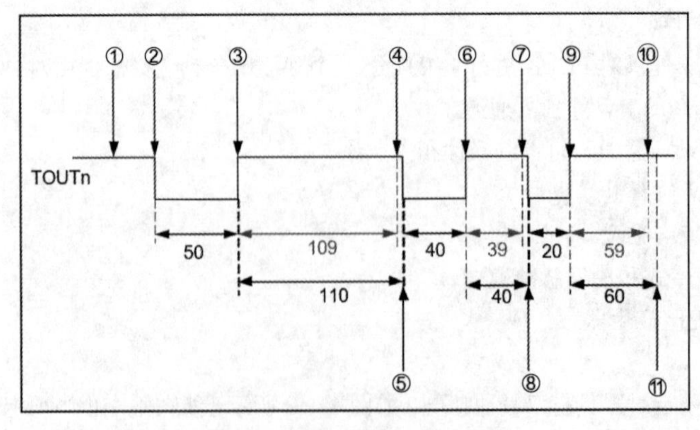

图 11-3　定时器操作案例波形

操作步骤（过程号和图中的标号一致）如下。

① 使能定时器自动重载功能。

② 设置 TCNTBn 值为 159（50+109），TCMPBn 值为 109。

③ 置位手动更新位，随后清零手动更新位。置位手动更新位将使 TCNTBn 和 TCMPBn 的值加载到 TCNTn 和 TCMPn。

④ 将反转位设为关，使能自动重载功能。置位启动位，则在定时器分辨率内的一段延时后定时器开始递减计数。

⑤ 当 TCNTn 和 TCMPn 的值相等的时候，TOUT 输出电平由低变高。

⑥ 当 TCNTn 的值等于 0 的时候产生中断，并且把 TCNTBn 和 TCMPBn 的值分别自动装入 TCNTn 和 TCMPn。

⑦ 在中断服务程序中，将 TCNTBn 和 TCMPBn 的值分别设置为 80（20+60）和 60。

⑧ 当 TCNTn 和 TCMPn 的值相等的时候，TOUT 输出电平由低变高。

⑨ 当 TCNTn 的值等于 0 的时候，把 TCNTBn 和 TCMPBn 的值分别自动装入 TCNTn 和 TCMPn，并触发中断。

⑩ 在中断服务子程序中，禁止自动重载和中断请求来停止定时器运行。

⑪ 当 TCNTn 和 TCMPn 的值相等的时候，TOUT 输出电平由低变高。

⑫ 尽管 TCNTn 的值等于 0，但是定时器停止运行，也不再发生自动重载操作，因为定时器自动重载功能被禁止。

⑬ 不再产生新的中断。

11.3 PWM 接口电路与程序设计

本实验使用 PWM 驱动一个蜂鸣器，通过改变 PWM 的频率可以改变蜂鸣器的声音。

11.3.1 电路连接

蜂鸣器的硬件电路图如图 11-4 所示。

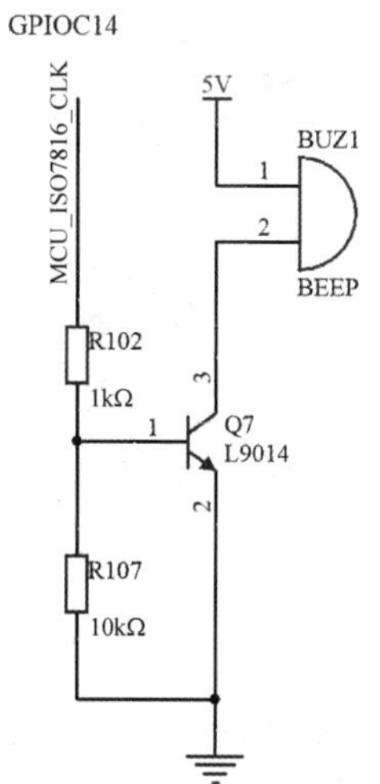

图 11-4 蜂鸣器电路图

S5P6818 芯片的 GPIOC14 引脚的 PWM2 功能连接到蜂鸣器的驱动引脚，可通过改变 PWM 的输出频率、三极管 Q7 导通和断开的频率来改变蜂鸣器的声音。

11.3.2 寄存器设置

为了让读者快速掌握 PWM，下面只针对例程中用到的寄存器给予讲解。对于 S5P6818 中提供的更为复杂的控制寄存器将不再展开，感兴趣的读者可作为扩展内容自行学习。

V11-4 PWM 配置相关寄存器列表

为了实现 S5P6818 中 PWM 实验，需要配置 PWM 分频寄存器 TCFG0 和 TCFG1，设置 PWM 的输出频率。配置 PWM 的控制寄存器，设置 PWM 的定时器计数缓冲寄存器（TCNTBn）和定时器比较缓冲寄存器（TCMPBn），设置 PWM 的最终输出频率。

1. PWM 配置相关寄存器列表

PWM 控制器配置相关的寄存器如表 11-1 所示（基地址：0xC001_8000h）。

表 11-1 PWM 寄存器列表

寄存器名称	偏移地址	描述	复位值
TCFG0	0x00h	时钟分频和死区配置寄存器	0x0000_0101
TCFG1	0x04h	时钟多路选择和 DMA 模式选择寄存器	0x0000_0000
TCON	0x08h	定时器控制寄存器	0x0000_0000
TCNTB2	0x24h	定时器 2 计数缓冲寄存器	0x0000_0000
TCMPB2	0x28h	定时器 2 比较寄存器	0x0000_0000
TCNTO2	0x2Ch	定时器 2 监控寄存器	0x0000_0000

V11-5 时钟一级分频寄存器——TCFG0

2. 时钟一级分频寄存器——TCFG0

配置 PWM2 控制器对 PCLK 时钟源的一级分频值，PCLK 的时钟频率是 150MHz。TCFG0 功能介绍如表 11-2 所示。

表 11-2 TCFG0 功能介绍

名字	位	类型	描述	复位值
RSVD	[31：24]	–	保留	–
DEAD ZONE LENGTH	[23：16]	RW	死区长度	8'h0
PRESCALER1	[15：8]	RW	分频器 1 对应着定时器 2、3 和 4 分频值	8'h1
PRESCALER0	[7：0]	RW	分频器 0 对应着定时器 0 和 1 分频值	8'h1

V11-6 时钟多路选择寄存器——TCFG1

定时器输入时钟频率 = PCLK/({一级分频值+ 1})/｛二级分频值｝。

① {一级分频值} = 0～254。

② {二级分频值} = 1、2、4、8、16。

③ 死区长度 = 0～254。

注意，如果死区长度为 n，则实际的死区长度为 n+1。

3. 时钟多路选择寄存器——TCFG1

配置 PWM2 控制器对 PCLK 时钟源的二级分频值。TCFG1 功能介绍如表 11-3 所示。

表 11-3　TCFG1 功能介绍

名字	位	类型	描述	复位值
RSVD	[31：24]	–	保留	–
DMA MODE	[23：20]	RW	DMA 请求通道选择位 0000 = 不选 0001=INT0 0010=INT1 0011=INT2 0100=INT3 0101=INT4 0110 = 不选 0111 = 不选	4'h0
DIVIDER MUX4	[19：16]	RW	PWM 定时器 4 的分频通道选择 0000=1/1 0001=1/2 0010=1/4 0011=1/8 0100=1/16	4'h0
DIVIDER MUX3	[15：12]	RW	PWM 定时器 3 的分频通道选择 0000=1/1 0001=1/2 0010=1/4 0011=1/8 0100=1/16	4'h0
DIVIDER MUX2	[11：8]	RW	PWM 定时器 2 的分频通道选择 0000=1/1 0001=1/2 0010=1/4 0011=1/8 0100=1/16	4'h0
DIVIDER MUX1	[7：4]	RW	PWM 定时器 1 的分频通道选择 0000=1/1 0001=1/2 0010=1/4 0011=1/8 0100=1/16	4'h0
DIVIDER MUX0	[3：0]	RW	PWM 定时器 0 的分频通道选择 0000=1/1 0001=1/2 0010=1/4 0011=1/8 0100=1/16	4'h0

4. 控制寄存器——TCON

配置 PWM2 的控制寄存器。TCON 功能介绍如表 11-4 所示。

表 11-4　TCON 功能介绍

名字	位	类型	描述	复位值
TIMER 2 AUTO RELOAD ON/OFF	[15]	RW	0 = 加载一次 1 = 自动加载	1'b0
TIMER 2 OUTPUT INVERTER ON/OFF	[14]	RW	0 = 翻转关 1 = 翻转开	1'b0
TIMER 2 MANUAL UPDATE	[13]	RW	0 = 无操作 1 = 更新 TCNTB2、TCMPB2	1'b0
TIMER 2 START/STOP	[12]	RW	0 = 停止 1 = 开启 Timer 2	1'b0

5. 计数缓冲寄存器——TCNTB2

配置 PWM2 的计数缓冲寄存器，设置 PWM 方波最终的输出周期。TCNTB2 功能介绍如表 11-5 所示。

表 11-5　TCNTB2 功能介绍

名字	位	类型	描述	复位值
TIMER 2 COUNT BUFFER	[31：0]	RW	Timer 2 计数缓冲寄存器	32'h0

6. 比较缓冲寄存器——TCMPB2

配置 PWM2 的比较缓冲寄存器，设置 PWM 最终的占空比。TCMPB2 功能介绍如表 11-6 所示。

表 11-6　TCMPB2 功能介绍

名字	位	类型	描述	复位值
TIMER 2 COMPARE BUFFER	[31：0]	RW	Timer 2 比较缓冲寄存器	32'h0

7. 计数监控寄存器——TCNTO2

配置 PWM2 的计数监控寄存器，这个寄存器是只读的。TCNTO2 功能介绍如表 11-7 所示。

表 11-7　TCNTO2 功能介绍

名字	位	类型	描述	复位值
TIMER 2 COUNT OBSERVATION	[31：0]	RW	Timer 2 计数监控寄存器	32'h0

V11-7　控制寄存器——TCON

V11-8　计数缓冲寄存器——TCNTB2

V11-9　比较缓冲寄存器——TCMPB2

V11-10　计数监控寄存器——TCNTO2

11.3.3 程序的编写

V11-11 程序的编写

程序旨在完成简单的 PWM 实验，驱动蜂鸣器发声。PWM 代码如下。

1. PWM 控制器相关寄存器封装在 s5p6818_pwm.h 文件中实现

```
#ifndef __S5P6818_PWM_H__
#define __S5P6818_PWM_H__

#include "common.h"
/********************************
* PWM寄存器封装
*********************************/

typedef struct {
        uint32 TCFG0;
        uint32 TCFG1;
        uint32 TCON;
        uint32 TCNTB0;
        uint32 TCMPB0;
        uint32 TCNTO0;
        uint32 TCNTB1;
        uint32 TCMPB1;
        uint32 TCNTO1;
        uint32 TCNTB2;
        uint32 TCMPB2;
        uint32 TCNTO2;
        uint32 TCNTB3;
        uint32 TCMPB3;
        uint32 TCNTO3;
        uint32 TCNTB4;
        uint32 TCNTO4;
        uint32 TINT_CSTAT;
}pwm;
#define PWM          (* (volatile pwm *)0xC0018000)

#endif
```

2. PWM 驱动代码在 pwm.c 文件中实现

```
#include "pwm.h"
void PWM_Init(void)
{
```

```
    // 1. 设置GPIOC14引脚为PWM功能
    GPIOC.ALTFN0 = GPIOC.ALTFN0 & (~(0x3 << 28)) | (0x2 << 28);
    // 2. 设置一级预分频值，设置PWM2通道，设置TCFG0[15:8]位，为249
    PWM.TCFG0 = PWM.TCFG0 & (~(0xFF << 8)) | (249 << 8);
    // 3. 设置二级预分频值，设置TCFG1[11:8]位为0100，进行16分频
    PWM.TCFG1 = PWM.TCFG1 & (~(0xF << 8)) | (0x4 << 8);
    // 4. 设置PWM的最终周期，设置TCNTB2为10
    PWM.TCNTB2 = 10;
    // 5. 设置PWM的占空比为50%
    PWM.TCMPB2 = 5;
    // 6. 打开手动加载
    PWM.TCON = PWM.TCON | (0x1 << 13);
    // 7. 关闭手动加载
    PWM.TCON = PWM.TCON & (~(0x1 << 13));
    // 8. 打开自动加载
    PWM.TCON = PWM.TCON | (0x1 << 15);
    // 9. 使能PWM定时器
    PWM.TCON = PWM.TCON | (0x1 << 12);
}
```

3. 主函数在 main.c 文件中实现

```
#include "pwm.h"
int main()
{
    PWM_Init();
    while(1)
    {
}
    return 0;
}
```

11.3.4 调试与运行结果

使用 FS-JTAG 仿真器下载并运行程序，成功后蜂鸣器会发出声音。

11.4 “看门狗”定时器

V11-12 “看门狗”定时器

“看门狗”定时器用于检测程序的正常运行，启动“看门狗”后，必须在“看门狗”复位之前向特定寄存器中写入数值，不让“看门狗”定时器溢出，这样“看门狗”就会重新计时。当用户程序跑死时在规定时间内没有向特定寄存器中依次写入数值，“看门狗”定时器计数溢出，引起“看门狗”复位。“看门狗”产生一个强制系统复位，这样可以使程序重新运行，减小程序跑死的危害。

11.5 S5P6818 处理器“看门狗”定时器

“看门狗”定时器主要用来将受到外界干扰无法正常运行的芯片重新启动，在实际项目和产品中有重大意义。学会“看门狗”定时器的操作，对产品稳定性的提高有很大帮助。本节主要内容如下。

① “看门狗”定时器的工作原理。

② S5P6818“看门狗”定时器定时操作方法。

V11-13 “看门狗”定时器概述

11.5.1 “看门狗”定时器概述

本小节主要介绍“看门狗”定时器相关概念，让读者可以在后面的学习中更好地理解“看门狗”定时器的使用方法。

1. S5P6818 处理器“看门狗”定时器概述

“看门狗”定时器（WatchDog Timer，WDT）和 PWM 定时功能目的不一样。它的特点是需要不停地接收信号（一些外置“看门狗”芯片）或重新设置计数值（如 S5P6818 的“看门狗”控制器），保持计数值不为 0。一旦一段时间接收不到信号，或计数值到 0，“看门狗”将发出复位信号复位系统或产生中断。

“看门狗”的作用是微控制器受到干扰进入错误状态后，使系统在一定时间间隔内自动复位重启。因此“看门狗”是保证系统长期、可靠和稳定运行的有效措施。目前大部分的嵌入式芯片内都集成了“看门狗”定时器来提高系统运行的可靠性。

2. S5P6818 处理器“看门狗”定时器特点

S5P6818 处理器的“看门狗”是当系统被故障（如噪声或系统错误）干扰时，用于微处理器的复位操作，也可以作为一个通用的 16 位定时器来请求中断操作。“看门狗”定时器产生 128 个 PCLK 周期的复位信号，其主要特点如下。

① 通用的中断方式的 16 位定时器。

② 当计数器减到 0（发生溢出）时，产生 128 个 PCLK 周期的复位信号。

3. S5P6818 处理器“看门狗”定时器功能框图

S5P6818 处理器“看门狗”定时器的功能框图如图 11-5 所示。

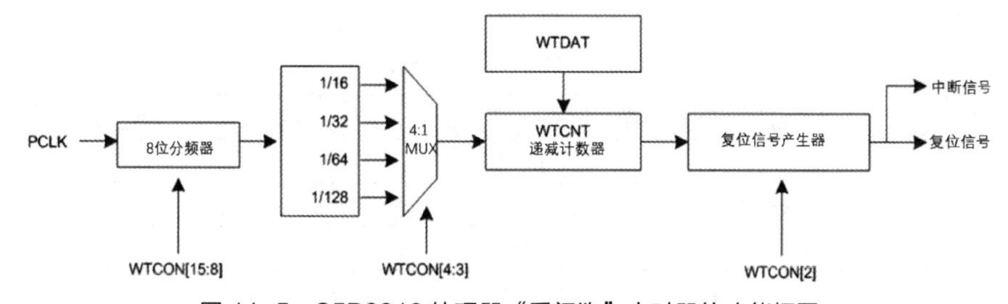

图 11-5 S5P6818 处理器“看门狗”定时器的功能框图

“看门狗”模块包括一个 8 位预分频器，一个四选一的分频器，一个 16 位递减计数器。“看门狗”的时钟信号源来自 PCLK，为了得到宽范围的“看门狗”信号，PCLK 先进行 8 位预分频，然后再经过四选一分频器分频。8 位预分频器和四选一分频器的分频值，都可以由“看门狗”控制寄存器（Watchdog Timer Control register，WTCON）决定。预分频比例因子的范围是 0～254，分频器的分频比可以是 16、32、64 或 128。

“看门狗”定时器时钟周期的计算如下。

```
t_watchdog  =  1/ { PCLK/(Prescaler value + 1)/Division_factor }
```

计算式中，Prescaler value 为 8 位预分频的值，分频值的范围为 0～254；Division_factor 是四选一分频器的值，可以是 16、32、64 或 128。

一旦“看门狗”定时器被允许，“看门狗”定时器数据寄存器（Watchdog Timer Data Register，WTDAT）的值就不能被自动地装载到“看门狗”计数寄存器（Watchdog Timer Count Register，WTCNT）中。因此，“看门狗”启动前要将一个初始值写入“看门狗”计数器中。当 S5P6818 用嵌入式 ICE 调试的时候，“看门狗”定时器的复位功能不被启动，即使“看门狗”能产生溢出信号，也仍然不会产生复位信号。

11.5.2 寄存器设置

为了让读者快速掌握“看门狗”定时器，下面只针对例程中用到的寄存器给予讲解。对于 S5P6818 中提供的更为复杂的控制寄存器将不再展开，感兴趣的读者可作为扩展内容自行学习。

V11-14 “看门狗”配置相关寄存器

为了实现 S5P6818 中“看门狗”定时器实验，需要配置控制寄存器（WTCON）和计数寄存器（WTCNT）。

1. “看门狗”配置相关寄存器

“看门狗”配置相关的寄存器如表 11-8 所示（基地址：0xC001_9000h）。

表 11-8 “看门狗”配置相关的寄存器

寄存器名称	偏移地址	描述	复位值
WTCON	0x00h	“看门狗”定时器控制寄存器	0x8021
WTDAT	0x04h	“看门狗”定时器数据寄存器	0x8000
WTCNT	0x08h	“看门狗”定时器计数寄存器	0x8000
WTCLRINT	0x0Ch	“看门狗”定时器中断寄存器	–

V11-15 “看门狗”定时器控制寄存器——WTCON

2. “看门狗”定时器控制寄存器——WTCON

WTCON 的内容包括用户是否启用“看门狗”定时器、4 个分频比的选择、是否允许中断产生、是否允许复位操作等。

如果用户想把“看门狗”定时器作为一般的定时器使用，应该使能中断，禁止“看门狗”定时器复位。WTCON 功能介绍如表 11-9 所示。

表 11-9 WTCON 功能介绍

名字	位	类型	描述	复位值
RSVD	[31：16]	–	保留	–
PRESCALER VALUE	[15：8]	RW	分频值，有效范围是 0～(2^8–1)	8'h80
RSVD	[7：6]	–	保留	–
WATCHDOG TIMER	[5]	RW	“看门狗”定时器使能或禁止位 0 = 禁止 1 = 使能	1'b1
CLOCK SELECT	[4：3]	RW	决定时钟分频因子 00=16 01=32 10=64 11=128	2'b0

续表

名字	位	类型	描述	复位值
INTERRUPT GENERATION	[2]	RW	“看门狗”定时器输出复位信号使能或禁止位 0 = 禁止“看门狗”定时器复位功能 1=“看门狗”定时器超时产生复位信号	1'b0
RSVD	[1]	–	保留	–

3.“看门狗”定时器数据寄存器——WTDAT

WTDAT 用于指定超时时间，在初始化“看门狗”操作后 WTDAT 的值不能被自动装载到 WTCNT 中。然而，如果初始值为 0x8000，则可以自动装载 WTDAT 的值到 WTCNT 中。WTDAT 功能介绍如表 11-10 所示。

V11-16 “看门狗”定时器数据寄存器——WTDAT

表 11-10 WTDAT 功能介绍

名字	位	类型	描述	复位值
RSVD	[31：16]	–	保留	–
WTDAT	[15：0]	RW	“看门狗”定时器重新加载计数值	16’h8000

4.“看门狗”定时器计数寄存器——WTCNT

WTCNT 存放着“看门狗”倒数计数器的当前计数值。“看门狗”定时器工作模式下，每经过一个时钟周期，WTCNT 的数值自动减 1。注意，在初始化“看门狗”操作后，WTDAT 的值不能被自动装载到 WTCNT 中，所以“看门狗”被允许之前应该初始化 WTCNT 的值。WTCNT 功能介绍如表 11-11 所示。

V11-17 “看门狗”定时器计数寄存器——WTCNT

表 11-11 WTCNT 功能介绍

名字	位	类型	描述	复位值
RSVD	[31：16]	–	保留	–
WTCNT	[15：0]	RW	“看门狗”定时器计数值	16’h8000

11.5.3 程序的编写

V11-18 程序的编写

“看门狗”定时器案例内容为模拟“看门狗”定时器超时溢出复位和定时喂狗程序正常运行两种情况，验证开发板的运行状态。这两种情况的主要区别是：不定时喂狗时“看门狗”定时器超时溢出，定时喂狗时正常运行。

在进行“看门狗”定时器案例软件设计时，由于“看门狗”是对系统的复位或中断操作，所以不需要外围的硬件电路。要实现“看门狗”的功能，只需要对“看门狗”的寄存器组进行操作，即对“看门狗”控制寄存器（WTCON）、“看门狗”数据寄存器（WTDAT）、“看门狗”计数寄存器（WTCNT）进行操作。

其一般流程如下。

① 设置“看门狗”中断操作，包括全局中断和“看门狗”中断的使能，以及“看门狗”中断向量的

定义。如果只是进行复位操作，这一步可以不用设置。

② 对“看门狗”控制寄存器（WTCON）进行设置，包括设置预分频比例因子、分频器的分频值、中断使能和复位使能等。

③ 对“看门狗”数据寄存器（WTDAT）和“看门狗”计数寄存器（WTCNT）进行设置。

④ 启动“看门狗”定时器。

“看门狗”代码的实现如下。

1.“看门狗”控制器相关寄存器封装在 s5p6818_wdt.h 文件中实现

```
#ifndef __S5P6818_WDT_H__
#define __S5P6818_WDT_H__
/********************************
* “看门狗”寄存器封装
********************************/
#define     WTCON             (*(volatile unsigned int *)0xC0019000)
#define     WTDAT             (*(volatile unsigned int *)0xC0019004)
#define     WTCNT             (*(volatile unsigned int *)0xC0019008)
#define     WTCLRINT          (*(volatile unsigned int *)0xC001900C)
#define     IP_RESET_REGISTER1   (*(volatile unsigned int *)0xC0012004)

#endif
```

2.“看门狗”驱动代码在 wdt.c 文件中实现

```
#include "wdt.h"
void WDT_Init(void)
{
    // 激活APB总线
    IP_RESET_REGISTER1 |= (1 << 26);
    // 设置一级预分频值进行（249 + 1）分频
    WTCON = WTCON & (~(0xFF << 8));
    WTCON = WTCON | (249 << 8);
    // 设置二级预分频值进行64分频
    WTCON = WTCON & (~(0x3 << 3));
    WTCON = WTCON | (0x2 << 3);
    // WTDAT = 0x3FFF;
    // 赋初始值
    WTCNT = 9375 * 5;
    // 使能“看门狗”复位信号产生器
    WTCON = WTCON | ((0x1 << 2));
    // 使能“看门狗”定时器
    WTCON = WTCON | (0x1 << 5);
}
```

3. 主函数在 main.c 文件中实现

```
int main()
{
    WDT_Init();
    while(1)
    {
        // 喂狗和不喂狗
        // WTCNT = 9375 * 5;
    }
    return 0;
}
```

11.5.4 调试与运行结果

使用 FS-JTAG 仿真程序，如果 while(1)语句中的喂狗语句（WTCNT = 9375 * 5）被注释，那么程序开始执行一段时间，“看门狗”就会产生复位信号使 CPU 复位，U-Boot 重新启动。反之，喂狗语句没有被注释的情况下，“看门狗”不会产生复位信号。

11.6 小结

本章重点讲解了 PWM 定时器和“看门狗”的工作原理，以及 S5P6818 芯片中 PWM 定时器控制器的操作方法和“看门狗”定时器的操作方法。定时器的使用方法很重要，读者必须掌握。

11.7 练习题

1. PWM 输出波形的特点是什么？
2. 编程实现输出占空比为 70%、波形频率为 2kHz 的 PWM 波形。
3. 使用 PWM0 定时器中断实现一秒的精确定时，控制 LED 灯每隔一秒亮灭一次。
4. 在控制系统中为何要加入“看门狗”功能？
5. 编程实现 1 秒内不对“看门狗”实现喂狗操作，“看门狗”会自动复位的功能。

CHAPTER12

第12章

A/D转换器

重点知识

- A/D转换器原理
- S5P6818 A/D转换器
- S5P6818 A/D转换器应用

■ 在实际应用中，有很多信号都是模拟信号，但是处理器只能处理数字信号，这时就需要利用 A/D 转换器将模拟信号转换为数字信号，本章重点讲解 A/D 转换器的使用方法。

12.1 A/D 转换器原理

A/D 转换又称模数转换，顾名思义，就是把模拟信号数字化。实现该功能的电子器件称为 A/D 转换器，A/D 转换器可将输入的模拟电压转换为与其成比例输出的数字信号。随着数字技术，特别是计算机技术的飞速发展与普及，在现代控制、通信及检测领域中，对信号的处理广泛采用了数字计算机技术。由于系统的实际处理对象往往都是一些模拟量（如温度、压力、位移、图像等），要使计算机或数字仪表能识别和处理这些信号，必须首先将这些模拟信号转换成数字信号，这时就必须用到 A/D 转换器。

在基于 ARM 的嵌入式系统设计中，A/D 转换接口电路是应用系统前向通道的一个重要环节，可完成一个或多个模拟信号到数字信号的转换。模拟信号到数字信号的转换一般来说并不是最终的目的，转换得到的数字量通常要经过微控制器的进一步处理。A/D 转换的一般步骤如图 12-1 所示。

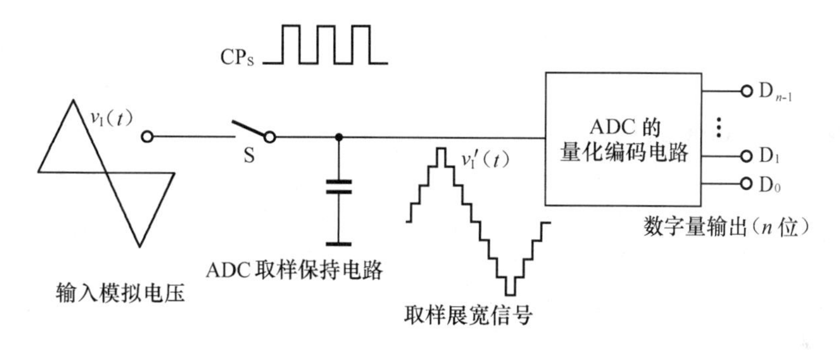

图 12-1 A/D 转换的一般步骤

12.1.1 A/D 转换器的类别

下面简要介绍几种常用的 A/D 转换器的基本原理及特点，包括积分型、逐次逼近型、并行比较型/串行比较型、电容阵列逐次比较型以及压频变换型。

1. 积分型 A/D 转换器

积分型 A/D 转换器的工作原理是将输入电压转换成时间（脉冲宽度信号）或频率（脉冲频率），然后由定时器或计数器获得数字值。积分型 A/D 转换实际上是 V-T 方式电压对时间的转换，先对输入量化电压以固定时间正向积分，再对基准电压反向积分，计数就是对应的 A/D 结果值。

双积分型 A/D 转换是一种间接 A/D 转换技术。首先将模拟电压转换成积分时间，然后用数字脉冲计时方法转换成计数脉冲数，最后将此代表模拟输入电压大小的脉冲数转换成二进制或 BCD 码输出。因此，双积分型 A/D 转换器转换时间较长，一般要大于 40～50ms。其优点是用简单电路就能获得高分辨率，缺点是由于转换精度依赖于积分时间，因此转换速率极低。初期的单片 A/D 转换器大多采用积分型，现在逐次逼近型已逐步成为主流。

图 12-2 所示为双积分型 A/D 转换器的控制逻辑。积分器是转换器的核心部分，它的输入端所接开关 S_1 由定时信号控制。当定时信号为不同电平时，极性相反的输入电压 u_I 和参考电压 V_{REF} 将分别加到积分器的输入端，进行两次方向相反的积分，积分时间常数 $\tau=RC$。

比较器用来确定积分器的输出电压 u_o过零的时刻。当 $u_o>0$ 时，比较器输出电压为低电平；当 $u_o\leqslant0$ 时，比较器输出电压为高电平。比较器的输出信号接至时钟输入控制门（G）作为关门和开门信号。

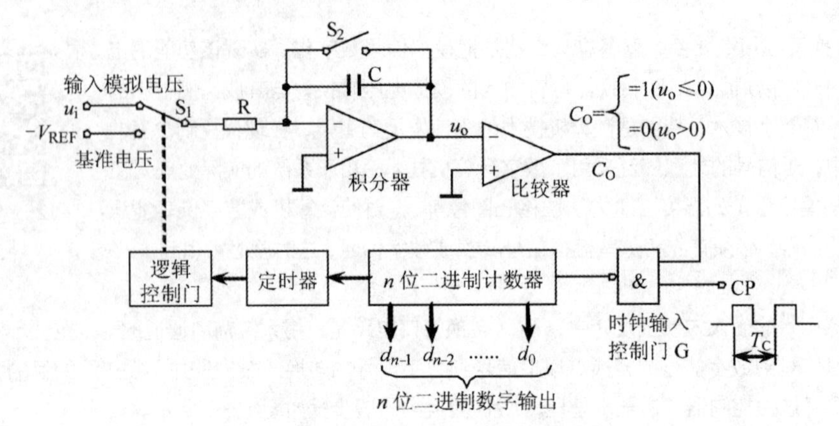

图 12-2　双积分型 A/D 转换器的控制逻辑

双积分型 A/D 转换器具有很强的抗干扰能力，故而采用双积分型 A/D 转换器可大大降低对滤波电路的要求。

2. 逐次逼近型 A/D 转换器

逐次逼近型 A/D 转换器由比较器、4 位 D/A 转换器、基准电压、数据寄存器、位移寄存器组成。从 MSB 开始，顺序地对每一位输入电压与内置 D/A 转换器输出进行比较，经 n 次比较而输出数字值。其电路规模属于中等。其优点是速率较高、功耗低，在低分辨率（<12 位）时价格便宜，但高精度（>12 位）时价格很高。

4 位逐次逼近型 A/D 转换器的逻辑电路如图 12-3 所示。

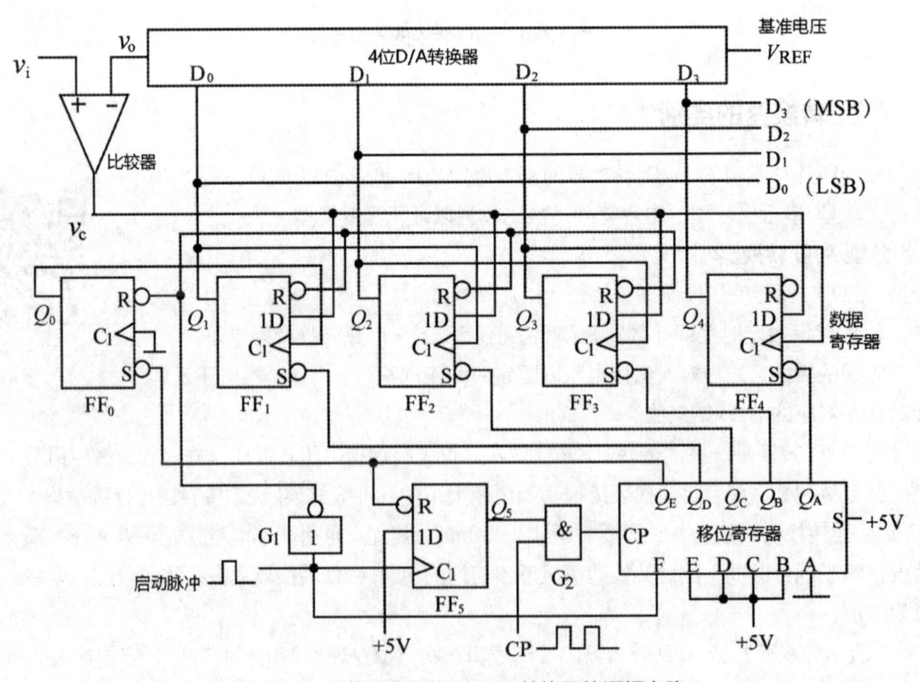

图 12-3　4 位逐次逼近型 A/D 转换器的逻辑电路

图中 5 位移位寄存器可进行并入/并出或串入/串出操作，其输入端 F 为并行置数使能端，高电平有效。

其输入端 S 为高位串行数据输入。数据寄存器由 D 边沿触发器组成，数字量从 Q_4～Q_1 输出。电路工作过程如下。

当启动脉冲上升沿到达后，FF_0～FF_4 被清零，Q_5 置 1，Q_5 的高电平开启与门 G_2，时钟脉冲 CP 进入移位寄存器。在第一个 CP 脉冲作用下，移位寄存器的置数使能端 F 已由 0 变 1，并行输入数据 ABCDE 置入，$Q_AQ_BQ_CQ_DQ_E$=01111，Q_A 的低电平使数据寄存器的最高位（Q_4）置 1，即 $Q_4Q_3Q_2Q_1$=1000。D/A 转换器将数字量 1000 转换为模拟电压，送入比较器 C 与输入模拟电压 v_I 比较，若 $v_I>v'_O$，则比较器 C 输出 v_C 为 1，否则为 0。比较结果送 D_4～D_1。

第二个 CP 脉冲到来后，移位寄存器的串行输入端 S 为高电平，Q_A 由 0 变 1，同时最高位 Q_A 的 0 移至次高位 Q_B。于是数据寄存器的 Q_3 由 0 变 1，这个正跳变作为有效触发信号加到 FF_4 的 CP 端，使 v_C 的电平得以在 Q_4 保存下来。此时，由于其他触发器无正跳变触发脉冲，v_C 的信号对它们不起作用。Q_3 变 1 后，建立了新的 D/A 转换器的数据，输入电压再与其输出电压进行比较，比较结果在第三个时钟脉冲作用下存于 Q_3……如此进行，直到 Q_E 由 1 变 0 时，使触发器 FF_0 的输出端 Q_0 产生由 0 到 1 的正跳变，作为触发器 FF_1 的 CP 脉冲，使上一次 A/D 转换后的 v_C 电平保存于 Q_1。同时使 Q_5 由 1 变 0 后将 G_2 封锁，一次 A/D 转换过程结束。于是电路的输出端 $D_3D_2D_1D_0$ 得到与输入电压 v_I 成正比的数字量。

逐次逼近转换过程和用天平称物重非常相似。天平称物重过程是：从最重的砝码开始试放，与被称物体进行比较，若物体重于砝码，则该砝码保留，否则移去；再加上第二个次重砝码，由物体的重量是否大于砝码的重量决定第二个砝码是留下还是移去；如此一直加到最小一个砝码为止，将所有留下的砝码重量相加，就得此物体的重量。仿照这一思路，逐次逼近型 A/D 转换器就是将输入模拟信号与不同的参考电压做多次比较，使转换所得的数字量在数值上逐次逼近输入模拟量对应值。

3. 并行比较/串行比较型 A/D 转换器

3 位并行比较型 A/D 转换器的逻辑电路如图 12-4 所示，它由电压比较器、寄存器和代码转换器 3 部分组成。电路工作过程如下。

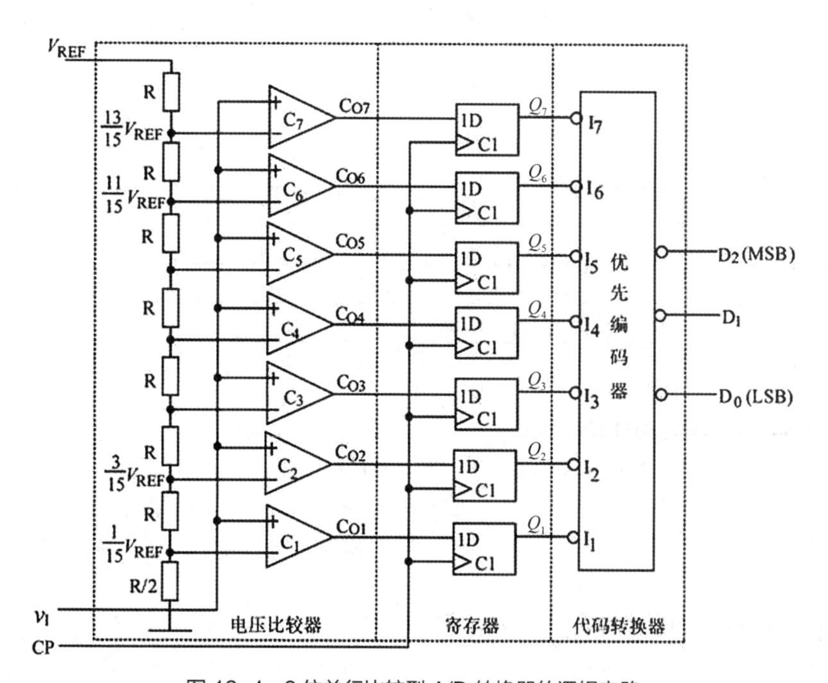

图 12-4　3 位并行比较型 A/D 转换器的逻辑电路

首先在电压比较器中进行量化电平的划分，用电阻链把参考电压 V_{REF} 分压，得到 $\frac{1}{15}V_{REF}$ ~ $\frac{13}{15}V_{REF}$ 间的 7 个比较电平。然后，把这 7 个比较电平分别接到 7 个比较器 C_1～C_7 的输入端作为比较基准。同时将输入的模拟电压同时加到每个比较器的另一个输入端上，与这 7 个比较基准进行比较。

并行比较型 A/D 转换器具有如下特点。

① 由于转换是并行的，其转换时间只受比较器、触发器和编码电路延时限制，因此转换速度最快。

② 随着分辨率的提高，元件数目要按几何级数增加。一个 n 位转换器，所用的比较器个数为 2^n-1，如 8 位的并行比较型 A/D 转换器就需要 $255(2^8-1)$ 个比较器。由于位数越多，电路越复杂，因此制成分辨率较高的集成并行比较型 A/D 转换器是比较困难的。

③ 使用这种含有寄存器的并行比较型 A/D 转换器转换电路时，可以不用附加取样保持电路，因为比较器和寄存器这两部分也兼有取样保持功能。这也是该电路的一个优点。

图 12-4 中的 8 个电阻将参考电压 V_{REF} 分成 8 个等级，其中 7 个等级的电压分别作为 7 个比较器 C_1～C_7 的参考电压，其数值分别为 $V_{REF}/15$、$3V_{REF}/15$，…，$13V_{REF}/15$。输入电压为 v_1，它的大小决定各比较器的输出状态，如当 $0 \leqslant v_1 < V_{REF}/15$ 时，C_7～C_1 的输出状态都为 0；当 $3V_{REF}/15 \leqslant v_1 < 5V_{REF}/15$ 时，比较器 C_6 和 C_7 的输出 $C_{O6}=C_{O7}=1$，其余各比较器的状态均为 0。根据各比较器的参考电压值，可以确定输入模拟电压值与各比较器输出状态的关系。比较器的输出状态由 D 触发器存储，经优先编码器编码，得到数字量输出。优先编码器优先级别最高的是 I_7，最低的是 I_1。

设 v_1 变化范围是 0～V_{REF}，输出 3 位数字量为 $D_2D_1D_0$，3 位并行比较型 A/D 转换器的输入、输出关系如表 12-1 所示。

表 12-1　3 位并行比较型 A/D 转换器的输入、输出关系对照表

模拟输入	比较器输出状态							数字输出	
	C_{O1}	C_{O2}	C_{O3}	C_{O4}	C_{O5}	C_{O6}	C_{O7}	D_2	D_1
$0 \leqslant v_1 < V_{REF}/15$	0	0	0	0	0	0	0	0	0
$V_{REF}/15 \leqslant v_1 < 3V_{REF}/15$	0	0	0	0	0	0	1	0	0
$3V_{REF}/15 \leqslant v_1 < 5V_{REF}/15$	0	0	0	0	0	1	1	0	1
$5V_{REF}/15 \leqslant v_1 < 7V_{REF}/15$	0	0	0	0	1	1	1	0	1
$7V_{REF}/15 \leqslant v_1 < 9V_{REF}/15$	0	0	0	1	1	1	1	1	0
$9V_{REF}/15 \leqslant v_1 < 11V_{REF}/15$	0	0	1	1	1	1	1	1	0
$11V_{REF}/15 \leqslant v_1 < 13V_{REF}/15$	0	1	1	1	1	1	1	1	1
$13V_{REF}/15 \leqslant v_1 < V_{REF}$	1	1	1	1	1	1	1	1	1

精度取决于分压网络和比较电路，动态范围取决于 V_{REF}。

4. 电容阵列逐次比较型 A/D 转换器

电容阵列逐次比较型 A/D 转换器在内置 D/A 转换器中采用电容矩阵方式，因此它也可称为电荷再分配型 A/D 转换器。一般的电阻阵列 D/A 转换器中多数电阻的值必须一致。在单芯片上生成高精度的电阻并不容易，如果用电容阵列取代电阻阵列，可以用低廉的成本制成高精度的单片 A/D 转换器。最新的逐次比较型 A/D 转换器大多为电容阵列式的。

5. 压频变换型 A/D 转换器

压频变换型（Voltage-Frequency Converter）是通过间接转换方式实现模数转换的。其原理是首先将输入的模拟信号转换成频率，然后用计数器将频率转换成数字量。从理论上讲这种 A/D 转换器的分辨率几乎

可以无限增加，只要采样的时间能够满足输出频率分辨率要求的累积脉冲个数的宽度。其优点是分辨率高、功耗低、价格低，但是需要外部计数电路共同完成 A/D 转换。

12.1.2 A/D 转换器的参数

V12-3 A/D 转换器的参数

想要熟练掌握 A/D 转换器的使用，必须掌握 A/D 转换器的几个重要参数，包括分辨率、转换速率、量化误差、偏移误差、满度误差、线性度。本小节将对这几个参数重点进行讲解。

1. 分辨率（Resolution）

分辨率表示会触发数字量变化的最小模拟信号的变化量。分辨率又称精度，通常以数字信号的位数来表示。A/D 转换器的分辨率以输出二进制（或十进制）数的位数表示。从理论上讲，n 位输出的 A/D 转换器能区分 2^n 个不同等级的输入模拟电压，能区分输入电压的最小值为满量程输入的 $1/2^n$。在最大输入电压一定时，输出位数越多，量化单位越小，分辨率越高。例如 S5P6818 的 A/D 转换器可以设置输出为 12 位二进制数，输入信号最大值为 3.3V，那么这个转换器应能区分输入信号的最小电压为 3.22mV。

2. 转换速率（Conversion Rate）

转换速率是完成一次 A/D 转换所需的时间的倒数。积分型 A/D 转换器的转换时间是毫秒级，属低速 A/D 转换器；逐次逼近型 A/D 转换器是微秒级，属中速 A/D 转换器；并行比较/串行比较型 A/D 转换器可达到纳秒级，属高速 A/D 转换器。采样时间则是另外一个概念，是指两次转换的间隔。为了保证转换的正确完成，采样速率（Sample Rate）必须小于或等于转换速率。因此有时习惯上将转换速率在数值上等同于采样速率也是可以接受的。常用单位是 ksps 和 Msps，表示每秒采样千/百万次（kilo / Million Samples per Second）。

3. 量化误差（Quantizing Error）

ADC 输入的模拟量是连续的，而输出的数字量是离散的，用离散的数字量表示连续的模拟量，需要经过量化和编码，由于数字量只能取有限位，故量化过程会引入误差，即量化误差。量化误差也称量化噪声。

数字量用 N 位二进制数表示时最多可有 2^N 个不同编码。在输入模拟信号归一化为 0～1 之间数值的情况下，对应输出码的一个最低有效位(LSB)发生变化的最小输入模拟量的变化量为：$q = 1 / 2^N$。

4. 偏移误差（Offset Error）

输入信号为零时输出信号不为零的值，可外接电位器调至最小。

5. 满度误差（Full Scale Error）

满度输出时对应的输入信号与理想输入信号值之差。

6. 线性度（Linearity）

实际转换器的转移函数曲线与理想直线的最大偏移，不包括以上 3 种误差。

其他指标还有绝对精度（Absolute Accuracy）、相对精度（Relative Accuracy）、微分非线性、单调性和无错码、总谐波失真（Total Harmonic Distortion，THD）和积分非线性等。

12.2 S5P6818 处理器的 A/D 转换器

S5P6818 芯片上集成的 ADC2802A 是一款采用 28nm 低功耗 CMOS 工艺的 12 位 A/D 转换器，具有 8 通道模拟输入选择和低电平数字接口电平转换器。它将单端模拟输入信号转换为 12 位数字信号，最大转换速率为 1Msps。

该器件是一种循环型单块集成电路 ADC，可提供片上采样保持和掉电模式。

S5P6818 A/D 转换器的框图如图 12-5 所示。

V12-4 S5P6818 处理器的 A/D 转换器

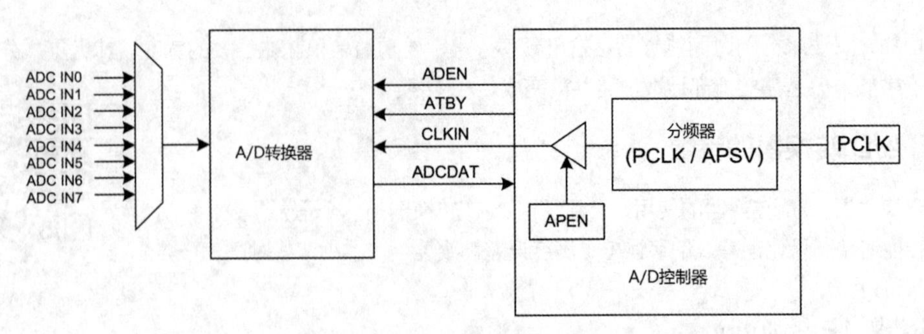

图 12-5　S5P6818 转换器的框图

S5P6818 中 ADC 转换器特征如下。

① 采用 28nm 低功耗 CMOS 工艺。

② 分辨率为 12bit。

③ 最大转换速率（Fs）为 1Msps（主时钟 6MHz，采样时钟 1MHz）。

④ 功耗：

- 1.0mW（Fs = 1Msps）（典型的正常操作模式）。
- 0.005mW（典型的待机模式）。

⑤ 输入电压范围为 0～1.8V（正常为 1.8V）。

⑥ 工作温度范围（环境温度）为–25°C～85°C。

12.3　A/D 转换器接口电路与程序设计

下面通过编写软件程序，实现电位器输出端电压值的实时获取、转换和显示。

12.3.1　电路连接

V12-5　电路连接

利用一个电位计输出电压到 S5P6818 的 ADC0 引脚。滑动变阻器两端的电压范围是 0～3.3V，然后再通过两个 1kΩ的电阻对其进行分压，最终控制输入 ADC0 引脚上的电压范围为 0～1.65V。旋转电位器旋钮，使输出电压发生变化，即 ADC0 引脚采集到变化的模拟电压。通过编写软件程序，实现电位器输出端电压值的实时获取、转换和显示。为了观察转换结果，可以通过串口输出结果到终端。ADC 电路图如图 12-6 所示。

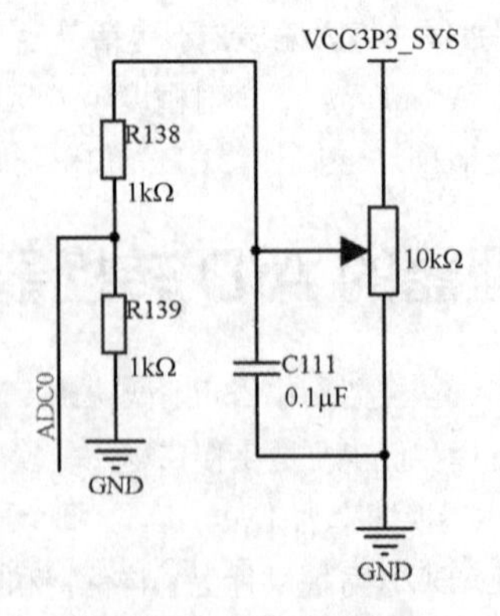

图 12-6　ADC 电路图

12.3.2 寄存器设置

为了让读者快速掌握 A/D 转换器的使用方法，下面只针对例程中用到的寄存器给予讲解。对于 S5P6818 中提供的更为复杂的控制寄存器将不再展开，感兴趣的读者可作为扩展内容自行学习。

V12-6 ADC 转换器配置相关寄存器列表

1. ADC 转换器配置相关寄存器列表

ADC 转换器配置相关寄存器如表 12-2 所示（基地址为 0xC005_3000h）。

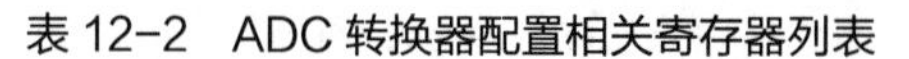

表 12-2 ADC 转换器配置相关寄存器列表

寄存器名称	偏移地址	描述	复位值
ADCCON	3000h	ADC 控制寄存器	0x0000_0004
ADCDAT	3004h	ADC 输出数据寄存器	0x0000_0000
ADCINTENB	3008h	ADC 中断使能寄存器	0x0000_0000
ADCINTCLR	300Ch	ADC 中断挂起和清除寄存器	0x0000_0000
PRESCALERCON	3010h	ADC 分配寄存器	0x0000_0000

2. ADC 控制寄存器——ADCCON

ADCCON 主要用来配置 A/D 转换器功能，如转换开始方式、工作模式、ADC 通道选择等，还有一位状态位表示当前 ADC 转换是否完成。ADCCON 功能介绍如表 12-3 所示。

V12-7 ADC 控制寄存器——ADCCON

表 12-3 ADCCON 功能介绍

名字	位	类型	描述	复位值
RSVD	[31：14]	R	保留	18'h0
ADC_DATA_SEL	[13：10]	RW	这些位选择 ADCDATA 数据读取时间 0000 = 延时 5 个时钟周期 0001 = 延时 4 个时钟周期 0010 = 延时 3 个时钟周期 0011 = 延时 2 个时钟周期 0100 = 延时 1 个时钟周期 0101 = 不延时 其他值 = 延时 4 个时钟周期	4'h0
TOT_ADC_CLK_Cnt	[9：6]	RW	这些位控制开始转换（SoC）时序	4'h0
ASEL	[5：3]	RW	这些位用于选择 A/D 模拟输入通道。S5P6818 有 8 个 ADC 输入通道，可以选择其中一个 000=ADCIN_0 001=ADCIN_1 010=ADCIN_2 011=ADCIN_3 100=ADCIN_4 101=ADCIN_5 110=ADCIN_6 111=ADCIN_7	3'b0

续表

名字	位	类型	描述	复位值
STBY	[2]	RW	A/D 转换器待机模式。如果该位被设置为 0，功耗实际被用于 A/D 转换器 0=ADC 电源开 1=ADC 电源关（待机）	1'b1
RSVD	[1]	–	保留	1'b0
ADEN	[0]	RW	A/D 转换开始，当 ADC 转换结束，这位被清除 读：检测 A/D 转换操作 0 = 空闲 1 = 繁忙 写：开始 A/D 转换 0 = 不转换 1 = 开始 A/D 转换	1'b0

3. ADC 数据寄存器——ADCDAT

ADCDAT 用来存放模拟量转换为数字量的转换结果。ADCDAT 功能介绍如表 12-4 所示。

V12-8　ADC 数据寄存器——ADCDAT

表 12-4　ADCDAT 功能介绍

名字	位	类型	描述	复位值
RSVD	[31：12]	–	保留	20'h0
ADCDAT	[11：0]	R	这些位是通过 ADC 转换后的 12 位数字量	12'h0

4. ADC 分频寄存器——PRESCALERCON

PRESCALERCON 用来设置对 PCLK 时钟进行分频。PRESCALERCON 功能介绍如表 12-5 所示。

表 12-5　PRESCALERCON 功能介绍

V12-9　ADC 分频寄存器——PRESCALERCON

名字	位	类型	描述	复位值
RSVD	[31：16]	–	保留	16'h0
APEN	[15]	RW	分频使能。该位由 A/D 转换器的 APSV 寄存器分频的时钟电源决定。在启用 APEN 位之前，应设置 APSV 寄存器 0 = 禁止 1 = 使能	1'b0
RSVD	[14：10]	–	保留	5'h0
APSV	[9：0]	RW	A/D 转换器时钟分频值（10bit） 要将值写入该位，APEN 应为 0 对于 20 分频和 100 分频，分别输入 APSV 是 19（20–1）和 99（100–1）	10'h0

12.3.3　程序的编写

AIN[7:0]从外部连续输入，CLKIN 通过 PRESCALERCON.APEN 位提供。通过设置 ASEL[2:0]位，选择 AIN[7:0]模拟输入通道。将 ADCCON.STBY 位设置为 0，为 ADC 模块供电。最后，通过将 ADCCON.ADEN

位设置为 1 来进行 A/D 转换。转换完成后，EOC 发生，并且 ADCCON.ADEN 位自动清零。之后，A/D 转换数据可通过 ADCDAT.ADCDAT 读取。由于 10 位转换总是需要 5 个周期，所以 S5P6818 的最大转换速率为 1Msps。将 ADCCON.ADEN 位设置为 1 以再次操作 ADC。ADC 转换器的时序图如图 12-7 所示。

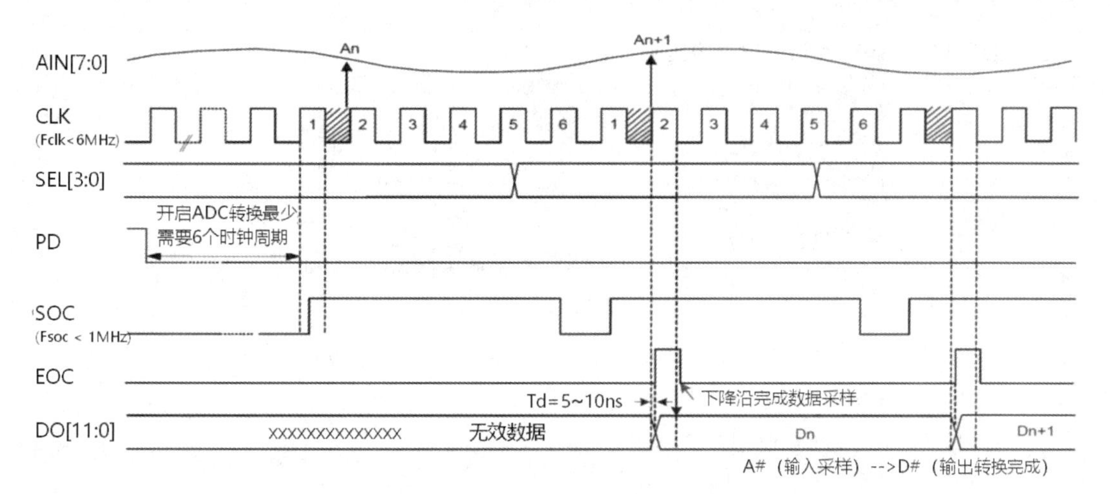

图 12-7 ADC 转换器的时序图

ADC 控制器代码编写流程如下。

① PCLK 提供：CLKENB.PCLKMODE = 1。

② 模拟输入选择：ADCCON.ASEL。

③ ADC 通电：ADCCON.STBY = 0。

④ CLKIN 分频值：ADCCON.APSV。

⑤ 打开 CLKIN：ADCCON.APEN。

⑥ ADC 使能：ADCCON.ADEN。

⑦ A/D 转换流程。

⑧ 读取 ADCDAT.ADCDAT。

⑨ 关闭 CLKIN。

⑩ 关闭 ADC 电源。

ADC 测量模拟电压值代码实现如下。

1. ADC 转换器相关寄存器封装在 s5p6818_adc.h 文件中实现

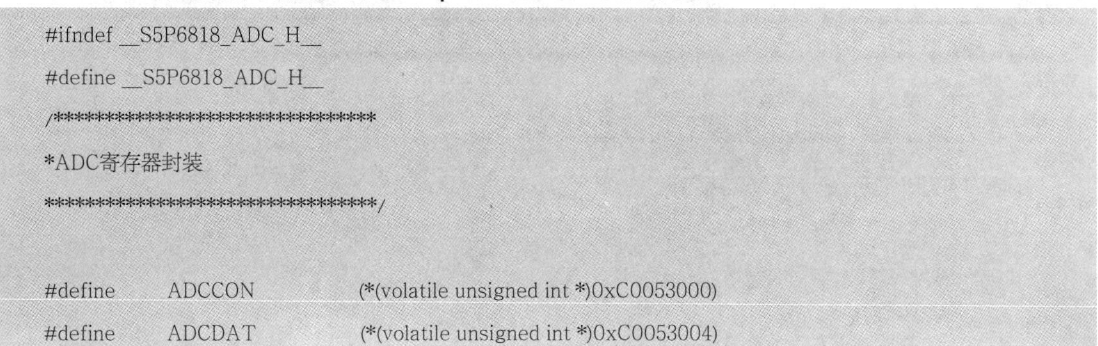

```
#ifndef __S5P6818_ADC_H__
#define __S5P6818_ADC_H__
/*************************************
*ADC寄存器封装
*************************************/

#define     ADCCON          (*(volatile unsigned int *)0xC0053000)
#define     ADCDAT          (*(volatile unsigned int *)0xC0053004)
```

```
#define    ADCINTENB           (*(volatile unsigned int *)0xC0053008)
#define    ADCINTCLR           (*(volatile unsigned int *)0xC005300C)
#define    PRESCALERCON        (*(volatile unsigned int *)0xC0053010)
#define    IP_RESET_REGISTER1  (*(volatile unsigned int *)0xC0012004)

#endif
```

2. ADC 驱动代码在 adc.c 文件中实现

```
#include "adc.h"
/*************************************************************************
* 函数功能：初始化ADC函数
*************************************************************************/
void hal_adc_init(void)
{
    // 激活ADC转换器
    IP_RESET_REGISTER1 |= (1 << 28);
    // 设置ADC转换的时间
    ADCCON &= (~(0xF << 10));
    // ADC转时钟的个数
    ADCCON = ADCCON & (~(0xF << 6));
    ADCCON = ADCCON | (6 << 6);
    // ADC通道的选择
    ADCCON = ADCCON & (~(0x7 << 3));
    // ADC控制器电源开启
    ADCCON = ADCCON & (~(0x1 << 2));
    // 时钟的分频值
    PRESCALERCON = PRESCALERCON & (~(0x3FF << 0));
    PRESCALERCON = PRESCALERCON | (199 << 0);
    // 分频器的使能
    PRESCALERCON = PRESCALERCON | (1 << 15);
}
/*************************************************************************
* 函数功能：ADC开始转换函数
*************************************************************************/
unsigned int  hal_adc_conversion(void)
{
    unsigned int value = 0;
    // 开启ADC转换
```

```
        ADCCON = ADCCON | 1;
        // 等待ADC转换结束
        while(ADCCON & 0x1);
        // 读取ADC转换结果
        value = ADCDAT & 0xFFF;
        // 转换成实际的模拟电压值
        value = 2 * value * 1800 / 4095;
        return value;
}
```

3. 主函数在 main.c 文件中实现

```
#include "adc.h"
/*******************************
* 函数功能：延时函数
*******************************/
void delay_ms(unsigned int ms)
{
        unsigned int i,j;
        for(i = 0; i < ms; i++)
            for(j = 0; j < 2000; j++);
}

int main()
{
        unsigned int value;
        hal_adc_init();
        while(1)
        {
            value = hal_adc_conversion();
            printf("adc value = %dmv\n", value);
            delay_ms(100);
        }
    return 0;
}
```

12.3.4 调试与运行结果

使用 FS-JTAG 仿真程序，在计算机上运行串口调试工具。运行程序查看串口工具的输出结果，程序运行结果如图 12-8 所示。

图 12-8　ADC 运行结果

12.4　小结

本章主要讲解了 A/D 转换器原理，以及 S5P6818 的 A/D 转换器的操作方法。

12.5　练习题

1. A/D 转换器选型时需要考虑哪些指标?
2. 根据 A/D 转换器的基本原理，可以将 A/D 转换器分为哪些种类?
3. 编程实现 ADC 中断处理程序测量模拟电压值。

CHAPTER13

第13章

SPI总线接口

重点知识

- SPI总线协议
- S5P6818的SPI总线控制器
- SPI接口电路和程序设计

■ SPI 是应用最为广泛的通信总线协议之一，开发人员应当掌握。本章将介绍 SPI 总线协议的基本理论，以及 S5P6818 的 SPI 总线控制器的操作方法。

13.1 SPI 总线协议

串行外设接口（Serial Peripheral Interface，SPI）是一种高速、全双工、同步的通信总线。它可以使MCU 与各种外围设备以串行方式进行通信以交换信息。

13.1.1 SPI 总线协议简介

V13-1 SPI 总线协议简介

SPI 总线是由摩托罗拉公司设计的一种串行总线，并且在芯片的引脚上只占用 4 根线，节约了芯片的引脚，同时在 PCB 的布局上节省空间、提供方便。正是出于这种简单易用的特性，越来越多的芯片集成了这种通信协议。S5P6818 芯片包含 3 个 SPI 总线控制器。

SPI 总线的主要特点如下。

① 全双工。

② 可以作为主设备或从设备工作。

③ 提供可编程时钟。

④ 发送结束中断标志。

⑤ 写冲突保护。

⑥ 总线竞争保护。

13.1.2 SPI 总线协议内容

V13-2 SPI 总线引脚定义

熟练掌握 SPI 总线的使用，最重要的是学习 SPI 总线的总线协议，本小节重点对 SPI 总线协议相关的知识进行讲解。

1. SPI 总线引脚定义

SPI 总线协议很简单，它以主/从方式工作，这种模式通常有一个主设备和一个或多个从设备。主设备是产生时钟信号，并发出片选信号的设备。从设备是接收时钟信号，并接收片选信号的设备。

V13-3 SPI 总线物理连接

SPI 总线主设备和从设备通信需要 4 条线连接（单向传输时 3 条线也可以），每个 SPI 设备都有 4 个引脚供通信连接使用。SPI 的 4 个引脚如下。

① CLK（串行时钟引脚）。

② MISO（主设备输入/从设备输出数据引脚）。

③ MOSI（主设备输出/从设备输入数据引脚）。

④ CS（从设备选择引脚，低电平有效）。

2. SPI 总线物理连接

SPI 总线主设备和从设备连接的 4 条线分别为：CS（主）对应 CS（从）、CLK（主）对应 CLK（从）、MOSI（主）对应 MOSI（从）、MISO（主）对应 MISO（从）。SPI 总线可以同时并联多个外围设备，但同一时刻只能有一对主从设备通信，主设备通过 CS 片选引脚发出信号去选择从设备。

SPI 总线物理连接图如图 13-1 所示。

3. SPI 总线信号类型

SPI 总线信号类型如表 13-1 所示。

V13-4 SPI 总线信号类型

图 13-1 SPI 总线物理连接图

表 13-1 SPI 总线信号类型

信号名称	信号描述
CLK 时钟信号	主设备发出，用于控制数据发送和接收的时序
MISO 数据信号	作为主设备时，从从设备接收输入数据；作为从设备时，向主设备发送输出数据
MOSI 数据信号	作为主设备时，向从设备发送输出数据；作为从设备时，从主设备接收输入数据
CS 片选信号	从设备选择信号。当 CS 为低电平时，所有数据发送/接收依次被执行

4. SPI 总线时序

SPI 总线时序图如图 13-2 所示。

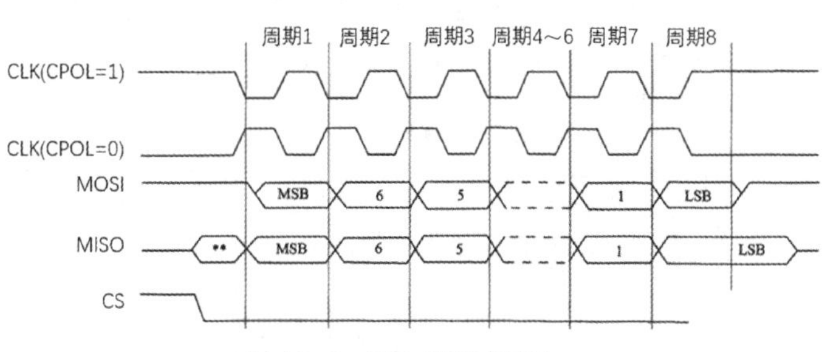

V13-5 SPI 总线时序

图 13-2 SPI 总线时序图

SPI 数据通信起始由主设备发送 CS 片选信号并保持到通信的结束，同时主设备发出 CLK 时钟信号用于数据发送和接收的时序控制。SPI 是串行通信协议，也就是说数据是一位一位地传输的。数据在时钟上升沿或下降沿时发送，在紧接着的下降沿或上升沿被接收，完成一位数据传输。这样，在 8 次时钟信号的改变（上沿和下沿为一次）后，就可以完成 8 位数据的传输。此时序图中，发送设备在 CLK 的时钟信号的下降沿发送一位数据，接收设备在 CLK 时钟信号的上升沿时接收一位数据。

需要注意的是，基于 SPI 总线的通信中至少应有一个主设备。SPI 总线的信号 CLK 只能由主设备控制，从设备不能控制时钟信号。同样在一个基于 SPI 总线的通信中，至少有一个主控设备。与普通的串行通信不同，普通的串行通信一次连续传输至少 8 位数据。而 SPI 的传输方式有一个优点，即 SPI 也是一位一位地传输数据，但传输过程中允许暂停，因为 CLK 时钟线由主设备控制，当没有时钟跳变时，从设备不采集或传输数据。也就是说，主设备通过对 CLK 时钟线的控制可以完成对通信的控制。SPI 还是一个数据交换协议，因为 SPI 的数据输入和输出线独立，所以允许同时完成数据的输入和输出。不同的 SPI 设备的实现方式不尽相同，主要是数据改变和采集的时间不同，在时钟信号上沿或下沿采集有不同定义。

在点对点的通信中，SPI 不需要进行寻址操作，且为全双工通信，显得简单、高效。在多个从设备的系统中，每个从设备需要独立地使能信号，在硬件上要比 I2C 总线控制稍微复杂一些。

注意，SPI 总线的缺点是没有指定的流控制，没有应答机制确认是否接收到数据。

V13-6　SPI
总线数据传输格式

5. SPI 总线数据传输格式

SPI 设备支持不同的数据传输格式，主要是数据发送和采集的时间不同，在时钟信号上沿或下沿采集有不同定义。SPI 主设备和与之通信的从设备时钟相位和极性应该一致，可以通过配置 SoC 芯片 SPI 控制器的相关寄存器实现。

SPI 总线协议设定了 4 种不同的数据传输格式，如图 13-3 所示。

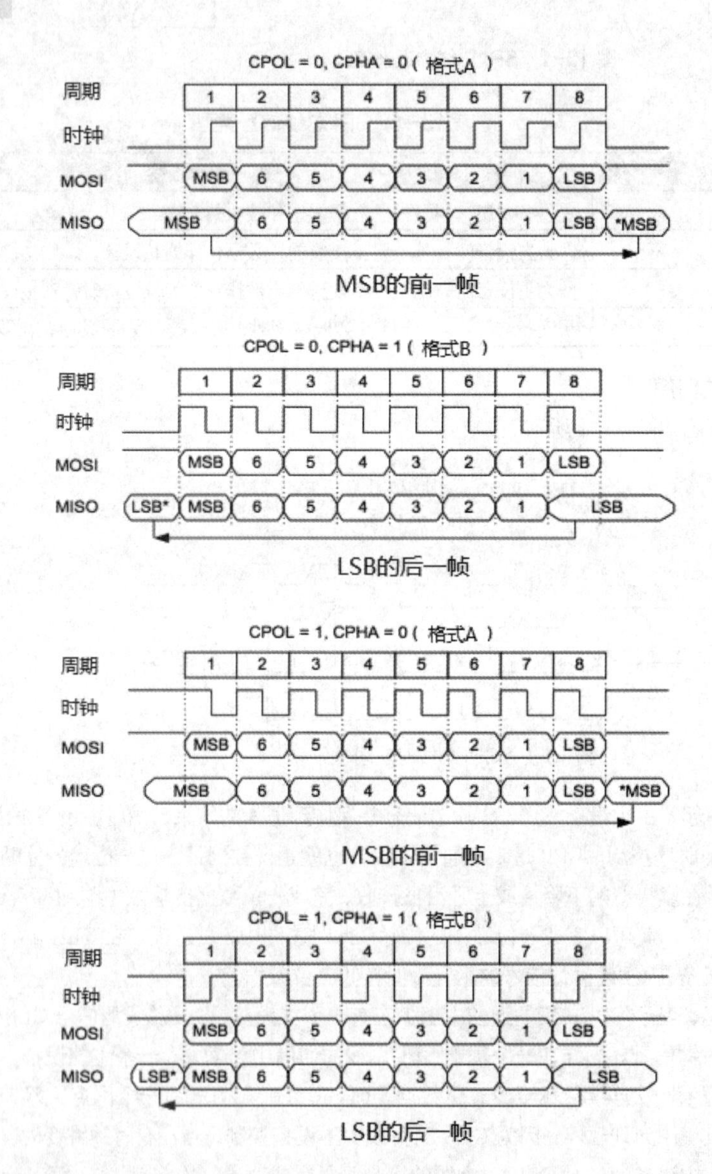

图 13-3　SPI 总线 4 种传输格式

通过设置 SPI 总线的 CPOL（极性）和 CPHA（相位）的值，选择当前要使用的 SPI 数据传输格式，如表 13-2 所示。

表 13-2　SPI 数据传输格式

	CPOL	CPHA
功能	控制时钟极性	控制时钟相位
值为 0	SPI 总线空闲时，CLK 为低电平	CLK 第一个跳变沿采样
值为 1	SPI 总线空闲时，CLK 为高电平	CLK 第二个跳变沿采样

例如，当设置 CPHA=0、CPOL=0 时，SPI 总线数据传输格式如图 13-4 所示。

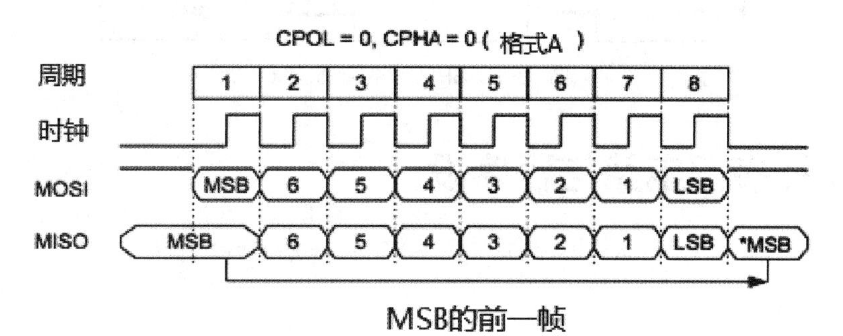

图 13-4　SPI 总线数据传输格式

通过设置可以得知以下结论。

① CPOL =0，SPI 总线空闲时，CLK 为低电平。

② CPHA =0，CLK 第一个跳变沿采集，第二个跳变沿发送数据。

对照图形来进行分析，按照时间轴从左到右分析，在第一个时钟周期前，SPI 总线上没有数据传输，SPI 总线处在空闲状态，CLK 为低电平。第一个时钟周期开始，数据开始传输，第一位数据在 CLK 第一个跳变沿之前已经传输到了 MOSI 引脚上，当 CLK 发出第一个跳变沿（上升沿）时，SPI 总线的从机捕获到该信号，对第一位数据采样。在第一个时钟周期的最后，发出第二个跳变沿（下降沿）时，主机将第二位数据传输到 MOSI 信号线上。后面的时钟周期依次重复第一个周期的过程，直到一个字节的 8 位数据信号传输完毕。

13.2　S5P6818 处理器的 SPI 总线控制器

S5P6818 有 3 个 SPI 端口，可以在主/从模式下运行。下面是 S5P6818 芯片的 SPI 总线控制器的特性。

① 支持摩托罗拉 SPI 协议和国家半导体微波。

② 支持 8/16/32 位总线接口。

③ 支持主/从模式。

④ DMA 请求发送和接收 FIFO 的服务。

⑤ SSP 的 CLKGEN 的最大频率是 100MHz。

⑥ 最大操作频率如下。

- 主模式：50MHz（接收数据为 20MHz，或反馈时钟配置为 40MHz）。
- 从模式：8MHz。

V13-7　S5P6818 处理器的 SPI 总线控制器

SPI 总线控制器框图如图 13-5 所示。

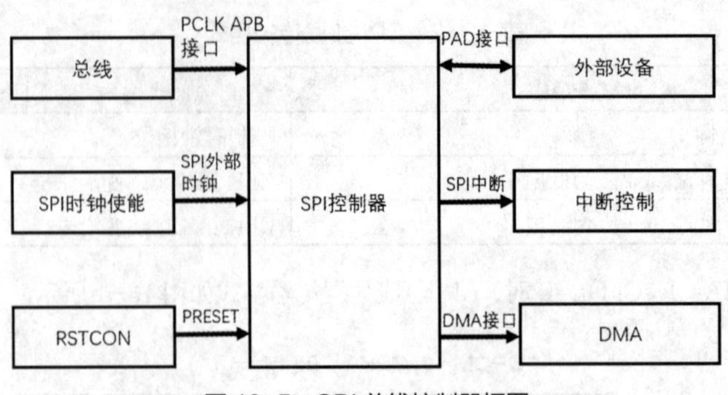

图 13-5　SPI 总线控制器框图

13.3　SPI 接口电路与程序设计

下面编写 SPI 程序，实现对 Flash 芯片 M25P32 内部存储器进行读和写操作。

13.3.1　电路连接

M25P32 芯片的硬件连接如图 13-6 所示。

V13-8　电路连接

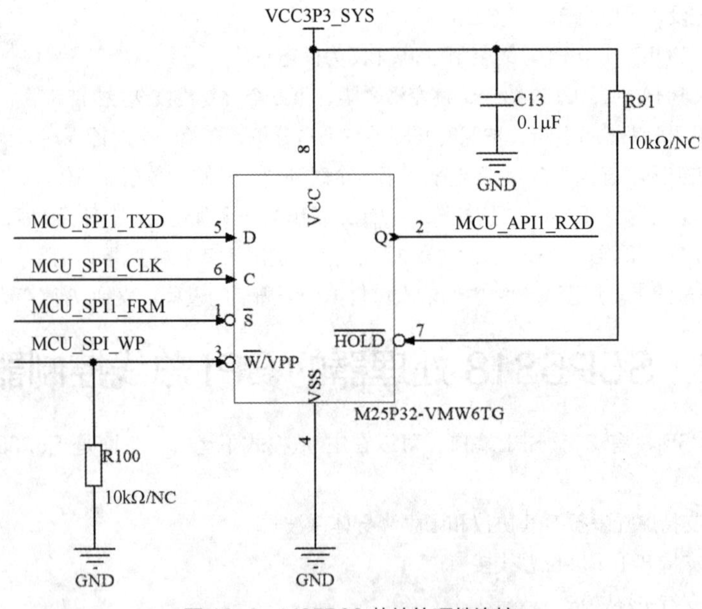

图 13-6　M25P32 芯片的硬件连接

13.3.2　寄存器设置

V13-9　SPI 配置相关寄存器

为了让读者快速掌握 SPI 控制器的使用方法，下面只针对例程中用到的寄存器进行讲解。对 S5P6818 中提供的更为复杂的控制寄存器将不再展开，感兴趣的读者可作为扩展内容自行学习。

1. SPI 配置相关寄存器

SPI 配置相关寄存器列表如表 13-3 所示。

SPI 配置寄存器对应的地址如下。

① 基地址：0xC005_B000（SPI0）。
② 基地址：0xC005_C000（SPI1）。
③ 基地址：0xC005_F000（SPI2）。

表 13-3　SPI 配置寄存器列表

寄存器名称	偏移地址	描述	复位值
SPI/SSP_Configure	0xB000h 0xC000h 0xF000h	SPI/SSP 配置寄存器	0x0000_0000
SPI/SSP_FIFO_CON	0xB008h 0xC008h 0xF008h	SPI/SSP FIFO 控制寄存器	0x0000_0000
SPI/SSP_SEL_SIGNAL_CON	0xB00Ch 0xC00Ch 0xF00Ch	SPI/SSP 片选信号控制寄存器	0x0000_0001
SPI/SSP_INT_EN	0xB010h 0xC010h 0xF010h	SPI/SSP 中断使能寄存器	0x0000_0000
SPI/SSP_Status	0xB014h 0xC014h 0xF014h	SPI/SSP 状态寄存器	0x0000_0000
SPI/SSP_Tx_Data	0xB018h 0xC018h 0xF018h	SPI/SSP Tx 数据寄存器	0x0000_0000
SPI/SSP_Rx_Data	0xB01Ch 0xC01Ch 0xF01Ch	SPI/SSP Rx 数据寄存器	0x0000_0000
SPI/SSP_Packet_Count	0xB020h 0xC020h 0xF020h	SPI/SSP 数据包计数寄存器	0x0000_0000
SPI/SSP_Status_Pending_Clear	0xB024h 0xC024h 0xF024h	SPI/SSP 状态挂起清除寄存器	0x0000_0000
SPI/SSP_Swap_Configure	0xB028h 0xC028h 0xF028h	SPI/SSP 交换配置寄存器	0x0000_0000
SPI/SSP_Feedback_Clock_SEL	0xB02Ch 0xC02Ch 0xF02Ch	SPI/SSP 反馈时钟选择寄存器	0x0000_0000

2. SPI 传输配置寄存器——SPI/SSP_CONFIGURE

SPI/SSP_CONFIGURE 用来对 SPI 控制器进行使能和传输配置，如接收使能、发送使能、主/从模式配置、传输方式相位配置、传输方式极性配置、软件复位等。

V13-10　SPI 传输配置寄存器——SPI/SSP_CONFIGURE

SPI/SSP_CONFIGURE 功能介绍如表 13-4 所示。

表 13-4　SPI/SSP_CONFIGURE 功能介绍

名字	位	类型	描述	复位值
HIGH_SPEED_EN	[6]	RW	从模式下 TX 输出时间控制位，只有在相位为 0 时有效 0 = 禁止 1 = 使能（输出时间为 SPICLK/2）	0
SW_RST	[5]	RW	软件复位	0
SLAVE	[4]	RW	主/从模式选择位 0 = 主模式 1 = 从模式	0
CPOL	[3]	RW	SPI 传输方式极性选择位 0 = 高 1 = 低	0
CPHA	[2]	RW	SPI 传输方式相位选择位 0 = 方式 A 1 = 方式 B	0
PX_CH_ON	[1]	RW	SPI 接受通道(RX)使能位 0 = 禁止 1 = 使能	0
TX_CH_ON	[0]	RW	SPI 发送通道(TX)使能位 0 = 禁止 1 = 使能	0

V13-11　SPI 模式配置寄存器——SPI/SSP_FIFO_CON

3. SPI 模式配置寄存器——SPI/SSP_FIFO_CON

SPI/SSP_FIFO_CON 用来对 SPI 控制器进行模式配置，如 FIFO、DMA 等。SPI/SSP_FIFO_CON 功能介绍如表 13-5 所示。

表 13-5　SPI/SSP_FIFO_CON 功能介绍

名字	位	类型	描述	复位值
CH_WIDTH	[30：29]	RW	通道宽度选择位 00 = 字节 01 = 半字 10 = 字 11 = 保留	0
TRAILING_CNT	[28：19]	RW	设置接收 FIFO 中最后写入字节的个数，用来刷新 FIFO 中的尾数据	0
BUS_WIDTH	[18：17]	RW	SPI FIFO 宽度选择位 00 = 字节 01 = 半字 10 = 字 11 = 保留	0

续表

名字	位	类型	描述	复位值
RX_RDY_LVL	[16：11]	RW	中断接收模式下，FIFO 的触发水平 SPI0 =4 *N SPI1、SPI2=N	0
TX_RDY_LVL	[10：5]	RW	中断发送模式下，FIFO 的触发水平 SPI0 =4 *N SPI1、SPI2=N	0
RSVD	[4：3]	R	保留	0
RX_DMA_SW	[2]	RW	DMA 接收使能位 0 = 禁止 1 = 使能	0
_DMA_S	[1]	RW	DMA 发送使能位 0 = 禁止 1 = 使能	0
DMA_TYPE	[0]	RW	DMA 的传输方式 0=single 1=4burst	0

4. SPI 从机选择信号配置寄存器——SPI/SSP_SEL_SIGNAL_CON

SPI/SSP_SEL_SIGNAL_CON 用来对 SPI 控制器上的 CS 引脚的从机选择信号进行配置和设置。

SPI/SSP_SEL_SIGNAL_CON 功能介绍如表 13-6 所示。

V13-12 SPI 从机选择信号配置寄存器——SPI/SSP_SEL_SIGNAL_CON

表 13-6 SPI/SSP_SEL_SIGNAL_CON 功能介绍

名字	位	类型	描述	复位值
RSVD	[31：10]	R	保留	0
NCS_TIME_COUNT	[9：4]	RW	设置片选信号无效时间 NSSOUT inactive time=((nCS_time_count+3)/2) SPICLKout	0
RSVD	[3：2]	RW	保留	0
AUTO_N_MANUAL	[1]	RW	设置片选为手动模式或自动模式 0 = 手动模式 1 = 自动模式	0
NSSOUT	[0]	RW	从机选择信号（片选）设置（仅手动有效） 0 = 有效 1 = 无效	1

V13-13　SPI 状态寄存器——SPI/SSP_STATUS

5. SPI 状态寄存器——SPI/SSP_STATUS

SPI/SSP_STATUS 用来表示 SPI 控制器的当前状态。SPI/SSP_STATUS 功能介绍如表 13-7 所示。

表 13-7　SPI/SSP_STATUS 功能介绍

名字	位	类型	描述	复位值
TX_DONE	[25]	R	SPI 控制器主模式下，发送状态 0 = 其他情况 1 = 发送 FIFO 和移位寄存器准备	0
TRAILING_BYTE	[24]	R	指示结尾数据为 0	0
RX_FIFO_LVL	[23：15]	R	当前接收 FIFO 中的数据个数 数值范围：0~256 字节	0
TX_FIFO_LVL	[14：6]	R	当前发送 FIFO 中的数据个数 数值范围：0~256 字节	0
RX_OVERRUN	[5]	R	接收 FIFO 溢出错误 0 = 没发生 1 = 发生溢出错	0
RX_UNDERRUN	[4]	R	接收 FIFO underrun（数据缺失）错误 0 = 没发生 1 = 发生数据缺失	0
TX_OVERRUN	[3]	R	发送 FIFO 溢出错误 0 = 没发生 1 = 发生溢出错	0
TX_UNDERRUN	[2]	R	发送 FIFO underrun（数据缺失）错误 0 = 没发生 1 = 发生数据缺失错误 注意，在从模式下如果 Tx FIFO 是空的就是发生 FIFO underrun（数据缺失）错误	0
RX_FIFO_RDY	[1]	R	0 = 接收 FIFO 缓冲区数据个数大于触发水平 1 = 接收 FIFO 缓冲区数据个数小于触发水平	0
TX_FIFO_RDY	[0]	R	0 = 发送 FIFO 缓冲区数据个数大于触发水平 1 = 发送 FIFO 缓冲区数据个数小于触发水平	0

V13-14　SPI 数据发送寄存器——SPI/SSP_TX_DATA

6. SPI 数据发送寄存器——SPI/SSP_TX_DATA

程序将要通过 SPI 发送数据时，将数据填充到 SPI/SSP_TX_DATA 中。SPI/SSP_TX_DATA 功能介绍如表 13-8 所示。

表 13-8　SPI/SSP_TX_DATA 功能介绍

名字	位	类型	描述	复位值
TX_DATA	[31：0]	W	该寄存器存放要发送的数据	0

7. SPI 数据接收寄存器——SPI/SSP_RX_DATA

SPI 接收到的数据，会存放在 SPI/SSP_RX_DATA 中。

SPI/SSP_RX_DATA 功能介绍如表 13-9 所示。

V13-15　SPI 数据接收寄存器——SPI/SSP_RX_DATA

表 13-9　SPI/SSP_RX_DATA 功能介绍

名字	位	类型	描述	复位值
RX_DATA	[31：0]	W	该寄存器存放要接收到的数据	0

13.3.3　程序的编写

V13-16　SPI 案例内容及原理

下面编写 SPI 程序，实现对 M25P32 芯片中的 Flash 存储器进行读写操作。

1. SPI 案例内容及原理

M25P32 是一个 32MB 串行闪存，具有先进的写保护机制，使用 SPI 高速总线进行访问。使用页编程指令可以一次访问闪存的 1～256 字节，内存被分成 64 个扇区，每个扇区包含 256 页，每页为 256 字节宽。因此，整个内存可以看作由 16384 页或 4194304 字节组成。可以使用批量擦除指令擦除整个存储器，或使用扇区擦除指令一次性擦除一个扇区。

M25P32 芯片内部集成了多条指令，包括通用的读、写、配置等命令。表 13-10 所示为 M25P32 芯片指令集。

表 13-10　M25P32 芯片指令集

指令	描述	1 个字节指令码		地址字节	虚拟字节	数据字节
WREN	写使能	0000 0100	06h	0	0	0
WRDI	写禁止	0000 0100	04h	0	0	0
RDID	读识别	1001 1111	9Fh	0	0	1 到 20
RDSR	读状态寄存器	0000 0101	05h	0	0	1 到无穷大
WRSR	写状态寄存器	0000 0001	01h	0	0	1
READ	读字节数据	0000 0011	03h	3	0	1 到无穷大
FAST_READ	高速读字节数据	0000 1011	0Bh	3	1	1 到无穷大
PP	页编程	0000 0010	02h	3	0	1 到 256
SE	块擦除	1101 1000	D8h	3	0	0
BE	批量擦除	1100 0111	C7h	0	0	0
DP	深度低功耗	1011 1001	B9h	0	0	0
RES	从深度低功耗中释放,并读电子签名	1010 1011	ABh	0	3	1 到无穷大
	从深度低功耗中释放			0	0	0

V13-17　SPI 案例软件设计

V13-18　SPI 案例测试代码

2. SPI 案例软件设计

SPI 功能寄存器设置流程如下。

① 设置 SPI 控制器时钟源（SSPCLKENB、SSPCLKEN0L）。

② 设置 SPI 数据传输格式和通道使能（CH_CFGn）。

③ 设置 SIP 工作模式（MODE_CFG）。

④ 设置 SPI 中断（SPI_INT_ENn 可选）。

⑤ 设置 SPI 包数量寄存器（PACKET_CNT_REG 可选）。

⑥ 发出从设备选择信号。

⑦ 开始发送和接收数据。

3. SPI 案例测试代码

首先是对 SPI 控制器相关寄存器的定义，在头文件 s5p6818_spi.h 中实现。代码实现如下。

```
#ifndef __S5P6818_SPI_H__
#define __S5P6818_SPI_H__
/*
 **SPI0，1，2 REGISTERS
 **/
typedef struct {
    unsigned int SPI_CONFIGURE ;
    unsigned int RESERVED;
    unsigned int SPI_FIFO_CON ;
    unsigned int SPI_SEL_SIGNAL_CON;
    unsigned int SPI_INT_EN ;
    unsigned int SPI_STATUS;
    unsigned int SPI_TX_DATA;
    unsigned int SPI_RX_DATA;
    unsigned int SPI_PACKET_COUNT ;
    unsigned int SPI_STATUS_PENDING_CLEAR ;
    unsigned int SPI_SWAP_CONFIGURE;
    unsigned int SPI_FEEDBACK_CLOCK_SEL;
}spi_t;
#define  SPI0 (* (volatile spi_t *)0xC005B000 )
#define  SPI1 (* (volatile spi_t *)0xC005C000 )
#define  SPI2 (* (volatile spi_t *)0xC005F000 )

#endif    //__S5P6818_SPI_H__
```

SPI 总线上从设备片选使能和从设备取消片选函数，代码如下。

```
/*
 *  片选从机
 */
```

```
void slave_enable(void)

    // 使能片选
    SPI2.SPI_SEL_SIGNAL_CON &= ~0x1;
    delay(3);
}

/*
 * 取消片选从机
 */
void slave_disable(void)
{
    // 禁止片选
    SPI2.SPI_SEL_SIGNAL_CON |= 0x1;
    delay(1);
}
```

SPI 控制器软件复位函数，代码如下。

```
/*
 * 复位SPI控制器
 */
void soft_reset(void)
{
    SPI2.SPI_CONFIGURE |= 0x1 << 5;
    delay(1);                          //延时
    SPI2.SPI_CONFIGURE &= ~(0x1 << 5);
}
```

SPI 总线发送一个字节数据函数，代码如下。

```
/*
 * 功能：向SPI总线发送一个字节
 */
void send_byte(unsigned char data)
{
    // 使能Tx通道
    SPI2.SPI_CONFIGURE |= 0x1;
    delay(1);
    SPI2.SPI_TX_DATA = data;
    while( !(SPI2.SPI_STATUS & (0x1 << 25)) );
    // 禁止Tx通道
    SPI2.SPI_CONFIGURE &= ~0x1;
}
```

SPI 总线接收一个字节数据函数，代码如下。

```
/*
 *  功能：从SPI总线读取一个字节
 */
unsigned char recv_byte()
{
    unsigned char data;
    // 使能Rx通道
    SPI2.SPI_CONFIGURE |= 0x1 << 1;
    delay(1);
    data = SPI2.SPI_RX_DATA;
    delay(1);
    // 禁止Rx通道
    SPI2.SPI_CONFIGURE &= ~(0x1 << 1);
    return  data;
}
```

首先通过将片选线（CS）拉低来选择器件。读数据字节（READ）指令的代码后紧跟一个 3 字节地址（A23～A0），当串行时钟（CLK）在上升沿期间数据被锁存。然后，该地址的存储器内容在串行数据输出（Q）上移出，在串行时钟（CLK）的下降沿期间，每个位以最大频率 f_R 移出。

寻址的第一个字节可以在任何位置。每个数据字节移出后，该地址将自动递增到下一个更高的地址，因此可以用一条读取数据字节（READ）指令读取整个存储器。当达到最高地址时，地址计数器将翻转到 000000h，从而允许无限次地循环读取闪存中的数据。

通过将片选（CS）拉高来终止读数据字节（READ）指令。在数据输出期间，可以随时将片选（CS）拉高。在执行擦除、编程或周期写时，任何读数据字节（READ）指令都将被拒绝，而不会对正在进行的周期产生任何影响。

详细的字节读操作时序如图 13-7 所示。

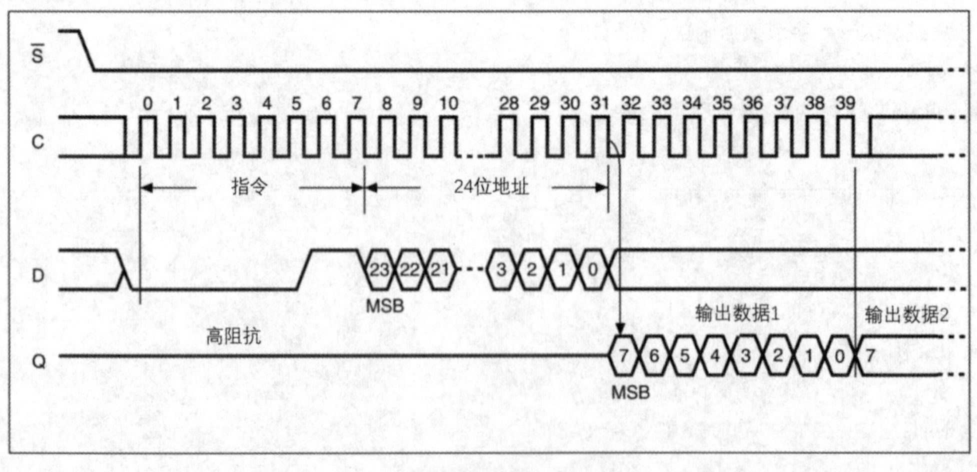

图 13-7　读操作时序

从 MP2515 芯片读取数据，代码实现如下。

```
/*
```

```
 * 读数据
 */
void read_byte(void)
{
    unsigned char ret[5] = {};
    int i;
    soft_reset();
    slave_enable();
    // 读指令
    send_byte(0x03);
    // 24位地址
    send_byte(0x00);
    send_byte(0x00);
    send_byte(0xF0);
    // 读5个字节的数据
    ret[0] = recv_byte();
    ret[1] = recv_byte();
    ret[2] = recv_byte();
    ret[3] = recv_byte();
    ret[4] = recv_byte();
    slave_disable();
    for(i=0;i<5;i++){
        printf("%#x ", ret[i]);
    }
    printf("\n");
}
```

页编程（PP）指令允许在存储器中对字节进行编程（将位从 1 更改为 0）。在操作之前，必须先执行写使能（WREN）指令。在对写使能（WREN）指令进行解码之后，器件内部的写使能锁存器（WEL）会被设置。

通过将片选（S）拉低后写入页面编程（PP）指令，然后在串行数据输入（D）上输入指令代码，包括 3 个地址字节和至少 1 个数据字节。如果最低有效位 8 位地址（A_7～A_0）不都是零，那么所有超过当前页末尾的传输数据都从同一页的开始地址开始编程［从 8 个最低有效地址(A_7～A_0)都是零的地址开始编程］。在整个时序期间，必须将片选（S）拉低。

如果发送给设备的字节数超过 256 个，则先前锁存的数据将被丢弃，并且保证最后 256 个数据字节可在同一页内正确编程。如果发送给设备的数据字节少于 256 个，则它们会在请求的地址正确编程，而不会影响同一页的其他字节。

为了优化时序，建议使用页面编程（PP）指令在单个序列中对所有连续的目标字节进行编程，而不是使用多个页面编程（PP）时序，每个时序仅包含几个字节。

在锁存最后一个数据字节的第 8 位之后，必须将片选（S）驱动为高电平，否则将不执行分页编程（PP）指令。

详细的页编程写操作时序如图 13-8 所示。

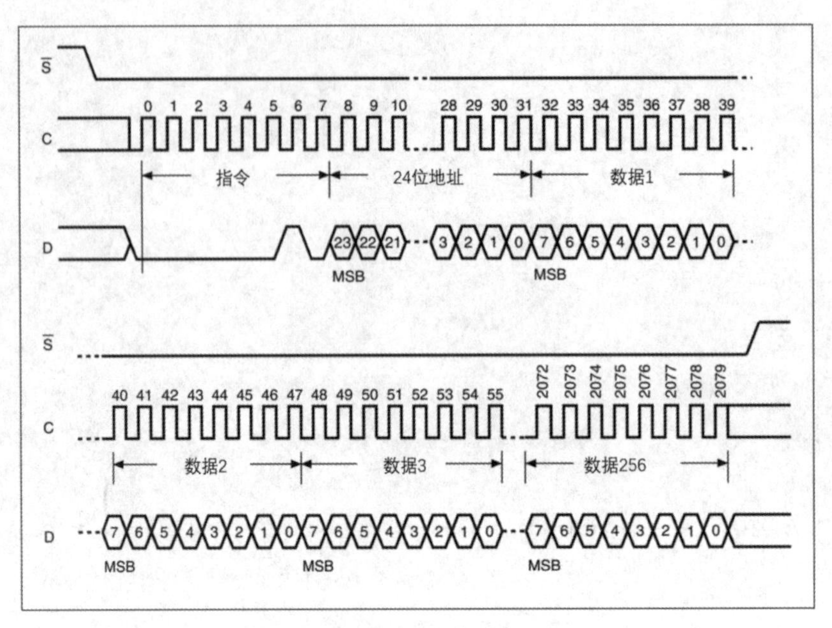

图 13-8　写操作时序

向 MP2515 芯片写入数据，代码实现如下。

```
/*
 * 页编程
 */
void write_byte(void)
{
    soft_reset();
    slave_enable();
    // 写使能
    send_byte(0x06);
    slave_disable();

    soft_reset();
    slave_enable();
    // 发送页编程指令
    send_byte(0x02);
    // 24位地址
    send_byte(0x00);
    send_byte(0x00);
    send_byte(0xF0);
    // 写数据
    send_byte(0x11);
    send_byte(0x22);
    send_byte(0x33);
```

```
        send_byte(0x44);
        send_byte(0x55);
        slave_disable();
    }
```

主函数在 main.c 文件中实现，代码如下。

```
#include "spi.h"
#include "s5p6818_gpio.h"
#include "s5p6818_ip_reset.h"
#include "common.h"
#include "delay.h"

/**********************
* 主函数：main函数
 **********************/
int main(void)
{
    IP_RESET_REGISTER1 &= (~(0x3F << 12));
    // SPI控制器始终源配置
    unsigned int *addr = (unsigned int *)0xC00A7000;
    *addr = 0x4;
    *(addr + 1) = 0x328;
    IP_RESET_REGISTER1 |= (0x3F << 12);

    // spi2 GPIO复用功能配置
    GPIOC.ALTFN0 = (GPIOC.ALTFN0 & (~(0x3 << 18))) | (2 << 18);
    GPIOC.ALTFN0 = (GPIOC.ALTFN0 & (~(0x3<< 20))) | (2 << 20);
    GPIOC.ALTFN0 = (GPIOC.ALTFN0 & (~(0x3 << 22))) | (2 << 22);
    GPIOC.ALTFN0 = (GPIOC.ALTFN0 & (~(0x3 << 24))) | (2 << 24);

    /*SPI总线时钟配置*/
    // 软复位SPI控制器
    soft_reset();
    // 主机模式，CPOL = 0，CPHA = 0 (Format A)
    SPI2.SPI_CONFIGURE &= ~( (0x1 << 4) | (0x1 << 3) | (0x1 << 2) | 0x3);
    // BUS_WIDTH=8bit，CH_WIDTH=8bit
    SPI2.SPI_FIFO_CON &= ~((0x3 << 17) | (0x3 << 29));
    // 选择自动选择芯片
    SPI2.SPI_SEL_SIGNAL_CON &= (~(0x1 << 1));
    delay_ms(10);     //延时

    printf("******SPI FLASH test!******\n");
```

```
    // 读M25P32芯片的ID号
    read_id();
    write_byte();
    while(1)
    {
        read_byte();
        delay_ms(1000);
    }
    return 0;
}
```

13.3.4 调试与运行结果

本代码通过对 S5P6818 上的片内 SPI2 控制器的操作，实现了在 SPI 总线协议下，S5P6818 对 Flash 芯片 M25P32 芯片寄存器的读写操作。

调试程序，初始化串口，使能 SPI2 控制器，通过配置 SPI2 相关寄存器，选择主设备模式，总线宽度和通道宽度均设置为 8bit，片选 M25P32 芯片。通过 SPI 总线读 M25P32 芯片 ID 号，然后向 M25P32 芯片的 0x0000F0 地址写入“0x11”“0x22”“0x33”“0x44”“0x55”5 个字节数据，并读出写入的所有数据。SPI 实验输出信息如图 13-9 所示。

图 13-9　终端运行结果

13.4 小结

本章重点介绍了 SPI 总线协议和 SPI 总线控制器的基本编程方法，希望读者能取得完整代码并进行试验，完全掌握 SPI 总线对于处理器的学习是很有必要的。

13.5 练习题

1. 简述 SPI 总线的时序图。
2. 编写程序先擦除 M25P32 芯片 Flash 中的数据，再写入数据。

CHAPTER14

第14章

I2C总线接口

重点知识

- I2C总线协议
- S5P6818的I2C控制器
- I2C接口电路和程序设计

■ 为了使读者掌握常见的 I2C 总线，这一章将从理论到实际应用，将其从头梳理一遍，目的在于给读者一个完整的概念，让读者不仅在理论上掌握 I2C 总线，还能在实际运用中灵活使用。

14.1　I2C 总线协议

I2C（或 IIC）（Inter-Integrated Circuit，集成电路总线）是由飞利浦公司开发的两线式串行总线，用于连接微控制器及其外围设备，是微电子通信控制领域广泛采用的一种总线标准。

V14-1　I2C 总线协议简介

14.1.1　I2C 总线协议简介

I2C 总线是同步通信的一种特殊形式，具有接口线少、控制方式简单、器件封装体积小、通信速率较高等优点。S5P6818 芯片包含 3 个通用 I2C 接口控制器。

I2C 总线接口的主要特点如下。

① 半双工。

② 只要求两条总线线路：一条串行数据线 SDA、一条串行时钟线 SCL。

③ 每个连接到总线的器件都有唯一的地址。

④ 真正的多主机总线，支持冲突检测和仲裁，防止数据被破坏。

⑤ 串行的 8 位双向数据传输位。

⑥ 速率在标准模式下可达 100kbit/s，快速模式下可达 400kbit/s，高速模式下可达 3.4Mbit/s。

⑦ 片上的滤波器可以滤去总线数据线上的毛刺波以保证数据完整。

⑧ 连接到相同总线的 IC 数量只受到总线的最大电容 400pF 限制。

V14-2　I2C 总线引脚定义

14.1.2　I2C 总线协议内容

想要熟练掌握 I2C 总线的使用方法，最重要的是学习 I2C 总线的协议，本小节重点对 I2C 总线协议相关的知识进行讲解。

1. I2C 总线引脚定义

每个 I2C 设备有两个引脚供通信连接使用，如下所示。

① SDA（I2C 数据引脚）。

② CLK（I2C 时钟引脚）。

V14-3　I2C 总线物理连接

2. I2C 总线物理连接

I2C 总线物理连接如图 14-1 所示，SDA 和 SCL 连接线上连有两个上拉电阻，所有的 I2C 设备并联在总线上。

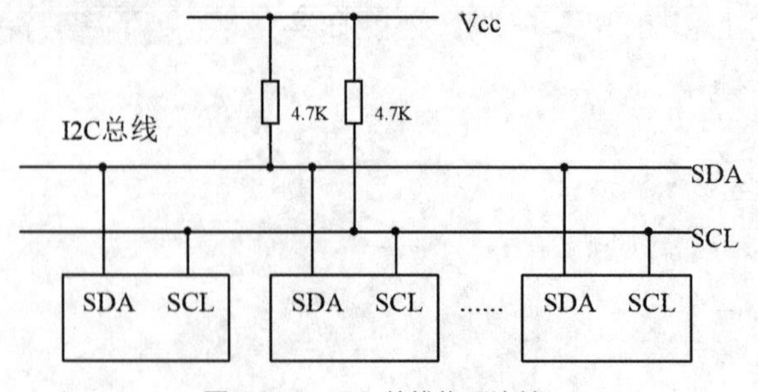

图 14-1　I2C 总线物理连接

V14-4　I2C 总线术语

3. I2C 总线术语

I2C 总线的描述中有许多专业术语，如表 14-1 所示。正确地理解术语含义，有助于理解 I2C 总线协议。

表 14-1 I2C 专业术语

术语	描述
发送器	发送数据到总线的器件
接收器	从总线接收数据的器件
主机	初始化发送、产生时钟信号和终止发送的器件
从机	被主机寻址的器件
多主机	同时有多于一个主机尝试控制总线，但不破坏报文
仲裁	是一个在有多个主机同时尝试控制总线，但只允许其中一个控制总线并使报文不被破坏的过程
同步	两个或多个器件同步时钟信号的过程

4. I2C 总线信号类型

I2C 总线在数据传输过程中有 3 种信号，分别为开始信号（S）、终止信号（P）和应答信号（ACK），如图 14-2 所示。

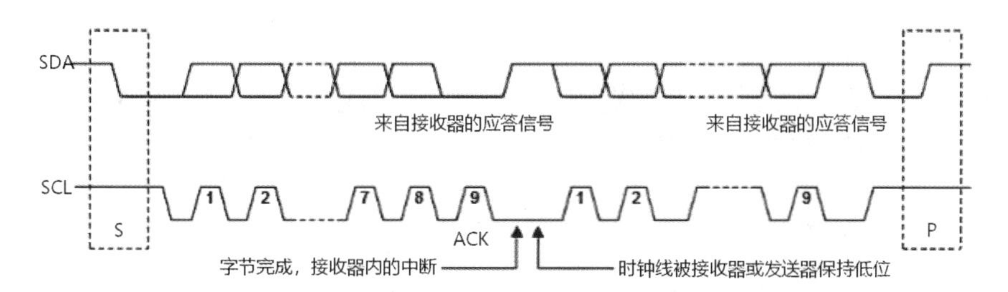

图 14-2 I2C 总线信号

① 开始信号：SCL 为高电平时，SDA 由高电平向低电平跳变，开始传输数据。

② 终止信号：SCL 为高电平时，SDA 由低电平向高电平跳变，结束传输数据。

③ 应答信号：接收设备在接收到 8bit 数据后，在第九个时钟周期向发送设备发送低电平，表示成功收到数据。

当 I2C 总线是空闲状态，SDA 和 SCL 线都是高电平，I2C 数据通信由主机发送开始信号（S）起始，到主机发送终止信号（P）结束。在开始信号和终止信号之间以字节为单位传输数据，每个字节后必须跟一个响应位，每次传输可以发送的字节数量不受限制。数据是一位一位地进行传输的，先传输高位（MSB），再传输低位（LSB）。

5. I2C 总线时序

发送器作为数据的发送方，接收器作为数据的接收方。根据 SCL 上的时钟信号进行数据传输同步，保证数据有效传输。SCL 时钟为低电平周期时发送器发送数据，SDA 线上数据可以发生变化；SCL 时钟为高电平周期时接收器接收数据，SDA 线上数据必须保持稳定。I2C 信号时序如图 14-3 所示。

6. I2C 总线 ACK 信号

为了完成一个字节的发送操作，接收器必须将一个 ACK 信号发送到发送器，如图 14-4 所示。ACK 信号在 SCL 线的第九个时钟周期产生。发送完一个字节后，第九个时钟周期发送器释放对 SDA 线的控制，SDA 线由于上拉电阻的作用恢复到高电平，接收器如果接收数据成功，将 SDA 线置为低电平作为 ACK 信号。发送器收到 ACK 信号，继续发送数据。

接收器如果接收数据失败，则在第九个时钟周期不动作，SDA 线一直为高电平。发送器没有接收到 ACK 信号，就会发出终止信号停止本次通信，或发送开始信号重新发送。

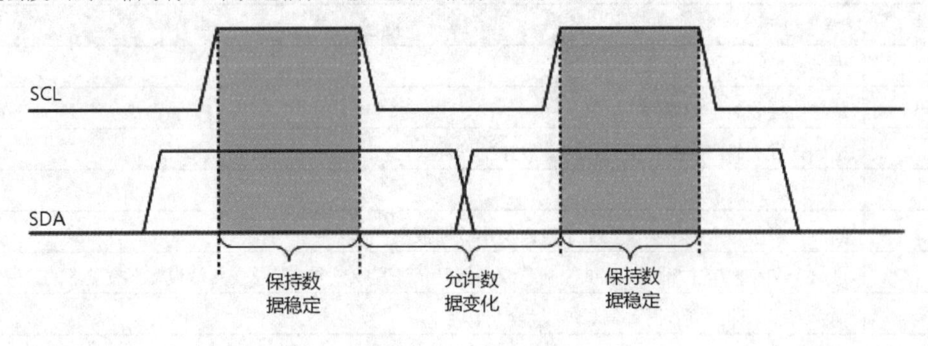

图 14-3　I2C 信号时序

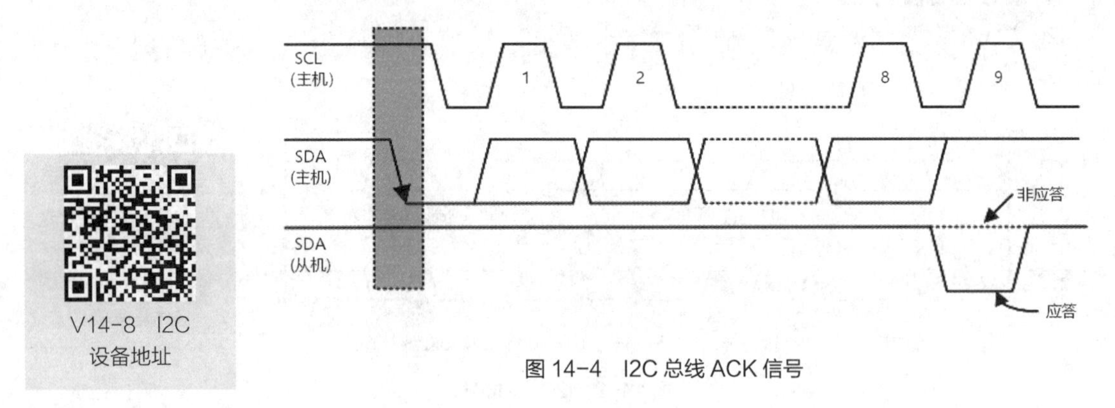

图 14-4　I2C 总线 ACK 信号

7. I2C 设备地址

I2C 设备用一个 7 位或 10 位的数字唯一标识自己，方便主机寻找此设备，并和主机建立 I2C 通信。I2C 设备地址由固定部分和可编程部分构成。这样 I2C 总线就可以支持一个 I2C 总线上挂载多个同样的器件，而地址不同。

V14-9　I2C
总线寻址

I2C 地址的可编程部分最大数量就是可以连接到 I2C 总线上相同器件的数量。一般可编程部分的值由特定引脚的电器连接决定，例如，I2C 器件用 7 为地址来标识自己，有 6 个固定的和 1 个可编程的地址位，那么相同的总线上共可以连接 2 个相同的器件。

8. I2C 总线寻址

I2C 总线的寻址过程通常是在起始信号后的第一个字节决定主机选择哪一个从机。例外的情况是可以寻址所有器件的广播地址，使用这个地址时，理论上所有器件都会发出一个响应，但是也可以使器件忽略这个地址。

第一个字节的头 7 位组成了从机地址。最低（LSB）是第 8 位决定数据传输的方向，第 1 个字节的最低位是 0 表示主机会写信息到被选中的从机，1 表示主机会向从机读信息。I2C 总线地址如图 14-5 所示。

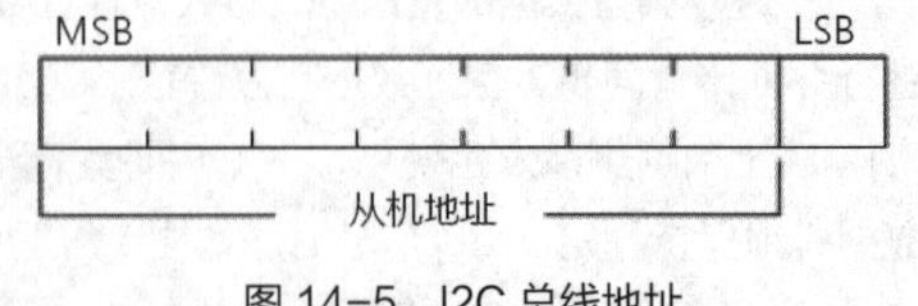

图 14-5　I2C 总线地址

14.2　S5P6818 处理器的 I2C 控制器

S5P6818 处理器支持 3 个多主多从 I2C 总线串行接口。主机和外设通过 I2C 总线连接来传递信息。串行数据线（SDA）和串行时钟线（SCL）都是双向的。

1. S5P6818 的 I2C 控制器特征

V14-10 S5P6818 的 I2C 控制器特征

① 支持 3 通道多主多从 I2C 总线接口。

② 7-bit 地址模式。

③ 串行 8 位定向和双向数据传输。

④ 在正常模式下，传输速率可达 100kbit/s。

⑤ 在高速模式下，传输速率可达 400kbit/s。

⑥ 支持主机发送、主机接收、从机发送、从机接收。

⑦ 支持中断和轮询操作。

⑧ 输入频率为 DC-100kHz（Fs = 1Msps）。

⑨ 工作温度范围为-25°C～85°C。

S5P6818 的 I2C 控制器框图如图 14-6 所示，S5P6818 的 I2C 控制器通过读写寄存器来实现 I2C 通信。I2CCON 和 I2CSTAT 用来配置、控制 I2C 控制器，并显示 I2C 控制器的状态。

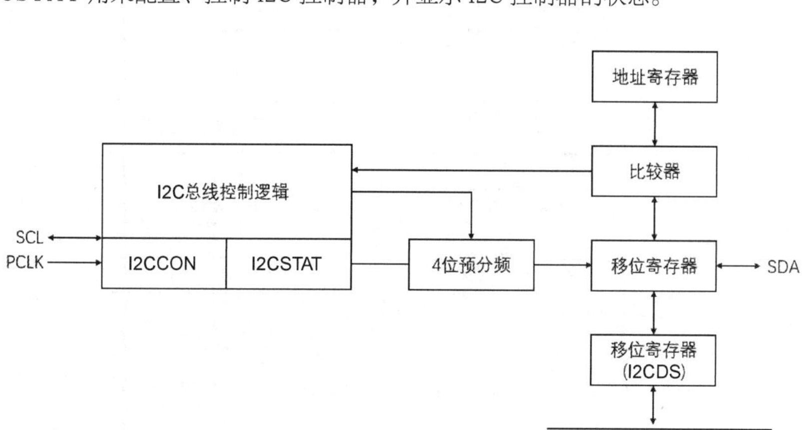

图 14-6 I2C 控制器框图

I2CDS 是 I2C 数据移位寄存器，如果要发送数据，就向 I2CDS 内写入数值，如果接收数据，就读取 I2CDS。I2CADD 用于 S5P6818 作为从机时的地址。

2. S5P6818 的 I2C 控制器操作流程

S5P6818 控制器的操作很简单，对于 4 种不同的工作模式（主机发送器、主机接收器、从机发送器、从机接收器），S5P6818 的芯片手册给出了详细的操作流程。读者结合 I2C 控制器寄存器详解，逐步操作即可。图 14-7 所示为 S5P6818 的 I2C 控制器的主机发送器的工作模式框图，下面以其为例详细说明 I2C 控制器的操作流程，其他工作模式的操作方式与之类似。

V14-11 S5P6818 的 I2C 控制器操作流程

（1）配置主机发送模式。

① 设置对应的 I2C 引脚的功能为 SDA 和 SCL。

② 设置 I2CCON[6]，配置 I2C 发送时钟和中断使能。

③ 设置 I2C 发送使能，I2CSTAT[4]=0b1。

（2）将要通信的 I2C 从机的地址和读写位写入 I2CDS 寄存器。

（3）将 0xF0 写入 I2CSTAT 寄存器。

① I2CSTAT[7:6] =0b11，设置 I2C 总线为主机发送模式。

② I2CSTAT[5] =0b1 写 1，发送开始信号。

③ I2CSTAT[4] =0b1，使能 I2C 串口发送。

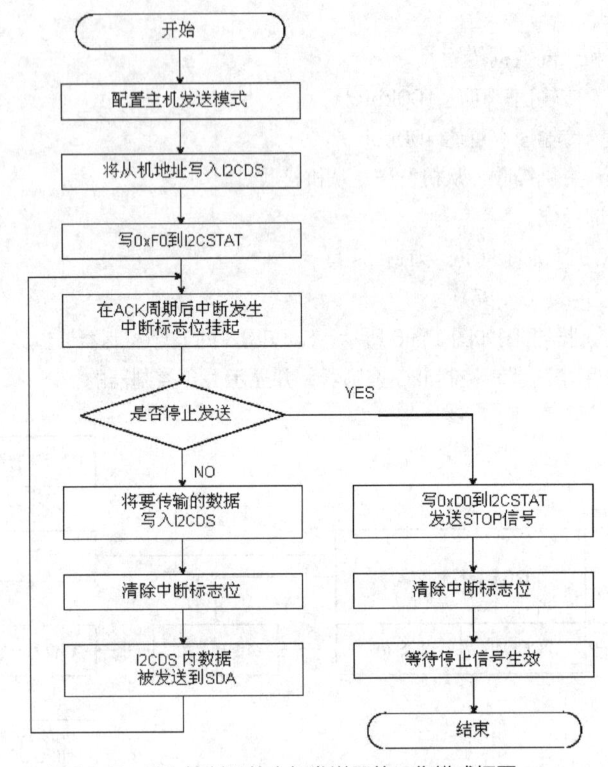

图 14-7　I2C 控制器的主机发送器的工作模式框图

（4）I2C 控制器发出开始信号后，在步骤（2）中写入的 I2CDS 地址自动发送到 SDA 总线上，用来寻找从机。

（5）在 ACK 周期后，I2C 控制器发生中断，I2CCON[4]被自动置 1，I2C 传输暂停。

（6）I2C 数据通信是否结束，结束跳转到步骤（10），没有结束跳转到步骤（7）。

（7）将要传输的数据写入 I2CDS 准备发送。

（8）清除中断标志位，通过向 I2CCON[4]中写 0 实现。

（9）清除中断标志位后，I2CDS 内的数据就开始发送到 SDA 总线上。发送完成后，跳转到步骤（5）。

（10）将 0xD0 写入 I2CSTAT。

① I2CSTAT[7:6] =0b11，设置 I2C 总线为主机发送模式。

② I2CSTAT[5] =0b0 写 0，发送终止信号。

③ I2CSTAT[4] =0b1，使能 I2C 发送和接收。

（11）清除中断标志位，通过向 I2CCON[4]中写 0 实现。

（12）延时等待一段时间，使得终止信号生效，I2C 通信结束。

14.3　I2C 接口电路和程序设计

下面编写程序，实现 S5P6818 通过 I2C 总线协议与 MMA8451 三轴加速度传感器芯片通信，读取 MMA8451 的 z 轴加速度，并将结果输出到串口工具上。

14.3.1 电路连接

MMA8451 是三轴加速度传感器，16 引脚，QFN 封装，数字 I2C 输出，8/14 位精度可选，量程 2/4/8g 可选，电源供电 1.95～3.6V 可选，输出数据频率为 1.56～800Hz，有两个可编程的中断引脚，7 个中断源，可检测自由落体、运动、脉冲、振动、倾角等。

V14-12 电路连接

MMA8451 的典型应用有电子罗盘，静态姿态、运动检测，笔记本电子书等便携设备的翻滚、自由落体检测，实时的方向检测可用于虚拟现实设备或 3D 游戏中的位置检测，便携设备的节能应用中的运动检测等。

MMA8451 的 SDA 和 SCL 引脚与 S5P6818 芯片的 I2C 控制器 2 的 SDA 和 SCL 引脚连接，MMA8451 的 SA0 引脚的电平值为 0（GND），如图 14-8 所示。

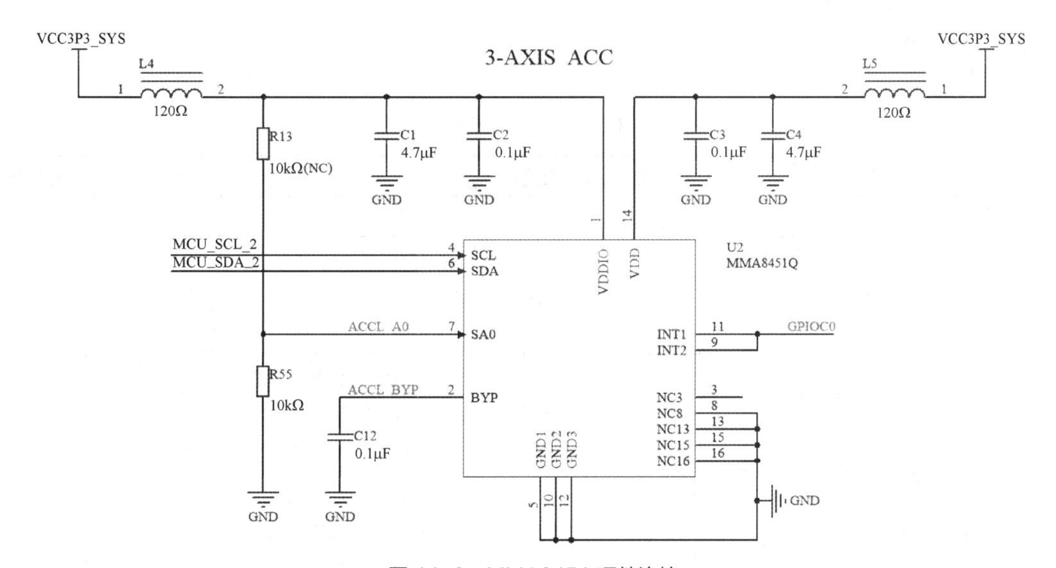

图 14-8 MMA8451 硬件连接

14.3.2 寄存器设置

为了让读者快速掌握 I2C 总线控制器的使用方法，下面只针对例程中用到的寄存器给予讲解。对于 S5P6818 中提供的更为复杂的控制寄存器将不再展开，感兴趣的读者可作为扩展内容自行学习。

1. I2C 总线控制器相关寄存器

I2C 总线控制器相关的寄存器如表 14-2 所示。

① 基地址：0xC00A_4000h（I2C0）。

② 基地址：0xC00A_5000h（I2C2）。

③ 基地址：0xC00A_6000h（I2C2）。

V14-13 I2C 总线控制器相关寄存器

表 14-2 I2C 总线控制器的寄存器列表

寄存器名称	偏移地址	描述	复位值
I2CCON	0x00h	I2C 总线控制寄存器	0x0000_0000
I2CSTAT	0x04h	I2C 总线控制状态寄存器	0x0000_0000

续表

寄存器名称	偏移地址	描述	复位值
I2CADD	0x08h	I2C 总线地址寄存器	0x0000_0000
I2CDS	0x0Ch	I2C 总线发送/接收数据移位寄存器	0x0000_0000
I2CLC	0x10h	I2C 总线线控制寄存器	0x0000_0000
I2CVR	0x40h	I2C 总线版本寄存器	0x8000_0001

V14-14 I2C 总线控制寄存器——I2CCONn（n = 0~2）

2. I2C 总线控制寄存器——I2CCONn（n = 0~2）

I2CCONn 用来对 I2C 控制器进行使能和时钟配置，如 ACK 使能、时钟设置、中断使能、中断标志位等。I2CCONn 功能介绍如表 14-3 所示。

表 14-3 I2CCONn 功能介绍

名字	位	类型	描述	复位值
RSVD	[31：8]	_	保留	_
INTERRUPT CLEAR	[8]	RW	I2C 总线中断清除位 0 = 写 0，不清除中断 1 = 写 1，清除中断	1'b0
ACKNOWLEDGE ENABLE	[7]	RW	I2C 总线应答信号使能位 0 = 禁止 ACK 产生 1 = 使能 ACK 产生	1'b0
TX CLOCK SOURCE SELECTION	[6]	RW	I2C 总线传输时钟源预分频选择 0:I2CCLK=fPCLK /16 1:I2CCLK=fPCLK /512	1'b0
TX/RX INTERRUPT ENALBE	[5]	RW	I2C 总线发送/接收中断使能/禁止位 0 = 禁止中断 1 = 使能中断	1'b0
INTERRUPT PENDING FLAG	[4]	RW	I2C 总线发送/接收中断挂起标志位，该位不能写 1 读： 0 = 没有中断挂起 1 = 中断挂起 写： 0 = 挂起标志位被清除 1 = 没有影响，这位不能被写 1 注意，一个 I2C 总线中断发生的条件如下 ① 当一个字节的发送或接收操作终止时 ② 当通用调用或从地址匹配发生时 ③ 当总线仲裁失败时	1'b0

续表

名字	位	类型	描述	复位值
TRANSMIT CLOCK VALUE	[3 : 0]	RW	I2C 总线传输时钟预分频器 I2C 总线发射时钟频率由这个 4 位预分频器的值决定，根据以下公式：Tx 时钟=I2C CLK/(ICCR[3 : 0]+1) 注意 ① I2CCLK 由 ICCON[6]决定 ② Tx 时钟可以改变 SCL 转换时间 ③ 当 ICCON[6]=0 时，“ICCR[3 : 0]=0x0 或 0x1” 不可用	–

注意

① I2C 接口在读取最后数据之前应答生成设置为无效，目的是在接收模式下生成停止位。

② I2C 总线中断出现的条件如下。

- 当一个字节发送或接收操作完成时。
- 当从设备地址匹配出现时。
- 当总线仲裁失败时。

③ 为了在 SCL 上升边缘调整 SDA 的设置时间，在清除 I2C 中断等待之前，不得不写入 I2CDS。

④ I2CCLK 由 I2CCON[6]决定。通过 SCL 改变时间，能改变发送时钟。当 I2CCON[6]=0，I2CCON[3:0]=0x0 或 0x1 是无效的。

⑤ 如果 12CCON[5] = 0，则 12CCON[4]操作不正确。因此，如果用户不使用 12C 中断，建议设置 12CCON[5] = 1。

V14-15　I2C 总线控制状态寄存器——I2CSTATn（n = 0~2）

3. I2C 总线控制状态寄存器——I2CSTATn（n = 0~2）

I2CSTATn 用来对 I2C 控制器进行控制，如工作模式、输出使能、开始和终止信号的产生等，同时显示 I2C 控制器相关状态。I2CSTATn 功能介绍如表 14-4 所示。

表 14-4　I2CSTATn 功能介绍

名字	位	类型	描述	复位值
RSVD	[31 : 6]	–	保留	–
BUSY SIGNAL STATUS	[5]	RW	I2C 总线忙信号状态位 读： 0=I2C 总线不忙 1=I2C 总线忙 写： 0=I2C 总线终止信号产生 1=I2C 总线开始信号产生	1'b0
SERAIL OUTPUT ENABLE	[4]	RW	I2C 总线数据输出使能和禁止位 0 = 禁止 Rx/Tx 1 = 使能 Rx/Tx	1'b0
ARBITRATION STATUS FLAG	[3]	R	I2C 总线仲裁状态标志位 0 = 总线仲裁成功 1 = 总线仲裁失败	1'b0

续表

名字	位	类型	描述	复位值
ADDRESS-AS-SLAVE STATUS FLAG	[2]	R	I2C 总线地址作为从机状态标志位 0：当检测到开始或终止条件，该位被清除 1：接收的从机地址和 I2CADD 中的地址值匹配	1'b0
ADDRESS ZERO STATUS FLAG	[1]	R	I2C 总线地址 0 状态标志位 0：当开始/停止条件被检测到时清除 1：接收的从机地址是 0x00	1'b0
LAST-RECEIVED BIT STATUS FALG	[0]	R	I2C 总线最后接收位状态标志位 0：最后接收位为 0（收到 ACK） 1：最后接收位为 1（未收到 ACK）	1'b0

4. I2C 总线地址寄存器——I2CADDn（n = 0~2）

I2CADDn 主要用于存放 I2C 总线上从机设备的地址。I2CADDn 功能介绍如表 14-5 所示。

表 14-5　I2CADDn 功能介绍

名字	位	类型	描述	复位值
RSVD	[31：6]	–	保留	–
SLAVE ADDRESS	[7：1]	RW	挂在 I2C 总线上从机的 7 位从机地址 当 I2CSTAT 中串行输出使能=0 时，I2CADD 写有效；不管当前串行输出使能位（I2CSTAT）如何设置，I2CADD 值都能被读取 从机地址有效位[7：1]位，[0]位无效位	–
RSVD	[0]	–	保留	–

5. I2C 总线发送/接收数据移位寄存器——I2CDSn（n = 0~2）

I2CDSn 主要用于发送和接收数据。I2CDSn 功能介绍如表 14-6 所示。

表 14-6　I2CDSn 功能介绍

名字	位	类型	描述	复位值
RSVD	[31：6]	–	保留	–
DATA SHIFT	[7：0]	RW	用于 I2C 总线发送/接收操作的 8 位数据移位寄存器 当 I2CSTAT 中串行输出有效=1，I2CDS 写入有效；无论当前串行输出有效位（I2CSTAT）如何设置，I2CDS 值都能被读	–

6. I2C 总线线控制寄存器——I2CLCn（n = 0~2）

I2CLCn 功能介绍如表 14-7 所示。

V14-16　I2C 总线地址寄存器——I2CADDn（n = 0~2）

V14-17　I2C 总线发送/接收数据移位寄存器——I2CDSn（n = 0~2）

V14-18　I2C 总线线控制寄存器——I2CLCn（n = 0~2）

表 14-7　I2CLCn 功能介绍

名字	位	类型	描述	复位值
RSVD	[31：3]	–	保留	–
FILTER ENABLE	[2]	RW	I2C 总线滤波器使能位 当 SDA 接口做输入操作，该位应该是高电平 0 = 滤波器禁止 1 = 滤波器使能	1'b0
STA OUTPUT DELAY	[1：0]	RW	I2C 总线 SDA 线路延时长度选择位 SDA 线按以下时钟时间（PCLK）延时 00：0clocks 01：5clocks 10：10clocks 11：15clock	2'b00

7. I2C 总线版本寄存器——I2CVRn（n = 0～2）

I2CVRn 主要用于查看 I2C 的版本号，这个寄存器是只读的。I2CVRn 功能介绍如表 14-8 所示。

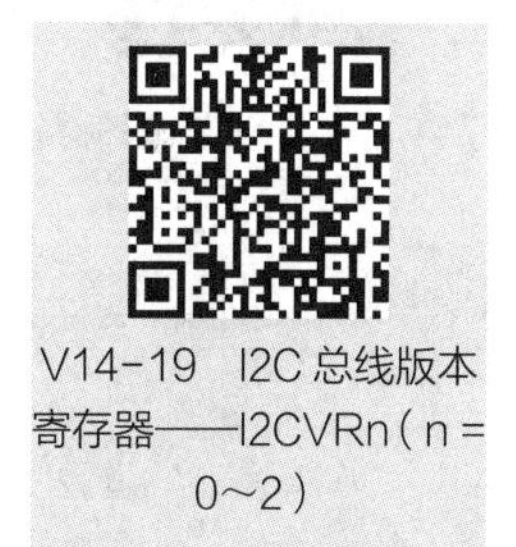

V14-19　I2C 总线版本寄存器——I2CVRn（n = 0～2）

表 14-8　I2CVRn 功能介绍

名字	位	类型	描述	复位值
VERSION	[31：0]	R	I2C 版本详细信息寄存器	32'h8000_0001

14.3.3　程序的编写

实现对 MMA8451 芯片的 z 轴坐标读操作，首先要配置 S5P6818 的 I2C2 控制器，配置 GPIO 为 I2C 功能，再根据 MMA8451 芯片手册提供的芯片地址、寄存器说明和时序对 MMA8451 进行操作。

MMA8451 的 I2C 设备地址为 7 位地址，高 6 位是固定的，为 0011100，最后一位由引脚 AD0 的电平决定。由 I2C 案例硬件连接图可知 SA0 电平为 0，所以 MMA8451 的 I2C 地址为 0x1C。

V14-20　单字节写时序（Byte Write）

下面介绍 MMA8451 的两种操作时序，分别是单字节写时序、单字节读时序。

1. 单字节写时序（Byte Write）

单字节写时序依次要发送器件地址和读写位、数据写入地址和写入的 8 位数据，如图 14-9 所示。

主机　S　从机地址[6:0]　W　寄存器地址[7:0]　数据[7:0]　P'
从机　Ak　AK　AK

图 14-9　MMA8451 单字节写时序

V14-21　单字节读时序（Byte Read）

2. 单字节读时序（Byte Read）

单字节读时序首先要发送器件地址和读写位、要读取的地址。由于要转换数据流向，因此重新发送开始信号，接着发送器件地址和读写位、读取数据，如图 14-10 所示。

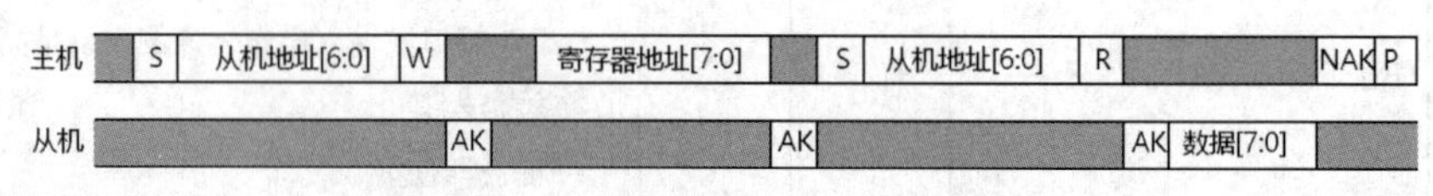

图 14-10　MMA8451 单字节读时序

根据以上 I2C 总线协议，这里将代码分成若干模块来逐一实现。

3. I2C 控制器相关寄存器定义

V14-22　I2C 控制器相关寄存器定义

```
#ifndef __S5P6818_I2C_H__
#define __S5P6818_I2C_H__
/************* IIC register**************/
typedef struct{
    unsigned int I2CCON;            // I2C-Bus control register
    unsigned int I2CSTAT;           // I2C-Bus control-status register
    unsigned int I2CADD;            // I2C-Bus address register
    unsigned int I2CDS;             // I2C-Bus transmit-receive data shift register
    unsigned int I2CLC;             // I2C-bus line control register
} i2c_t;
#define   I2C0          (* (volatile i2c_t *)0xC00A4000)
#define   I2C1          (* (volatile i2c_t *)0xC00A5000)
#define   I2C2          (* (volatile i2c_t *)0xC00A6000)

#define   I2CVR0        (*(volatile unsigned int *)0xC00A4040)    // I2C-bus version register
#define   I2CVR1        (*(volatile unsigned int *)0xC00A5040)    // I2C-bus version register
#define   I2CVR2        (*(volatile unsigned int *)0xC00A6040)    // I2C-bus version register

// I2C通道0/1/2时钟产生器使能寄存器
#define     I2CCLKENB0  (*(volatile unsigned int *)0xC00AE000)
#define     I2CCLKENB1  (*(volatile unsigned int *)0xC00AF000)
#define     I2CCLKENB2  (*(volatile unsigned int *)0xC00B0000)

#endif
```

V14-23　S5P6818 芯片和 MMA8451 芯片实现 I2C 通信头文件

4. S5P6818 芯片和 MMA8451 芯片实现 I2C 通信头文件

```
#ifndef __I2C_H__
 #define __I2C_H__
 #define CTRL_REG1    0x2A
#define CTRL_REG2    0x2B
```

```
#define XYZ_DATA_CFG 0x0E

struct gray_t {
        short gray_x ;
        short gray_y ;
        short gray_z ;
};

 void iic_init(void);
 void Read_Gray(struct gray_t *ret);
#endif /* __I2C_H__ */
```

5. S5P6818 芯片和 MMA8451 芯片实现 I2C 通信源文件

V14-24　S5P6818 芯片和 MMA8451 芯片实现 I2C 通信源文件

```
#include "s5p6818_i2c.h"
#include "s5p6818_gpio.h"
#include "s5p6818_ip_reset.h"
#include "delay.h"
#include "i2c.h"
/****************************************************************************
 * 函数功能：I2C向特定地址写一个字节
 * 输入参数：
 *          slave_addr：I2C从机地址
 *                  addr：  芯片内部特定地址
 *                  data：写入的数据
****************************************************************************/
void iic_write (unsigned char slave_addr, unsigned char addr, unsigned char data)
{
       /*对时钟源进行512倍预分频，打开I2C中断（每次完成一个字节的收发后中断标志位会自动置位）*/
       I2C2.I2CCON = I2C2.I2CCON | (1<<6) | (1<<5);

       /*设置I2C模式为主机发送模式，使能I2C发送和接收*/
       I2C2.I2CSTAT = 0xd0;
       /*将第一个字节的数据写入发送寄存器，即从机地址和读写位（MMA8451-I2C地址+写位0）*/
       I2C2.I2CDS = slave_addr<<1;
       /*设置I2C模式为主机发送模式，发送开始信号启用总线，使能I2C发送和接收*/
       I2C2.I2CSTAT = 0xf0;

       /*等待从机接收完一个字节后产生应答信号（应答后中断挂起位自动置位）*/
       while(!(I2C2.I2CCON & (1<<4)));

       /*将要发送的第二个字节数据（即MPU6050内部寄存器的地址）写入发送寄存器*/
```

```
	I2C2.I2CDS = addr;
	/*清除中断挂起标志位，开始下一个字节的发送*/
	I2C2.I2CCON = I2C2.I2CCON & (~(1<<4));
	/*等待从机接收完一个字节后产生应答信号（应答后中断挂起位自动置位）*/
	while(!(I2C2.I2CCON & (1<<4)));

	/*将要发送的第三个字节数据（即要写入MMA8451内部指定的寄存器中的数据）写入发送寄存器*/
	I2C2.I2CDS = data;
	/*清除中断挂起标志位，开始下一个字节的发送*/
	I2C2.I2CCON = I2C2.I2CCON & (~(1<<4));
	/*等待从机接收完一个字节后产生应答信号（应答后中断挂起位自动置位）*/
	while(!(I2C2.I2CCON & (1<<4)));

	/*发送终止信号，结束本次通信*/
	I2C2.I2CSTAT = 0xD0;
	/*清除中断挂起标志位*/
	I2C2.I2CCON = I2C2.I2CCON & (~(1<<4));
	/*延时*/
	delay_ms(10);
}

unsigned char i2c_read(unsigned char slave_addr, unsigned char addr)
{
	unsigned char data = 0;

	/*对时钟源进行512倍预分频，打开I2C中断
	（每次完成一个字节的收发后中断标志位会自动置位）*/
	I2C2.I2CCON = I2C2.I2CCON | (1<<6) | (1<<5);

	/*设置I2C模式为主机发送模式，使能IIC发送和接收*/
	I2C2.I2CSTAT = 0xd0;
	/*将第一个字节的数据写入发送寄存器，即从机地址和读写位（MMA8451-I2C地址+写位0）*/
	I2C2.I2CDS = slave_addr<<1;
	/*设置I2C模式为主机发送模式，发送开始信号启用总线，使能I2C发送和接收*/
	I2C2.I2CSTAT = 0xf0;
	/*等待从机接收完一个字节后产生应答信号（应答后中断挂起位自动置位）*/
	while(!(I2C2.I2CCON & (1<<4)));

	/*将要发送的第二个字节数据（即要读取的MPU6050内部寄存器的地址）写入发送寄存器*/
	I2C2.I2CDS = addr;
	/*清除中断挂起标志位，开始下一个字节的发送*/
```

```
    I2C2.I2CCON = I2C2.I2CCON & (~(1<<4));
    /*等待从机接收完一个字节后产生应答信号（应答后中断挂起位自动置位）*/
    while(!(I2C2.I2CCON & (1<<4)));

    /*清除中断挂起标志位，重新开始一次通信，改变数据传输方向*/
    I2C2.I2CCON = I2C2.I2CCON & (~(1<<4));

    /*将第一个字节的数据写入发送寄存器，即从机地址和读写位（MMA8451-I2C地址+读位1）*/
    I2C2.I2CDS = slave_addr << 1 | 0x01;
    /*设置I2C为主机接收模式，发送起始信号，使能I2C收发*/
    I2C2.I2CSTAT = 0xb0;
    /*等待从机接收到数据后应答*/
    while(!(I2C2.I2CCON & (1<<4)));

    /*禁止主机应答信号（即开启非应答，因为只接收一个字节），清除中断标志位*/
    I2C2.I2CCON = I2C2.I2CCON & (~(1<<7))&(~(1<<4));
    /*等待接收从机发来的数据*/
    while(!(I2C2.I2CCON & (1<<4)));
    /*将从机发来的数据读取*/
    data = I2C2.I2CDS;

    /*直接发送终止信号结束本次通信*/
    I2C2.I2CSTAT = 0x90;
    /*清除中断挂起标志位*/
    I2C2.I2CCON = I2C2.I2CCON & (~(1<<4));
    /*延时等待终止信号稳定*/
    delay_ms(10);

    return data;
}

void Read_Gray(struct gray_t *ret)
{
    unsigned char buf[6] = {0};

    buf[0] = i2c_read(0x1c, 0x1);
    buf[1] = i2c_read(0x1c, 0x2);
    buf[2] = i2c_read(0x1c, 0x3);
    buf[3] = i2c_read(0x1c, 0x4);
    buf[4] = i2c_read(0x1c, 0x5);
    buf[5] = i2c_read(0x1c, 0x6);
```

```
        short   temp;

        temp = ((short)((buf[0]<<8)|buf[1]));
        ret->gray_x = temp * 2.0 * 9800 / 8192 / 4;
        temp = ((short)((buf[2]<<8)|buf[3]));
        ret->gray_y = temp * 2.0 * 9800 / 8192 / 4;
        temp = ((short)((buf[4]<<8)|buf[5]));
        ret->gray_z = temp * 2.0 * 9800 / 8192 / 4;
}

void iic_init(void)
{
IP_RESET_REGISTER0 = IP_RESET_REGISTER0 & (~(0x7 << 20));
IP_RESET_REGISTER0 = IP_RESET_REGISTER0 | (0x7 << 20);
        GPIOD.ALTFN0 = GPIOD.ALTFN0 & (~(0xF << 12));
        GPIOD.ALTFN0 = GPIOD.ALTFN0 | (0x5 << 12);

        I2C2.I2CCON = I2C2.I2CCON & (~(1 << 6));
        I2C2.I2CCON = I2C2.I2CCON & (~(0xF << 0));
        I2C2.I2CCON = I2C2.I2CCON | (124 << 0);
        I2C2.I2CLC = 0x7;

        // mma845x初始化
        i2c_write(0x1c, CTRL_REG1, 0x01);
        i2c_write(0x1c, CTRL_REG2, 0x02);
        i2c_write(0x1c, XYZ_DATA_CFG, 0x10);
}
```

V14-25　主函数在 main.c 文件中实现

6. 主函数在 main.c 文件中实现

```
#include "common.h"
#include "i2c.h"
#include "delay.h"

int main()
{
        struct gray_t data;
        i2c_init();
        while (1) {
                Read_Gray(&data);
                printf("gray_x = "%d\n, data.gray_x);
```

```
        printf("gray_y = %d\n", data.gray_y);
        printf("gray_z = %d\n", data.gray_z);
        delay_ms(500);
    }
    return 0;
}
```

14.3.4 调试与运行结果

以上代码通过对 S5P6818 上的片内 I2C2 控制器进行操作，实现了在 I2C 总线协议下，S5P6818 对 MMA8451 传感器的读写操作。读取 MMA8451 三轴加速度传感器 *x*、*y*、*z* 轴的加速度，并实时输出。由于使用的是原始数据，故有一定的噪声是正常现象，在工程应用中原始数据还需要进行滤波算法的处理才能使用。信息如图 14-11 所示。

```
COM7 - PuTTY
gray_x = +00177
gray_y = -00114
gray_z = +09646
gray_x = +00220
gray_y = -00153
gray_z = +09613
gray_x = +00220
gray_y = -00105
gray_z = +09666
gray_x = +00258
gray_y = -00172
gray_z = +09637
gray_x = +00220
gray_y = -00133
gray_z = +09646
```

图 14-11　终端输出 *x*、*y*、*z* 轴加速度

14.4 小结

本章介绍了 I2C 总线协议的基本理论、S5P6818 控制器和相关寄存器详解，以及 I2C 操作 MMA8451 的应用，希望读者能深入掌握 I2C 总线协议。

14.5 练习题

1. 画出 I2C 总线的时序图。
2. 根据 MMA8451 芯片手册，编写实现连续读时序和连续写时序。
3. 简述 I2C 总线的特点和缺点。

CHAPTER15

第15章

温度监控系统综合案例

重点知识

- 系统功能
- 系统组成
- 接口电路设计
- 程序设计

■ 伴随着 5G 物联网时代的到来，目前在很多场合都需要对环境的温度进行实时监控，例如智慧农业、智慧畜牧业、智慧医疗等。本章主要从项目的角度入手，让读者掌握 S5P6818 处理器的各个外设接口的综合使用方法。

15.1 系统功能

本项目是基于数字温度传感器的温度监控系统，利用数字温度传感器 DS18B20 模拟温度值，使用传感器内部的 ADC 转换器，将模拟温度转换为数字量进行输出。

V15-1 系统功能

主要功能如下。

① 温度监控范围为-55℃～+125℃。

② 精度误差小于 1℃。

③ 通过串口发送实时温度到上位机。

④ 根据温度的上下限进行报警。

⑤ 外接电源，电量实时监控，低电量报警。

⑥ 每隔一分钟采集一次温度和电量，并进行上报。

15.2 系统组成

本项目以 FS6818 开发板为核心实现温度监控系统，系统使用的开发板上的主要电路包括传感器数据采集电路、温度实时显示电路、上下限报警电路，电量监控由电路灯组成。

系统框图主要有主控制器、蜂鸣器报警电路、LED 灯电路、串口电路、ADC 电压监控电路、DS18B20 温度采集电路和系统供电电路。温度监控系统框图如图 15-1 所示。

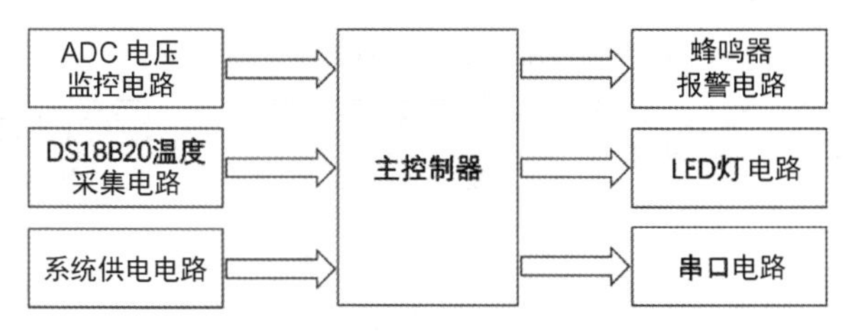

图 15-1 温度监控系统框图

V15-2 系统组成

15.3 接口电路设计

DS18B20 是美国达拉斯半导体公司推出的第一种支持单总线接口的温度传感器，它具有微型化、低功耗、高性能、抗干扰能力强等优点，可直接将温度转换为串行数组信号进行输出。

1. DS18B20 温度传感器特性

V15-3 DS18B20 温度传感器特性

① 独特的单总线接口，只需一个接口引脚即可通信。

② 多点能力使分布式温度检测应用得以简化。

③ 不需要外部元件。

④ 可用数据线供电。

⑤ 不需要备份电源。

⑥ 测量范围为-55℃～+125℃，增量值为 0.5℃。等效的华氏温度范围是-67℉～257℉，增量值为 0.9℉。

⑦ 以 9 位数字值方式读出温度。

⑧ 在一秒（典型值）内把温度变换为数字。

⑨ 用户可定义的、非易失性的温度报警设置。

⑩ 报警搜索命令识别和寻址温度在编定的极限之外的器件（温度报警情况）。

⑪ 应用范围包括恒温控制、工业系统、消费类产品、温度计或任何热敏系统。

2. 硬件连接

这里主要列出 DS18B20 的电路图，其他的电路图在前面的内容中都已经介绍，如需要请查看前面对应的部分。DS18B20 温度采集电路图如图 15-2 所示。

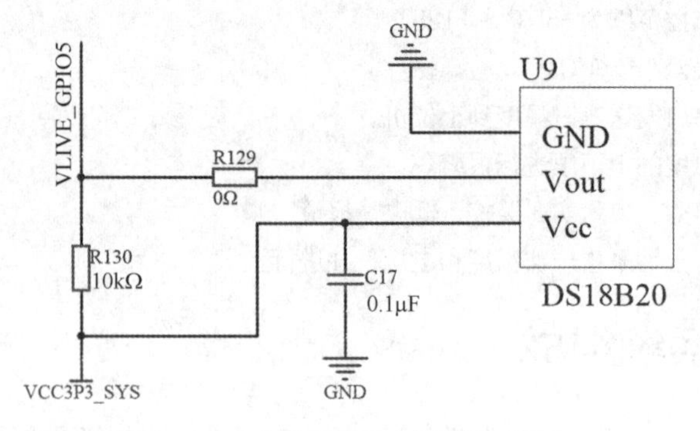

图 15-2 DS18B20 温度采集电路图

3. 工作原理

这里主要介绍实验中使用到的指令，如表 15-1 所示，其他指令的使用可以参考 DS18B20 的芯片手册。

表 15-1 DS18B20 指令功能介绍

分类	指令	说明	约定代码	发出约定代码后单总线执行的操作
温度变换命令	温度变换	启动温度变换	44h	读温度“忙”状态
存储器命令	读暂存存储器	从暂存存储器读字节	BEh	读 9 字节数据
	跳过 ROM	允许总线主机不提供 64 位 ROM 编码而访问存储器操作	CCh	跳过 64 位 ROM 编码

（1）温度变换（Convert T）[44h]。

此命令用于开始温度变换。不需要另外的数据，温度变换将被执行，接着 DS18B20 便保持空闲状态。如果总线主机在此命令之后发出读时间片，那么只要 DS18B20 正忙于进行温度变换，它将在总线上输出 0；当温度变换完成时，它便返回 1。如果由寄生电源供电，那么总线主机在发出此命令之后必须立即强制上拉至少两秒。

（2）读暂存存储器（Read Scratchpad）[BEh]。

此命令用于读暂存存储器的内容。读开始于字节 0，并继续经过暂存存储器，直至第九个字节（字 8，CRC）被读出为止。如果不是所有位置均可读，那么主机可以在任何时候发出复位以中止读操作。

（3）跳过 ROM（Skip ROM）[CCh]。

在单点总线系统中，此命令通过允许总线主机不提供 64 位 ROM 编码而访问存储器操作来节省时间。如果在总线上存在多于一个的从属器件，而且在 Skip ROM 命令之后发出读命令，那么由于多个从片同时发送数据，会在总线上发生数据冲突（漏极开路下拉会产生“线与”的效果）。

4. 工作时序图

单总线时序图中各总线的工作状态如图 15-3 所示。

数据线类型说明

总线控制器拉低　　DS18B20拉低　　电阻上拉

图 15-3　单总线时序图中各总线的工作状态

V15-6　工作时序图

（1）DS18B20 初始化的时序图如图 15-4 所示。

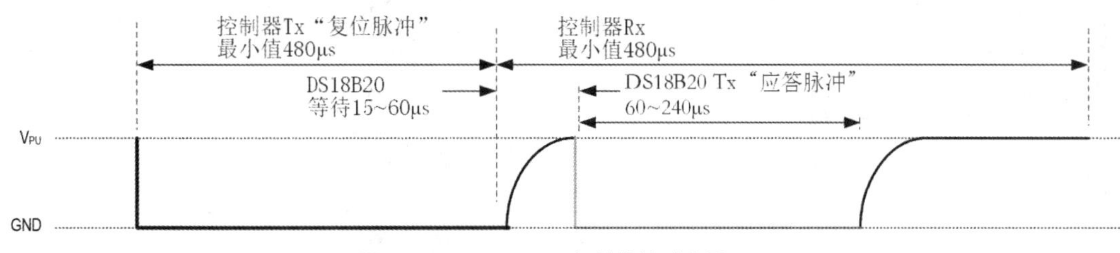

图 15-4　DS18B20 初始化的时序图

① 先将数据线置高电平 1。

② 延时(该时间要求不是很严格，但是要尽可能短一点)。

③ 数据线拉到低电平 0。

④ 延时 750μs(该时间范围可以为 480～960μs)。

⑤ 数据线拉到高电平 1。

⑥ 延时等待。如果初始化成功则在 15～60ms 内产生一个由 DS18B20 返回的低电平 0，据该状态可以确定它的存在，但是应注意，不能无限地等待，不然会使程序进入死循环，所以要进行超时判断。

⑦ 若 CPU 读到数据线上的低电平 0 后，还要进行延时，则其延时的时间从发出高电平算起（步骤⑤的时间算起）最少要 480μs。

⑧ 将数据线再次拉到高电平 1 后结束。

（2）DS18B20 写数据的时序图如图 15-5 所示。

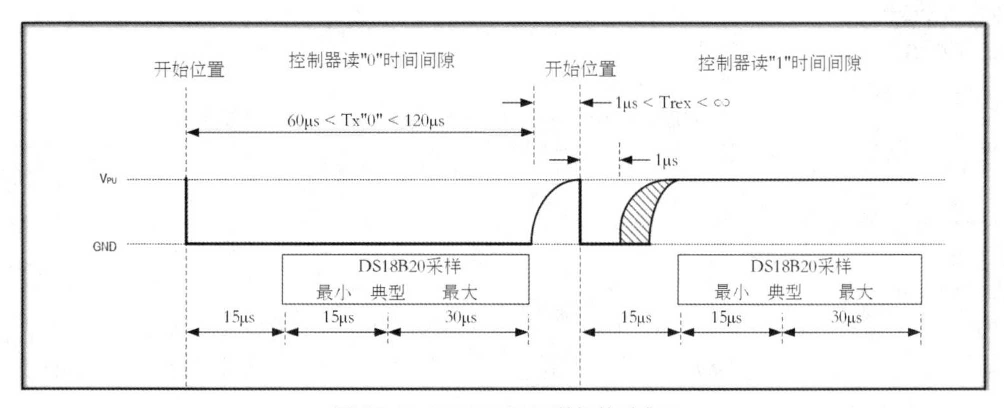

图 15-5　DS18B20 写数据的时序图

① 数据线先置低电平 0。

② 延时确定的时间为 15μs。

③ 按从低位到高位的循序发送数据（一次只发送一位数据）。

④ 延时时间为 45μs。

⑤ 将数据线拉到高电平 1。

⑥ 重复步骤①～⑤，直接发送完 1 个字节数据。

⑦ 最后将数据线拉到高电平 1。

（3）DS18B20 读数据的时序图如图 15-6 所示。

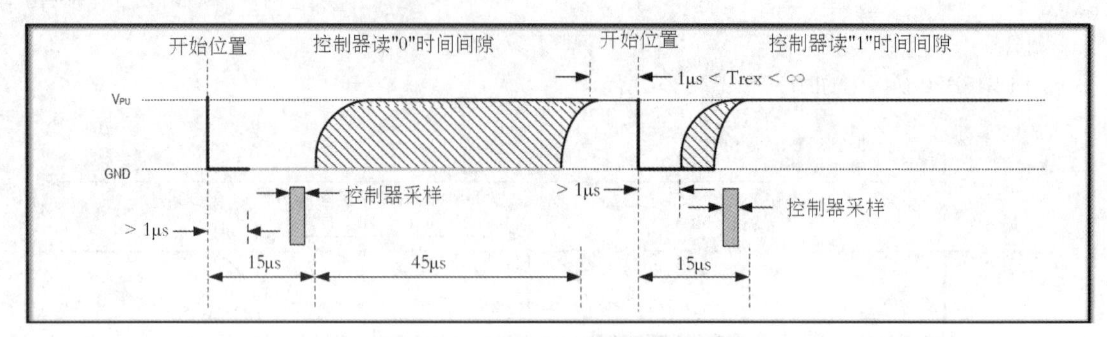

图 15-6　DS18B20 读数据的时序图

① 将数据线拉高到 1。

② 延时 2μs。

③ 将数据线拉低到 0。

④ 延时 6μs。

⑤ 将数据线拉高到 1。

⑥ 延时 4μs。

⑦ 读数据线的状态得到一个状态位，并进行数据处理。

⑧ 延时 30μs。

⑨ 重复步骤①～步骤⑦，直到读取完一个完整的字节。

V15-7　程序设计

15.4　程序设计

本案例程序采用分层的设计思想，由于代码量较大，此处展示部分主要代码，详细代码可以查看工程源码。

1. DS18B20 传感器头文件代码在 ds18b20.h 头文件中实现

```
#ifndef __DS18B20_H__
#define __DS18B20_H__
#include "s5p6818_alive.h"
/*    ds18b20初始化的函数    */
void ds18b20_init(void);
/*    向ds18b20中写入数据的函数    */
void ds18b20_write(unsigned char);
/*    从ds18b20中读取数据的函数    */
unsigned char ds18b20_read(void);
/*    设置ALIVEGPIO5引脚输出电平    */
```

```
int gpio_get_value(void);
/*    获取ALIVEGPIO5引脚输入电平    */
void gpio_set_value(int value);
/*    读取温度转换结果 */
short read_temp(void);
#endif //   __DS18B20_H__
```

2. DS18B20 相关功能函数的实现在 ds18b20.c 文件中实现

```
#include "ds18b20.h"
/*  微秒级别的延时函数  */
void udelay(int usec)
{
    int i = 0, j = 0;
    for(i = 0; i < usec; i++)
        for(j = 0; j < 2; j++);
}
/*    设置ALIVEGPIO5引脚输出电平    */
void gpio_set_value(int value)
{
    ALIVEGPIOPADOUTENBSETREG = (1 << 5);
    if (value) {
        ALIVE.ALIVEGPIOPADOUTSETREG = (0x1 << 5);
    } else {
        ALIVE.ALIVEGPIOPADOUTRSTREG = (0x1 << 5);
    }
}
/*    获取ALIVEGPIO5引脚输入电平    */
int gpio_get_value(void)
{
    //ALIVE.ALIVEGPIOPADOUTENBSETREG = (~(1 << 5));
    ALIVE.ALIVEGPIOPADOUTENBRSTREG = (1 << 5);

    return ((ALIVE.ALIVEGPIOINPUTVALUE >> 5) & 0x01);
}
/*    ds18b20初始化的函数    */
void ds18b20_init(void)
{
    ALIVE.ALIVEPWRGATEREG = 0x1;


    gpio_set_value(0);
    udelay(495);
```

```
        gpio_set_value(1);
        udelay(60);
        gpio_get_value();
        udelay(240);
        gpio_set_value(1);
}
/*    向ds18b20中写入数据的函数    */
void ds18b20_write(unsigned char byte)
{
        unsigned char i = 0;
        for (i = 0; i < 8; i++) {
                gpio_set_value(0);
                udelay(2);
                gpio_set_value(1);
                udelay(2);
                gpio_set_value(byte & 0x01);
                udelay(50);
                gpio_set_value(1);
                byte >>= 1;
        }
}
/*    从ds18b20中读取数据的函数    */
unsigned char ds18b20_read(void)
{
        unsigned char i = 0;
        unsigned char byte = 0;
        for (i = 0; i < 8; i++) {
                gpio_set_value(0);
                udelay(2);
                gpio_set_value(1);
                byte >>= 1;
                if(gpio_get_value())
                byte |= 0x80;
                udelay(60);
                gpio_set_value(1);
                udelay(1);
        }
        return byte;
}
/*    读取温度转换结果 */
```

```
short read_temp(void)
 {
       unsigned char   tmpl = 0, tmph = 0;
       unsigned short tmp = 0;
       ds18b20_init();

       ds18b20_write(0xcc);
       ds18b20_write(0x44);
       while(!gpio_get_value());
       ds18b20_init();
       ds18b20_write(0xcc);
       ds18b20_write(0xbe);
       tmpl = ds18b20_read();
       tmph = ds18b20_read();
       ds18b20_read();
       tmp = (tmph << 4) | (tmpl >> 4);
       return tmp;
}
```

3. 项目具体逻辑实现在中断处理函数中完成，具体代码在 s5p6818_irq.c 文件中实现

```
unsigned int sec = 0;
void el1_irq(void)
{
      unsigned int irq_num;
      short temp;
      int valtage;
      static int flag = 0;

      //获取中断号
      irq_num = GICC_IAR & 0x3FF;
      switch(irq_num){
            case 59:
                  // 每隔1分钟输出一次温度和电压值
                  sec++;
                  valtage = hal_adc_conversion();
                  temp = read_temp();
                  if (sec%120 == 0) {
                        printf("V = %d%", valtage / 33);
                        printf("      Temp = %d\n", temp);
                  }
```

```
            if(flag == 1 && temp <= 30 && temp >= 20){
                flag = 0;
            }
            if (flag == 0) {
                if (sec%2 == 0 && (temp > 30 || temp < 20)) {
                    hal_beep_on();
                } else if(sec%2 != 0 && (temp > 30 || temp < 20)) {
                    hal_beep_off();
                } else if (temp <= 30 && temp >= 20) {
                    hal_beep_off();
                }
            }
            // 清除分配器层中断挂起标志位GICD_ICPENDER1[27]
            GICD_ICPENDER.ICPENDER1 |= (1 << 27);
            // 清除PWM定时器层中断挂起标志位
            PWM.TINT_CSTAT |= (1 << 5);

        break;
        case 86:
            if((GPIOB.DET & (1 << 8)) == (1 << 8))
            {
                flag = 1;
                hal_beep_off();
                // 清除GPIO中断挂起标志位DET[8]
                GPIOB.DET |= (1 << 8);
            }
            else if((GPIOB.DET & (1 << 16)) == (1 << 16))
            {
                // 清除GPIO中断挂起标志位DET[16]
                GPIOB.DET |= (1 << 16);

            }
            // 清除分配器层中断挂起标志位GICD_ICPENDER2[22]
            GICD_ICPENDER.ICPENDER2 |= (1 << 22);
            break;
        case 87:
            break;
        default:
            break;
    }
```

```
    // 清除中断号
    GICC_EOIR = (GICC_EOIR & (~0x3FF)) | irq_num;
}
```

4. 主要外设初始化代码在 main.c 文件中实现

```
#include "uart0.h"
#include "adc.h"
#include "key_interrupt.h"
#include "beep-pwm.h"
#include "led.h"
#include "ds18b20.h"
#include "pwm-timer.h"
#include "delay.h"

int main()
{
    int v;
    // 调用硬件初始化代码
    interrupt_gpio_init();
    interrupt_gicd_init();
    interrupt_gicc_init();
    hal_adc_init();
    hal_uart_init();
    hal_beep_init();
    hal_led_init();
    ds18b20_init();
    hal_timer_init();
    hal_timer_on();
    timer_gicd_init();
    timer_gicc_init();

    while(1)
    {
        v = hal_adc_conversion();
        if(v <= 2500) {
            led_status(RED,LED_ON);
            led_status(GREEN,LED_OFF);
            led_status(BLUE,LED_OFF);
        }
        else if(v > 2500 && v < 3000) {
            led_status(RED,LED_OFF);
```

```
                led_status(GREEN,LED_ON);
                led_status(BLUE,LED_OFF);
            }
            else if(v > 3000) {
                led_status(RED,LED_OFF);
                led_status(GREEN,LED_OFF);
                led_status(BLUE,LED_ON);
            }
        }
        return 0;
    }
```

注意，以上代码只展示了部分，详细代码可以查看项目工程的源码。

15.5 运行结果

每隔一分钟，通过串口发送环境温度和电池电压百分比到串口工具上。当环境温度值大于 30℃或小于 20℃时，蜂鸣器发出嘀嘀的报警声音，当按键按下时取消报警功能。电池电量监测时，如果电池电压低于 2500mV，红色 LED 灯亮；电池电压在 2500～3000mV 范围内，绿色 LED 灯亮；电池电压大于 3000mV，蓝色 LED 灯亮。串口工具输出信息如图 15-7 所示。

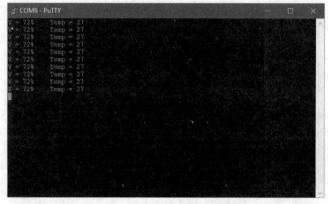

图 15-7　串口工具输出信息

15.6 小结

本章主要是基于 FS6818 开发板实现综合项目案例，重点考查读者对前面所学内容的掌握程度，以及如何实现大型项目代码的编写。

15.7 练习题

在项目中添加按键驱动代码，使得可以通过按键调整温度报警的范围。